Datenerhebungen hinterfragen

Zusammenfassung

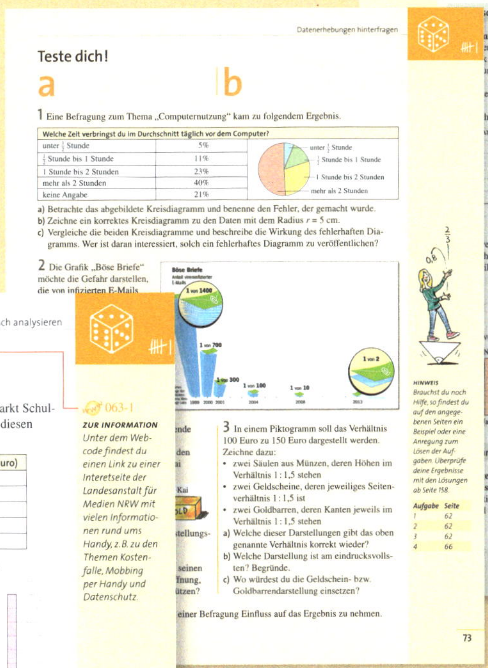

Datenerhebungen hinterfragen

Teste dich!

a | **b**

1 Eine Befragung zum Thema „Computernutzung" kam zu folgendem Ergebnis.

Welche Zeit verbringst du im Durchschnitt täglich vor dem Computer?	
unter ½ Stunde	5 %
½ Stunde bis 1 Stunde	11 %
1 Stunde bis 2 Stunden	23 %
mehr als 2 Stunden	40 %
keine Angabe	21 %

a) Betrachte das abgebildete Kreisdiagramm und benenne den Fehler, der gemacht wurde.
b) Zeichne ein korrektes Kreisdiagramm zu den Daten mit dem Radius $r = 5$ cm.
c) Vergleiche die beiden Kreisdiagramme und beschreibe die Wirkung des fehlerhaften Diagramms. Wer ist daran interessiert, solch ein fehlerhaftes Diagramm zu veröffentlichen?

2 Die Grafik „Böse Briefe" möchte die Gefahr darstellen, die von infizierten E-Mails …

3 In einem Piktogramm soll das Verhältnis 100 Euro zu 150 Euro dargestellt werden. Zeichne dazu:
- zwei Säulen aus Münzen, deren Höhen im Verhältnis 1 : 1,5 stehen
- zwei Geldscheine, deren jeweiliges Seitenverhältnis 1 : 1,5 ist
- zwei Goldbarren, deren Kanten jeweils im Verhältnis 1 : 1,5 stehen

a) Welche dieser Darstellungen gibt das oben genannte Verhältnis korrekt wieder?
b) Welche Darstellung ist am eindrucksvollsten? Begründe.
c) Wo würdest du die Geldschein- bzw. Goldbarrendarstellung einsetzen?

HINWEIS
Brauchst du noch Hilfe, so findest du auf den angegebenen Seiten ein Beispiel oder eine Anregung zum Lösen der Aufgaben. Überprüfe deine Ergebnisse mit den Lösungen ab Seite 158.

Aufgabe	Seite
1	62
2	62
3	62
4	66

73

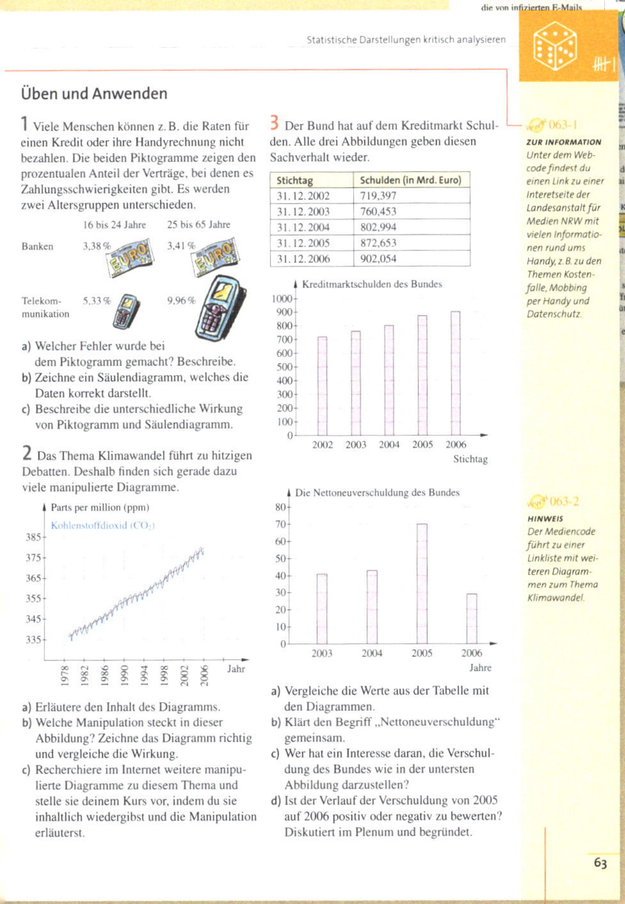

Statistische Darstellungen kritisch analysieren

Üben und Anwenden

1 Viele Menschen können z. B. die Raten für einen Kredit oder ihre Handyrechnung nicht bezahlen. Die beiden Piktogramme zeigen den prozentualen Anteil der Verträge, bei denen es zwei Altersgruppen unterschieden.

	16 bis 24 Jahre	25 bis 65 Jahre
Banken	3,38 %	3,41 %
Telekommunikation	5,33 %	9,96 %

a) Welcher Fehler wurde bei dem Piktogramm gemacht? Beschreibe.
b) Zeichne ein Säulendiagramm, welches die Daten korrekt darstellt.
c) Beschreibe die unterschiedliche Wirkung von Piktogramm und Säulendiagramm.

2 Das Thema Klimawandel führt zu hitzigen Debatten. Deshalb finden sich gerade dazu viele manipulierte Diagramme.

a) Erläutere den Inhalt des Diagramms.
b) Welche Manipulation steckt in dieser Abbildung? Zeichne das Diagramm richtig und vergleiche die Wirkung.
c) Recherchiere im Internet weitere manipulierte Diagramme zu diesem Thema und stelle sie deinem Kurs vor, indem du sie inhaltlich wiedergibst und die Manipulation erläuterst.

3 Der Bund hat auf dem Kreditmarkt Schulden. Alle drei Abbildungen geben diesen Sachverhalt wieder.

Stichtag	Schulden (in Mrd. Euro)
31. 12. 2002	719,397
31. 12. 2003	760,453
31. 12. 2004	802,994
31. 12. 2005	872,653
31. 12. 2006	902,054

a) Vergleiche die Werte aus der Tabelle mit den Diagrammen.
b) Klärt den Begriff „Nettoneuverschuldung" gemeinsam.
c) Wer hat ein Interesse daran, die Verschuldung des Bundes wie in der untersten Abbildung darzustellen?
d) Ist der Verlauf der Verschuldung von 2005 auf 2006 positiv oder negativ zu bewerten? Diskutiert im Plenum und begründet.

063-1
ZUR INFORMATION
Unter dem Webcode findest du einen Link zu einer Interetseite der Landesanstalt für Medien NRW mit vielen Informationen rund ums Handy, z. B. zu den Themen Kostenfalle, Mobbing per Handy und Datenschutz.

063-2
HINWEIS
Der Mediencode führt zu einer Linkliste mit weiteren Diagrammen zum Thema Klimawandel.

63

5 Mit der Seite **Teste dich!** am Ende jedes Kapitels kannst du dein Wissen selbstständig überprüfen. Dabei sind die Aufgaben in zwei Schwierigkeitsgrade unterteilt. Die Lösungen zu den Aufgaben stehen am Ende des Buches.

6 Die **Zusammenfassung** enthält kurz und knapp das Wichtigste aus dem Kapitel. Sie dient dem schnellen Nachschlagen des gelernten Stoffes.

063-1
Multimediales Zusatzangebot über Webcode im Internet:
1. Webseite **www.cornelsen.de/zahlen-und-groessen** aufrufen
2. Buchkennung eingeben: **MZG001317**
3. Mediencode eingeben: z. B. 063-1

Auf der Randspalte stehen beispielsweise interessante zusätzliche Informationen, Hinweise, Beispiele und Knobelaufgaben.

Die Farbe der Randspalte und die obere Buchecke stehen für einen bestimmten Bereich in der Mathematik: Arithmetik/Algebra (Blau), Funktionen (Rot), Geometrie (Grün), Stochastik (Gelb).

Was bietet das Buch noch?

Die **Themenseiten** enthalten Interessantes und Wissenswertes aus verschiedenen Lebensbereichen.

Auf den **Methodenseiten** lernst du z. B. den Umgang mit Werkzeugen oder Formen der Gruppenarbeit. Vielfach musst du Probleme lösen, Rechenwege erkunden und erklären, im Internet recherchieren oder eigene Arbeiten präsentieren.

In jedem Kapitel findest du unter den **Vermischten Übungen** weitere Aufgaben zu den Lerneinheiten des gesamten Kapitels.

Zahlen und Größen 10

Gesamtschule Nordrhein-Westfalen

Grundkurs

Herausgegeben von Reinhold Koullen
Udo Wennekers

unter Mitarbeit
der Verlagsredaktion

Cornelsen

Herausgeber:
Reinhold Koullen, Udo Wennekers

Erarbeitet von:
Ilona Gabriel, Wolfgang Hecht, Ines Knospe, Gabriele Schenk, Martina Verhoeven, Udo Wennekers

Unter Verwendung der Materialien von:
Dieter Aits, Ursula Aits, Helga Berkemeier, Henning Heske, Reinhold Koullen, Doris Ostrow, Hans-Helmut Paffen, Jutta Schäfer, Gabriele Schenk, Willi Schmitz, Herbert Strohmayer

Redaktion: Kerstin Nolte, Heike Schulz
Herstellung: Regine Schmidt
Illustration: Roland Beier
Technische Zeichnungen: Ulrich Sengebusch†, Christian Görke
Bildredaktion: Peter Hartmann
Gestaltung und technische Umsetzung: Jürgen Brinckmann
Umschlag- und Vorsatzgestaltung: Hans Herschelmann

Begleitmaterialien zum Lehrwerk
für Schülerinnen und Schüler
Zentrale Prüfung Mathematik
Sekundarstufe I – Nordrhein-Westfalen 978-3-06-001372-2
Orientierungswissen kompakt 10 GK 978-3-06-001475-0

für Lehrerinnen und Lehrer
Lösungsheft 10 GK 978-3-06-001336-4
Kopiervorlagen 10 978-3-06-001337-1

www.cornelsen.de

Unter der folgenden Adresse befinden sich multimediale Zusatzangebote für die Arbeit mit dem Schülerbuch:
www.cornelsen.de/zahlen-und-groessen
Die Buchkennung ist **MZG001317**.

Die Links zu externen Webseiten Dritter, die in diesem Lehrwerk angegeben sind, wurden vor Drucklegung sorgfältig auf ihre Aktualität geprüft. Der Verlag übernimmt keine Gewähr für die Aktualität und den Inhalt dieser Seiten oder solcher, die mit ihnen verlinkt sind.

1. Auflage, 1. Druck 2010

Alle Drucke dieser Auflage sind inhaltlich unverändert und können im Unterricht nebeneinander verwendet werden.

© 2010 Cornelsen Verlag, Berlin

Das Werk und seine Teile sind urheberrechtlich geschützt. Jede Nutzung in anderen als den gesetzlich zugelassenen Fällen bedarf der vorherigen schriftlichen Einwilligung des Verlages.
Hinweis zu den §§ 46, 52 a UrhG: Weder das Werk noch seine Teile dürfen ohne eine solche Einwilligung eingescannt und in ein Netzwerk eingestellt oder sonst öffentlich zugänglich gemacht werden.
Dies gilt auch für Intranets von Schulen und sonstigen Bildungseinrichtungen.

Druck: Firmengruppe APPL, aprinta druck, Wemding

ISBN 978-3-06-001317-3

Inhalt gedruckt auf säurefreiem Papier aus nachhaltiger Forstwirtschaft.

Inhalt

Pyramide, Kegel, Kugel*

Quadratische Funktionen und Gleichungen

Datenerhebungen hinterfragen

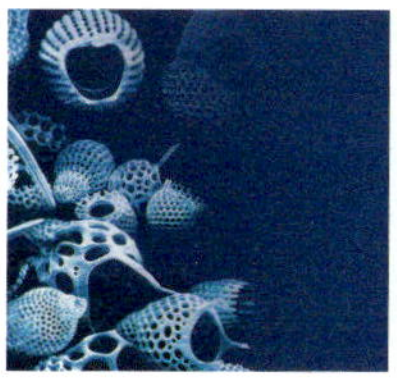

Potenzen und Zehnerpotenzen

* Dieses Kapitel ist auch im Buch der Klasse 9 zu finden und kann wahlweise dort unterrichtet werden.

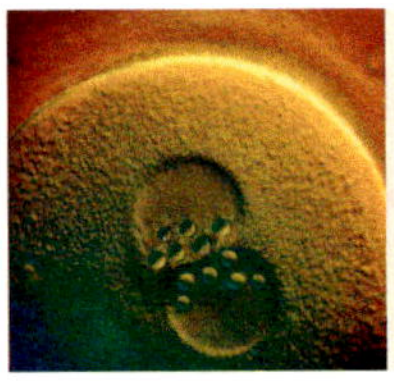

Wachstum

Berechnungen an rechtwinkligen Dreiecken

Auf dem Weg in die Berufswelt

Anhang

■ Zusätzliche Inhalte, die fakultativ unterrichtet werden können

Pyramide, Kegel, Kugel

In deiner Umwelt findest du viele Gegenstände, die die Form eines geometrischen Körpers haben. Die drei Lichttürme befinden sich auf dem Dach der Bundeskunsthalle in Bonn. Sie haben die Form eines Kegels.

Noch fit?

1 Gib in der in Klammern stehenden Einheit an.

a) 5 cm (mm)	b) 3000 m (km)	c) 50 cm (dm)	d) 67 mm (cm)
e) 7 cm^2 (mm^2)	f) 800 m^2 (dm^2)	g) 5 dm^2 (m^2)	h) 67 mm^2 (cm^2)
i) 40 cm^3 (mm^3)	j) 9500 m^3 (dm^3)	k) 3,5 ℓ (cm^3)	l) 67 mm^3 (cm^3)

2 Zeichne das Schrägbild und das Netz eines Quaders mit den Kantenlängen $a = 5$ cm, $b = 4$ cm und $c = 8$ cm.
a) Berechne sein Volumen und seine Oberfläche.
b) Berechne die Länge der Raumdiagonalen.

ERINNERE DICH
Für das Volumen V eines Prismas gilt: $V = A_G \cdot h$
Für den Oberflächeninhalt A_O eines Prismas gilt: $A_O = A_M + 2\,A_G$

3 Zeichne ein Schrägbild und ein Netz eines 5 cm hohen Prismas, dessen Grundfläche ein rechtwinkliges Dreieck mit $a = 3$ cm, $b = 4$ cm und $c = 5$ cm ist. Berechne das Volumen, den Mantel und die Oberfläche des Prismas.

4 Eine zylinderförmige Tasse mit Durchmesser $d = 8$ cm und Höhe $h = 8$ cm wird zu drei Vierteln mit Tee gefüllt. Bestimme die Teemenge, die sich in der Tasse befindet.

5 Berechne den Flächeninhalt und den Umfang der folgenden Flächen.

a)

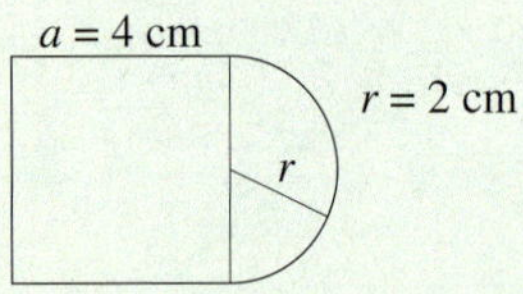

b)

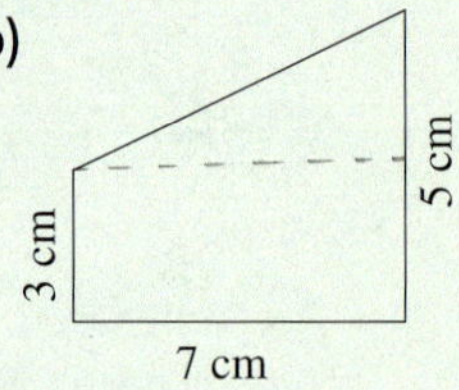

c)

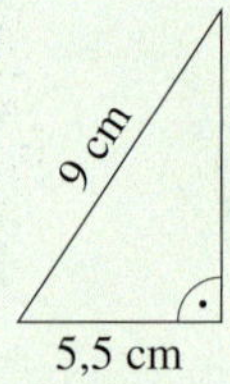

ERINNERE DICH
In der Kavalierperspektive werden die Kanten, die in die Tiefe verlaufen, unter einem Winkel von α = 45° angetragen und um die Hälfte verkürzt. Kreisförmige Grundflächen haben im Schrägbild die Form von Ellipsen, also abgeflachten Kreisen.

6 Zeichne das Schrägbild eines 10 cm hohen zylinderförmigen Glases mit Radius $r = 3$ cm.
a) Berechne das Volumen des Glases.
b) In welcher Höhe muss der Eichstrich angebracht werden, wenn mit dessen Hilfe 0,2 ℓ abgemessen werden sollen?
c) Cemil möchte einen Strohhalm benutzen, um aus dem Glas zu trinken. Er ist der Meinung, dass der Strohhalm mindestens 15 cm lang sein sollte. Teilst du Cemils Meinung? Begründe.

7 Berechne die Länge der Strecke x.
Erläutere, wie du vorgegangen bist.

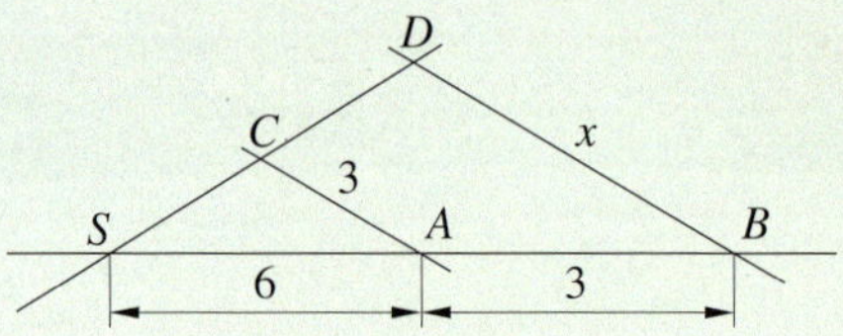

Kurz und knapp

1. Nenne den Unterschied zwischen dem Mantel und der Oberfläche eines Zylinders.
2. Beschreibe den Zusammenhang zwischen Durchmesser und Radius mit Hilfe eines Terms.
3. Ein Eimer hat ein Volumen von 10 ℓ, ein anderer ein Volumen von 1000 cm^3. Welcher Eimer ist größer?
4. Bei welchen Körpern gilt die Formel „Volumen = Grundfläche mal Höhe“?
5. Nenne drei Gegenstände in deiner Umgebung, die die Form eines Zylinders besitzen.
6. Wie lautet der Satz des Pythagoras?
7. Nenne den Unterschied zwischen einem Quadrat und einem Rechteck.

Pyramiden und Kegel erkennen und zeichnen

Erforschen und Entdecken

1 Betrachte die folgenden Körper.

① ② ③ ④ ⑤

a) Welche Körper kennst du bereits? Nenne ihre Eigenschaften.
b) Fasse die Körper in Gruppen mit gleichen Eigenschaften zusammen. Findest du mehrere Einteilungsmöglichkeiten?
Vergleiche deine Lösung mit der deiner Klassenkameraden.
c) Finde in deiner Umwelt weitere Objekte, die die Form dieser Körper besitzen.

2 Welcher Körper passt nicht in die Reihe? Begründet eure Auswahl.

a) ① ② ③ ④ ⑤

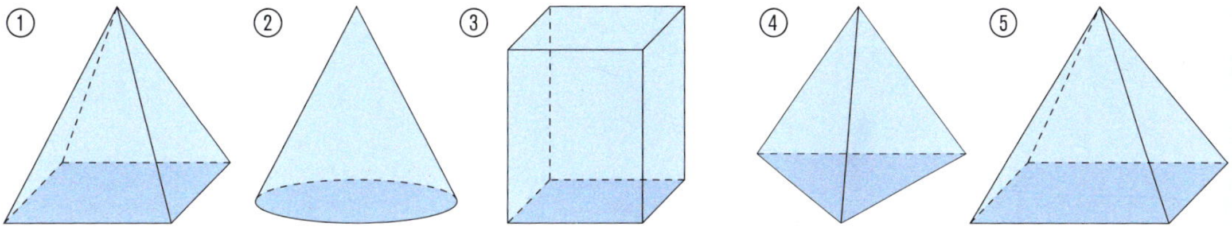

b) ① ② ③ ④ ⑤

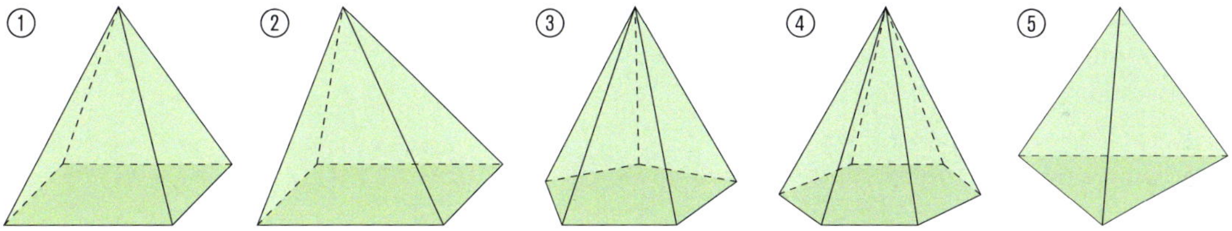

3 Yunus zeichnet das maßstäbliche Schrägbild eines 3 cm hohen pyramidenförmigen Daches mit quadratischer Grundfläche (Seitenlänge $a = 4\,\text{cm}$).
a) Betrachte die folgenden Bilder und erläutere die Arbeitsschritte.

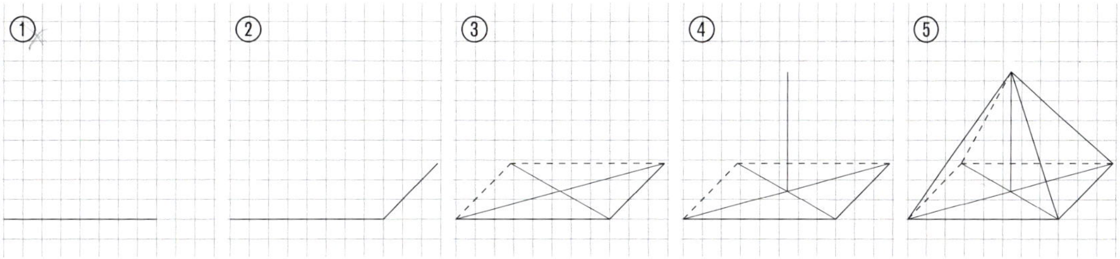

b) Zeichne das Schrägbild der quadratischen Pyramide in dein Heft.
c) Zeichne das Schrägbild einer 4 cm hohen Pyramide mit rechteckiger Grundfläche ($a = 3\,\text{cm}$; $b = 5\,\text{cm}$) in dein Lerntagebuch oder dein Arbeitsheft. Erläutere die einzelnen Arbeitsschritte, sodass es ein fehlender Mitschüler versteht.
d) Was gilt es zu beachten, wenn die Grundfläche ein Kreis ist?

Lesen und Verstehen

Wenn von Pyramiden die Rede ist, denkt man häufig nur an die großen Königspyramiden in Ägypten, deren Grundflächen Quadrate sind.
Es gibt aber auch Pyramiden mit anderen Grundflächen.

> Eine **Pyramide** ist ein Körper mit einem n-Eck als Grundfläche und n Dreiecken als Seitenflächen, die einen gemeinsamen Eckpunkt (die Spitze) haben.

Pyramiden werden nach der Form ihrer Grundfläche benannt. Man unterscheidet zwischen geraden und schiefen Pyramiden. Bei einer geraden Pyramide verläuft die Höhe von der Spitze zum Mittelpunkt der Grundfläche. Andernfalls spricht man von einer schiefen Pyramide.

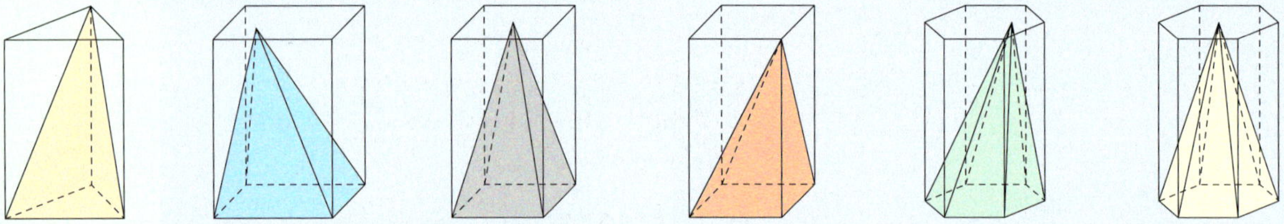

schiefe dreiseitige Pyramide | schiefe vierseitige Pyramide | gerade quadratische Pyramide | schiefe quadratische Pyramide | schiefe sechsseitige Pyramide | gerade sechsseitige Pyramide

Besteht die Grundfläche aus einem regelmäßigen Vieleck, spricht man von einer **regelmäßigen Pyramide**. Insbesondere heißt eine Pyramide mit quadratischer Grundfläche **quadratische Pyramide**.

> Ein **Kegel** ist ein Körper, der durch einen Kreis und einen Punkt außerhalb der Ebene des Kreises (Spitze des Kegels) festgelegt wird.

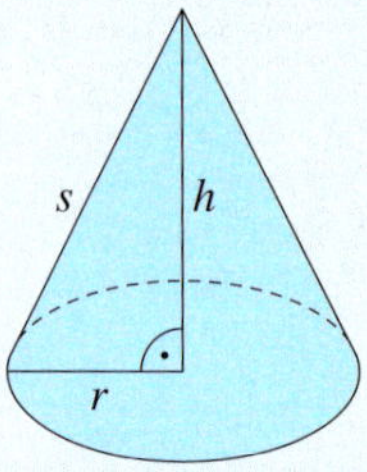

gerader Kegel

Verläuft die Höhe des Kegels von der Spitze zum Kreismittelpunkt, so heißt er gerader Kegel. Andernfalls spricht man von einem schiefen Kegel.

HINWEIS
In der Kavalierperspektive verkürzen sich die in die Tiefe verlaufenden Kanten bei einem Winkel von $\alpha = 45°$ um die Hälfte. Vereinfacht wird die Grundfläche des Kegels gezeichnet, indem man auf die Schrägstellung der Grundfläche verzichtet und die nach hinten laufenden Linien um die Hälfte verkürzt.

Schrägbilder zeichnen
Beachte: Nicht sichtbare Linien werden gestrichelt eingezeichnet.

1. Zeichne die Grundfläche der Pyramide in der Kavalierperspektive, die des Kegels mit dem Verzerrungswinkel $\alpha = 90°$.
2. Bestimme den Mittelpunkt der Grundfläche.
3. Zeichne – beim Mittelpunkt der Grundfläche beginnend – die Höhe ein.
4. Verbinde die Spitze mit den Eckpunkten des Körpers bzw. den äußersten Punkten der Grundfläche.

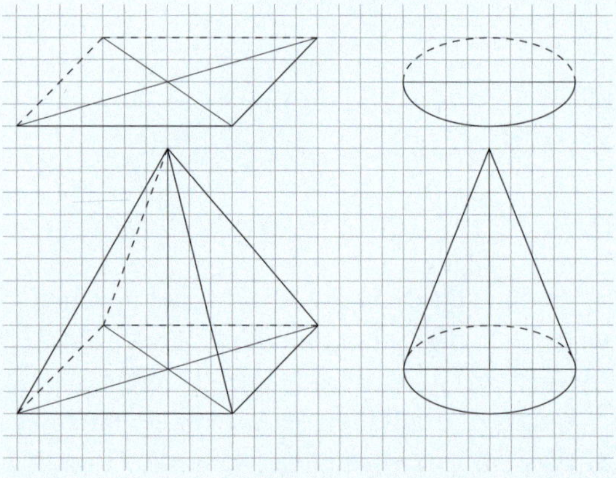

Üben und Anwenden

1 Welche der folgenden Körper sind Pyramiden oder Kegel?
Sind die Pyramiden bzw. Kegel gerade oder schief?

a) 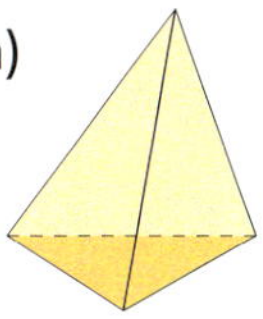
b) 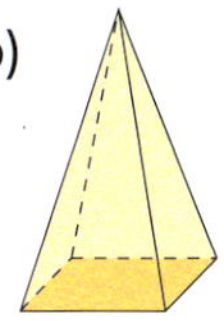
c) 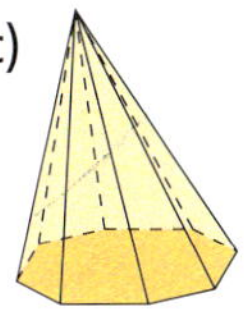
d) 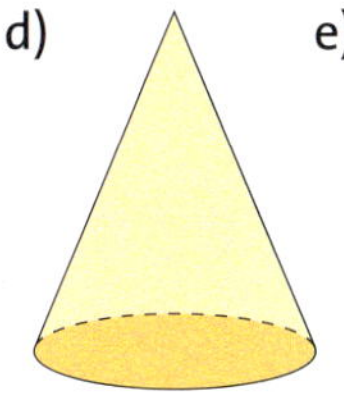
e) 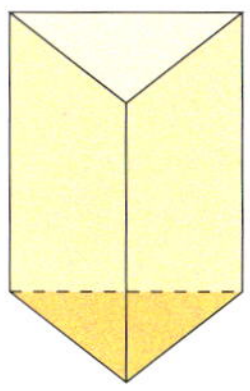
f) 

2 In dieser Abbildung einer Pyramide mit dreieckiger Grundfläche sind die Ecken rot und die Kanten grün gefärbt.

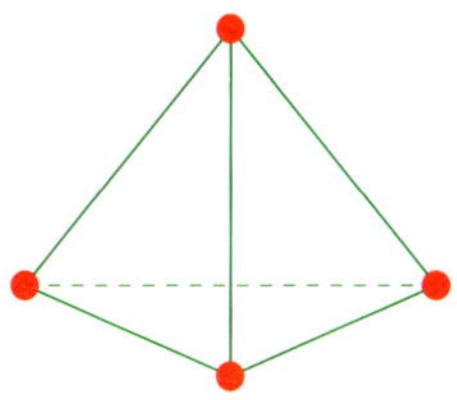

a) Übertrage die folgende Tabelle in dein Heft und vervollständige sie.

Grundfläche der Pyramide	Anzahl an der Pyramide		
	Ecken	Kanten	Flächen
Dreieck	4		
Viereck		8	
Fünfeck			6
Sechseck			
Siebeneck			
Achteck			
Neuneck			
Zehneck			

b) Wie viele Ecken (Kanten; Flächen) besitzt eine Pyramide mit einem 17-Eck als Grundfläche? Begründe.
c) Gib für die Anzahl der Ecken, Kanten und Flächen einer Pyramide mit einem n-Eck als Grundfläche eine Formel an.
d) Vervollständige die Pyramiden-Formel $E + F = K + \square$. Dabei steht E für die Anzahl der Ecken, F für die Anzahl der Flächen und K für die Anzahl der Kanten.

3 Aus welchen Körpern bestehen die folgenden Bauwerke? Beschreibe sie möglichst genau.

BEACHTE
Eine Pyramide, die aus vier gleichseitigen Dreiecken besteht, heißt Tetraeder.

4 Nenne Gegenstände oder Gebäude, die die Form einer Pyramide oder eines Kegels besitzen.

HINWEIS
Wir beschäftigen uns meistens mit regelmäßigen, geraden Pyramiden. Daher wird im Folgenden nicht ständig angegeben, wenn die Pyramide gerade und regelmäßig ist.

5 Die folgende Grafik zeigt eine so genannte Ernährungspyramide. Sie gibt an, welche Lebensmittel viel bzw. wenig gegessen werden sollten.

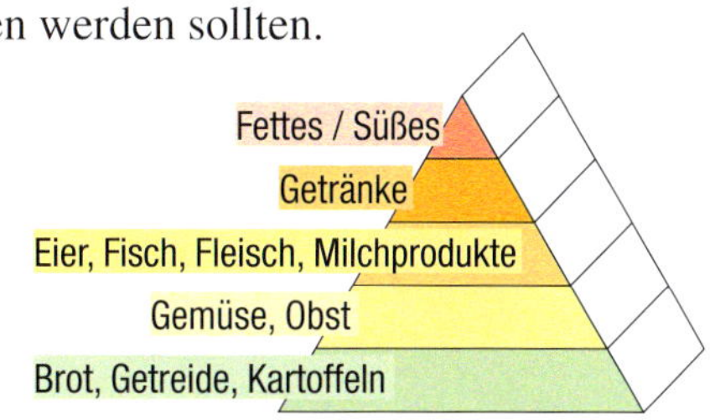

a) Stellt die Abbildung eine Pyramide im mathematischen Sinn dar? Begründe.
b) Zeichne eine Ernährungspyramide, die diesen Namen verdient hat.

6 Zeichne die folgenden Schrägbilder.
a) Pyramide mit quadratischer Grundfläche: Höhe $h = 4\,\text{cm}$; Seitenlänge $a = 5\,\text{cm}$
b) Pyramide mit rechteckiger Grundfläche: Höhe $h = 5\,\text{cm}$; Seitenlängen $a = 2\,\text{cm}$ und $b = 6\,\text{cm}$
c) Kegel: Höhe $h = 6\,\text{cm}$; Radius $r = 3\,\text{cm}$

7 Zeichne ein Schrägbild eines Würfels mit der Kantenlänge $a = 4\,\text{cm}$, dem ein pyramidenförmiges Dach mit der Höhe $h = 3\,\text{cm}$ aufgesetzt wird.

8 Zeichne eine 5 cm hohe Pyramide mit quadratischer Grundfläche und der Seitenlänge $a = 4\,\text{cm}$. Verwende dabei die angegebenen Verzerrungswinkel α und Verkürzungsfaktoren q.
a) $\alpha = 60°$; $q = 0{,}75$
b) $\alpha = 50°$; $q = 0{,}6$
c) $\alpha = 40°$; $q = 0{,}4$

BEACHTE
Schaut man von oben auf einen Körper, so ist der Grundriss zu erkennen. Schaut man von vorne auf einen Körper, so ist der Aufriss erkennbar.

9 Entwirf selbst eine Burg mit verschiedenen Türmen und Turmspitzen.
Stelle die Burg in einem Schrägbild im Maßstab 1 : 100 dar.
Präsentiert eure Schrägbilder in der Klasse.

10 Skizziere ein Schrägbild eines Parfümflakons. Beim Flakon sollte in irgendeinem Bereich die Form einer Pyramide oder eines Kegels erkennbar sein.

11 Die unten stehende Abbildung zeigt, wie der links als Schrägbild gezeichnete Körper in einem „Zweitafelbild“ dargestellt werden kann.
Erläutere die Vorgehensweise.

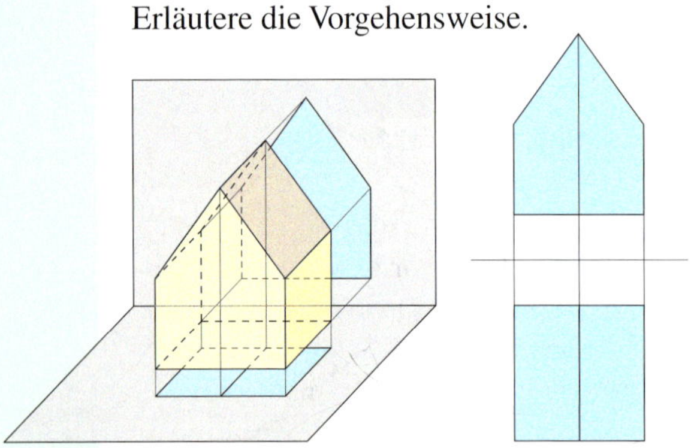

12 Betrachte die folgenden Zweitafelbilder.

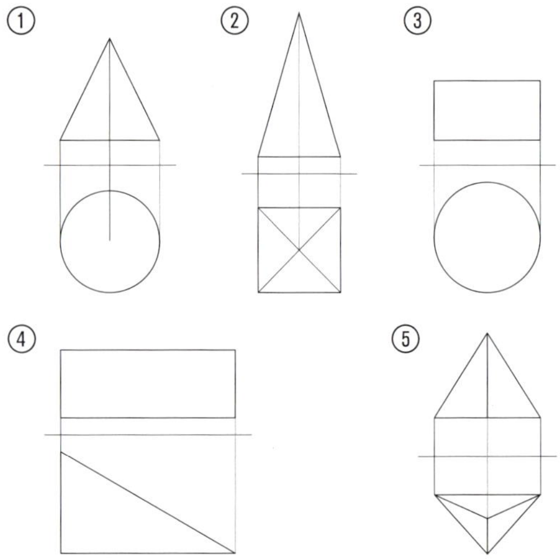

a) Welche der Zweitafelbilder stellen eine Pyramide oder einen Kegel dar?
b) Welche Körper stellen die anderen Zweitafelbilder dar?
c) Zeichne das Schrägbild des Kegels.

13 Zeichne das Zweitafelbild.
a) Kegel mit Radius $r = 3\,\text{cm}$ und Höhe $h = 5\,\text{cm}$
b) rechteckige Pyramide mit den Grundseiten $a = 3\,\text{cm}$, $b = 5\,\text{cm}$ und Höhe $h = 4\,\text{cm}$

14 Gegeben ist ein Zylinder mit folgenden Maßen: $r = 2\,\text{cm}$, $h = 4\,\text{cm}$. Auf dem Zylinder steht ein Kegel mit $r = 2\,\text{cm}$ und $h = 5\,\text{cm}$. Zeichne ein Schrägbild und ein Zweitafelbild dieses Körpers.

15 Wie könnte die Knowlton Church in England einmal ausgesehen haben? Zeichne ein Schrägbild und eine Zweitafelprojektion. Achte auf die richtigen Proportionen.

Mantel und Oberfläche einer Pyramide

Erforschen und Entdecken

1 Handelt es sich bei den folgenden Abbildungen um Netze von Pyramiden? Erkläre genau, wie du vorgehst, um die Frage zu beantworten.

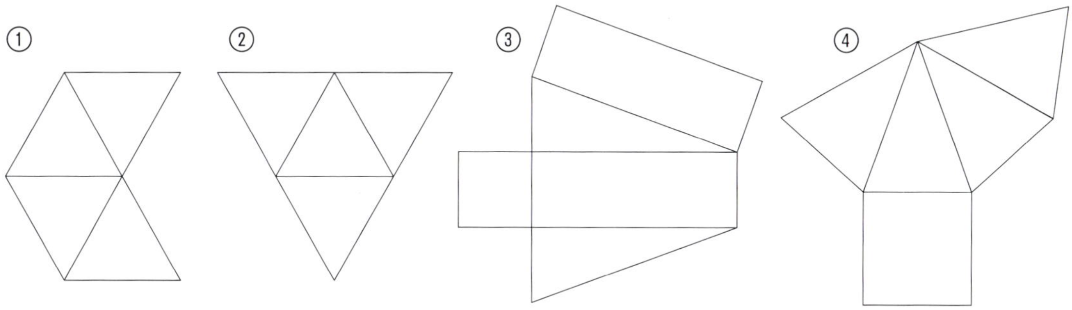

011-1

BEACHTE
Unter dem Webcode befinden sich die Netze zum Ausschneiden.

2 Du siehst rechts das Netz einer quadratischen Pyramide.

a) Übertrage das Netz ohne die lila markierten Strecken auf ein kariertes Blatt Papier.
b) Begründe, warum es sich um das Netz einer geraden Pyramide handeln muss.
c) Markiere in dem Netz alle Seitenkanten s mit grüner Farbe, alle Seitenhöhen h_a mit blauer Farbe und alle Grundkanten a mit roter Farbe.
d) Bestimme die Längen der Strecken a, h_a und s durch Messung oder durch geeignete Rechnung.
e) Berechne den gesamten Flächeninhalt des Netzes.

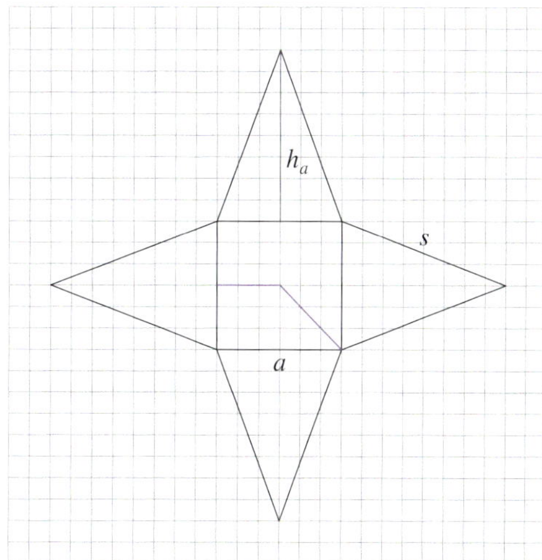

3 Übertrage das Netz aus Aufgabe 2 auf ein kariertes Blatt Papier und schneide es aus. Zeichne in das Netz die lila markierten Strecken ein.

a) Zeichne ein Dreieck mit $b = 1{,}5\,\text{cm}$; $c = 3{,}7\,\text{cm}$ und $\alpha = 90°$ sowie ein Dreieck mit $b = 2{,}1\,\text{cm}$, $c = 3{,}7\,\text{cm}$ und $\alpha = 90°$. Schneide die Dreiecke aus und klebe sie als Stützdreiecke auf die markierten Strecken.

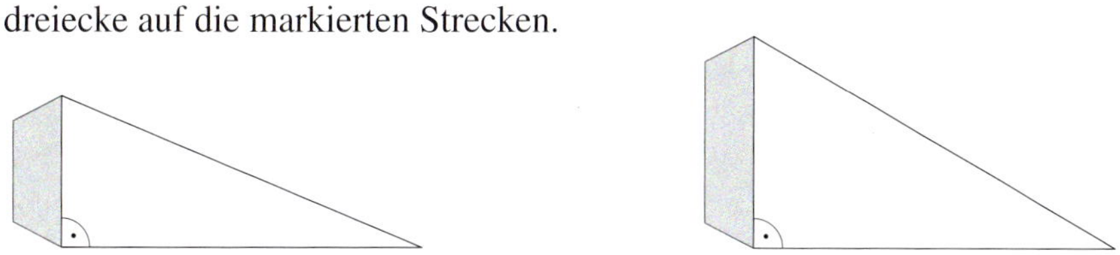

b) Markiere in den Stützdreiecken alle Seitenkanten s mit grüner Farbe, alle Seitenhöhen h_a mit blauer Farbe und alle Körperhöhen h mit brauner Farbe.
c) Klebe das Netz mit den klappbaren Stützdreiecken in dein Heft. Fixiere nur die Grundfläche. Falze die Kanten, sodass sich das Netz zu einer Pyramide aufrichten lässt.
d) Gib mit Hilfe der Stützdreiecke Beziehungen zwischen Seitenkante s, Körperhöhe h, Grundkante a und Seitenhöhe h_a an, die auf den Satz des Pythagoras zurückzuführen sind. Schreibe die Beziehungen neben das Netz im Heft.

011-2

BEACHTE
Unter dem Webcode können das Netz und das Stützdreieck ausgedruckt werden.

Lesen und Verstehen

Der Louvre ist eines der bedeutendsten Gebäude von Paris. Er war ursprünglich ein königliches Schloss. Heute beherbergt er das größte Museum der Welt. Bei der Neugestaltung des Louvre wurde der Haupteingang in den Innenhof, den *Cour Napoleon*, verlegt und durch eine Glaspyramide überdacht. Die Pyramide ist 22 m hoch. Die Grundkante der geraden, quadratischen Pyramide ist 35 m lang.

BEACHTE
$\frac{a}{2}$ stellt die halbe Länge der Grundseite dar. $\frac{d}{2}$ ist die halbe Länge der Diagonalen der Grundfläche.

In einer geraden Pyramide bezeichnet die **Höhe *h*** die Strecke von der Spitze der Pyramide zum Mittelpunkt der Grundfläche, die **Seitenhöhe h_a** die Strecke von der Spitze zum Mittelpunkt der Grundseite *a* und die **Seitenkante *s*** die Strecke von der Spitze zur Ecke der Grundfläche.

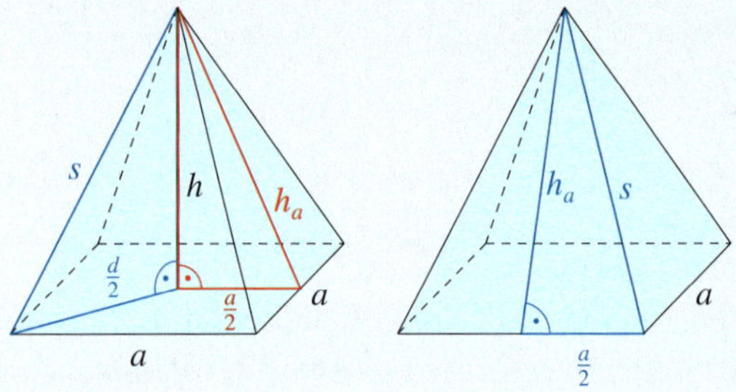

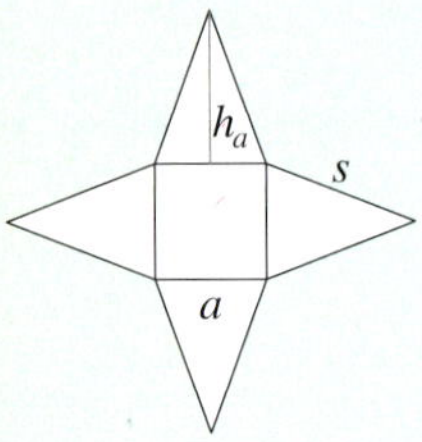

Da h, h_a, a und s die Seitenkanten von rechtwinkligen Dreiecken sind, kann man diese mit Hilfe des Satzes des Pythagoras berechnen:

$h_a^2 = h^2 + (\frac{a}{2})^2$ $\quad s^2 = (\frac{a}{2})^2 + h_a^2$ $\quad s^2 = h^2 + (\frac{d}{2})^2$

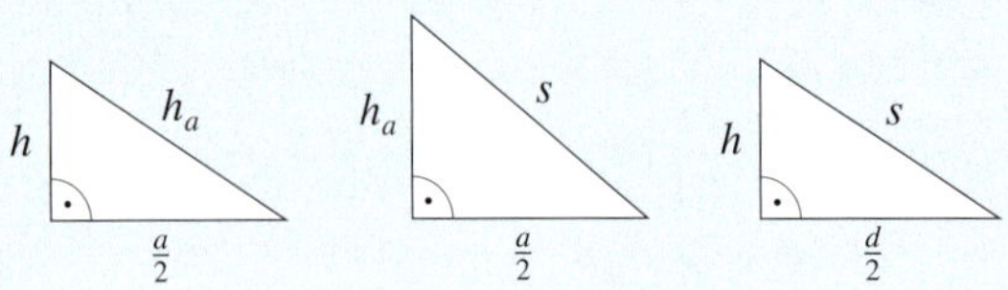

BEISPIEL 1
Wie hoch ist die Seitenhöhe h_a der Glaspyramide des Louvre?

$h_a^2 = h^2 + (\frac{a}{2})^2 = (22\,\text{m})^2 + (\frac{35\,\text{m}}{2})^2$
$= 790{,}25\,\text{m}^2$
$h_a \approx 28{,}1\,\text{m}$

Die Seitenhöhe h_a der Glaspyramide des Louvre beträgt etwa 28,1 m.

Die dreieckigen Seitenflächen einer Pyramide bilden ihre **Mantelfläche A_M**. Nimmt man die Grundfläche A_G zur Mantelfläche A_M hinzu, ergibt sich die **Oberfläche A_O** der Pyramide.

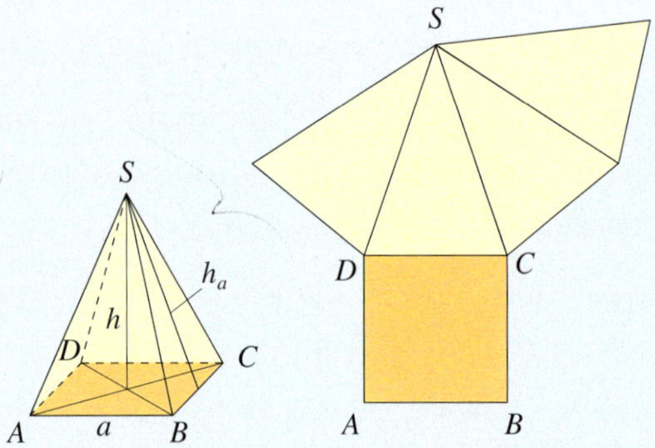

Für Pyramiden mit quadratischer Grundfläche gilt:

$A_M = 4 \cdot (\frac{1}{2} \cdot a \cdot h_a) = 2 \cdot a \cdot h_a$

$A_O = A_M + A_G = 4 \cdot (\frac{1}{2} \cdot a \cdot h_a) + a^2 = 2 \cdot a \cdot h_a + a^2$

BEISPIEL 2
Die vier dreieckigen Seitenflächen der Pyramide des Louvre sind verglast. Wie viel Glas wurde verbaut?

$A_M = 4 \cdot (\frac{1}{2} \cdot 35\,\text{m} \cdot 28{,}1\,\text{m}) = 1967\,\text{m}^2$ Die Größe der Glasfläche beträgt $1967\,\text{m}^2$.

Üben und Anwenden

1 Beim abgebildeten Netz einer quadratischen Pyramide sind die Grundkanten 3 cm und die Seitenkanten 4 cm lang.

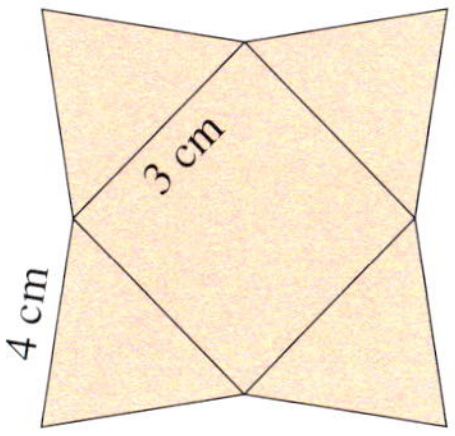

a) Übertrage das Netz in dein Heft und markiere mit verschiedenen Farben alle Strecken gleicher Länge. Zeichne auch die Seitenhöhen ein.
b) Berechne die Länge der Seitenhöhe h_a.
c) Schätze, wie hoch die Pyramide ist. Schneide die Abwicklung gegebenenfalls aus und falte sie zur Pyramide.
d) Berechne die Körperhöhe h.

2 Skizziere die Abwicklung der regelmäßigen sechsseitigen Pyramide im Heft.

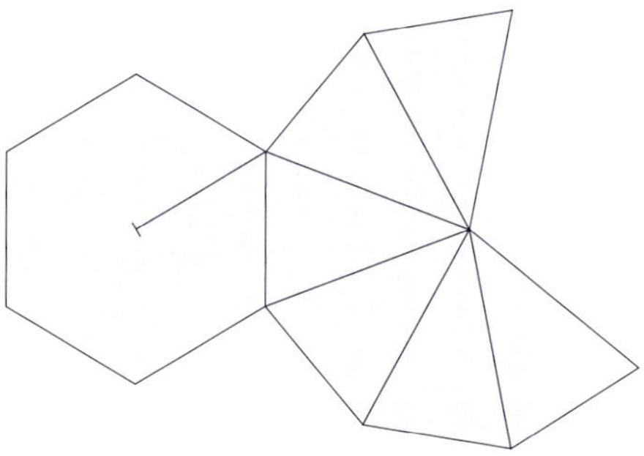

a) Zeichne a, h_a und s ein.
b) Berechne h_a für $a = 3\,\text{cm}$ und $s = 4{,}3\,\text{cm}$.

3 Mit welcher Gleichung lässt sich h_a der regelmäßigen geraden dreiseitigen Pyramide berechnen?

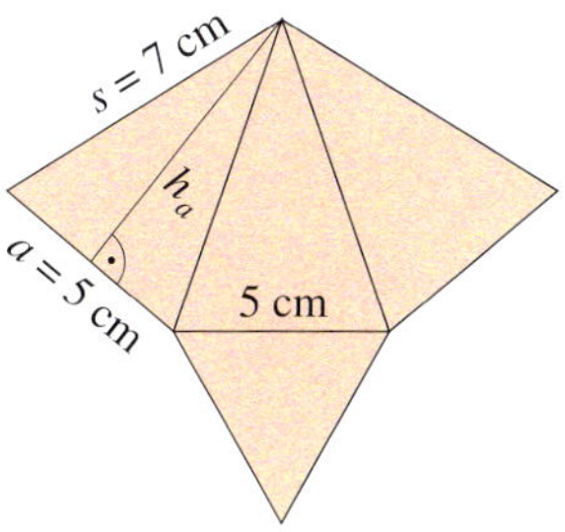

$h_a^2 + a_2 = s^2$

$h_a^2 + \frac{1}{2}a^2 = s^2$

$h_a^2 + (\frac{1}{2}a)^2 = s^2$

a) Beschreibe jeweils den Fehler bei den anderen Gleichungen.
b) Berechne h_a.

4 Berechne die fehlenden Längen der geraden quadratischen Pyramide. Gib die Ergebnisse auf Millimeter gerundet an (Maße in cm).

	a	s	h_a	h
a)	12,0		18,0	
b)	9,6		14,5	
c)			21,0	14,0
d)			12,3	9,8
e)		24,0	18,0	
f)		31,3	24,9	
g)	8,0	10,0		
h)	7,5	12,8		
i)		16,0	11,5	

BEACHTE
„Abwicklung" ist ein anderes Wort für (Körper-)Netz.

5 Die Oberfläche einer quadratischen Pyramide mit der Grundseite $a = 3\,\text{cm}$ beträgt $33\,\text{cm}^2$. Ricarda soll die Höhe der Pyramide bestimmen. Sie rechnet:

$$2 \cdot a \cdot h_a + a^2 = A_O$$
$$2 \cdot 3\,\text{cm} \cdot h_a + (3\,\text{cm})^2 = 33\,\text{cm}^2$$
$$6\,\text{cm} \cdot h_a + 9\,\text{cm}^2 = 33\,\text{cm}^2$$
$$6\,\text{cm} \cdot h_a = 24\,\text{cm}^2$$
$$h_a = 4\,\text{cm}$$

$$(\tfrac{a}{2})^2 + h^2 = h_a^2$$
$$(1{,}5\,\text{cm})^2 + h^2 = (4\,\text{cm})^2$$
$$2{,}25\,\text{cm}^2 + h^2 = 16\,\text{cm}^2$$
$$h^2 = 13{,}75\,\text{cm}^2$$
$$h = 3{,}7\,\text{cm}$$

Übertrage die Rechnung in dein Heft. Erkläre jeden Rechenschritt, indem du zum Beispiel die Äquivalenzumformungen ergänzt.

6 Berechne den Mantel- und den Oberflächeninhalt einer geraden quadratischen Pyramide. Skizziere zuerst ein Netz.
a) $a = 5\,\text{cm}$; $h_a = 7\,\text{cm}$
b) $a = 3{,}9\,\text{cm}$; $h_a = 10{,}2\,\text{cm}$
c) $a = 3\,\text{cm}$; $s = 6{,}3\,\text{cm}$
d) $a = 4{,}7\,\text{m}$; $s = 6{,}3\,\text{m}$
e) $a = 8\,\text{mm}$; $h_a = 12\,\text{mm}$
f) $a = 7{,}6\,\text{m}$; $h_a = 14{,}3\,\text{m}$
g) $a = 4\,\text{dm}$; $s = 46\,\text{m}$

ZUM WEITERARBEITEN
Zeichne zu der folgenden quadratischen Pyramide drei Netze.

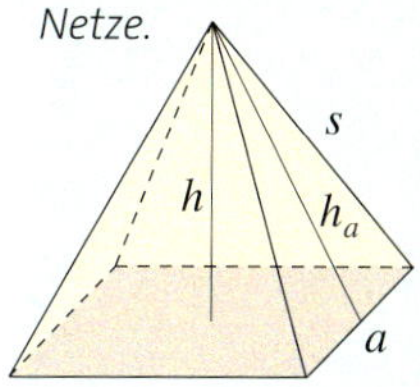

7 Überprüfe, ob die folgenden Aussagen richtig sind. In einer quadratischen Pyramide gilt immer …
a) $s > h_a$ b) $h > h_a$ c) $a > h_a$
d) $h < s$ e) $h < a$ f) $a < s$

8 Berechne die fehlenden Werte einer quadratischen Pyramide (Längen in m).

	a	h	s	h_a	A_M	A_O
a)	8		10			
b)		14		21		
c)			24	18		
d)	12			20		
e)		9		15		
f)	5,5		7,5			
g)		12,5		17,5		

9 Im Hof des Louvre stehen neben der großen Glaspyramide des Haupteingangs drei weitere kleine Glaspyramiden. Diese sind 4,93 m hoch. Ihre quadratischen Grundflächen haben jeweils eine Seitenlänge von 9,02 m.
a) Zeichne ein Netz der kleinen Pyramiden in dein Heft. Wähle einen geeigneten Maßstab.
b) Klebe das Netz zu einem Pyramiden-Modell zusammen.
c) Wie groß ist die Glashülle der Pyramide?

10 Aus wie viel m^2 Stoff besteht dieses Moskitonetz ungefähr?

11 Berechne die Mantelfläche und die Oberfläche einer quadratischen Pyramide. Die Grundfläche hat eine Seitenlänge von $a = 4{,}6$ cm, die Seitenkante s ist 10 cm lang. Tipp: Erstelle zunächst eine Übersichtsskizze und zeichne a und s ein..

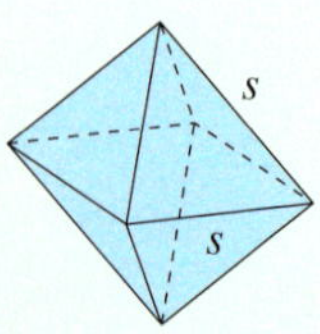

12 Dieser Oktaeder wird von acht kongruenten gleichseitigen Dreiecken begrenzt. Berechne die Oberfläche, wenn die Seitenkante $s = 6$ cm beträgt.

13 Erstelle aus zwei Pyramiden ein Modell zu dem Oktaeder aus Aufgabe 12.

14 Anton möchte seinem Vater zum Geburtstag diesen Briefbeschwerer aus Glas schenken.

Die Mantelfläche der Pyramide besteht aus vier gleichseitigen Dreiecken mit einer Kantenlänge von 12 cm.
a) Bestimme die Mantel- und die Oberfläche des Briefbeschwerers.
b) Anton besitzt noch ein quadratisches Stück Geschenkpapier mit einer Seitenlänge von 20 cm. Reicht das Papier aus, um den Briefbeschwerer zu verpacken? Begründe.

15 Der Aufsatz eines Luftbefeuchters hat die Form einer quadratischen Pyramide mit der Grundseite $a = 10$ cm und der Höhe $h = 12$ cm.

Wie viel Pappe wird mindestens benötigt, um den Luftbefeuchter zu verpacken?

16 Irina fand in einer Formelsammlung folgende Formel zur Berechnung der Oberfläche einer quadratischen Pyramide:
$A_O = a \cdot (2\,h_a + a)$.
Sie kann nicht glauben, dass diese Formel richtig ist, da sie in der Schule eine andere Formel kennengelernt hat. Erkläre Irina, warum auch diese Formel richtig ist.

Mantel und Oberfläche eines Kegels

Erforschen und Entdecken

1 Ihr benötigt ein verpacktes Waffeleis.

a) Messt das Eis aus. Bestimmt den Radius des Grundkreises, die Seitenlänge des Eises sowie die Eishöhe.

b) Wickelt die Eisverpackung vorsichtig ab, sodass sie nicht zerreißt. Aus welchen Teilen besteht die Verpackung? Beschreibt die Verpackungsteile möglichst genau mit eigenen Worten.

c) Warum ist der Kreissektor größer als notwendig? Schneidet die nicht zum Kegelmantel gehörenden Teile der Verpackung ab.

d) Die zugeschnittene Verpackung aus c) stellt mit dem Deckel die Oberfläche des Kegels dar. Zeichnet sie im Maßstab 1 : 1 in euer Heft.

2 Ein Kreis (siehe Skizze rechts) hat einen Radius von $r = 5\,\text{cm}$.

a) Bestimme den Flächeninhalt des gesamten Kreises.

b) Wie groß ist das gelb gefärbte Kreissegment?

c) Wie groß ist das blau gefärbte Kreissegment? Begründe. Vergleiche deine Lösung mit der deines Nachbarn.

d) Bestimme den Flächeninhalt des grünen und des roten Kreissegments.

e) Gib eine Formel an, mit der sich der Flächeninhalt eines Kreissegments in Abhängigkeit vom Radius und der Winkelgröße berechnen lässt. Vergleicht eure Formeln in der Klasse.

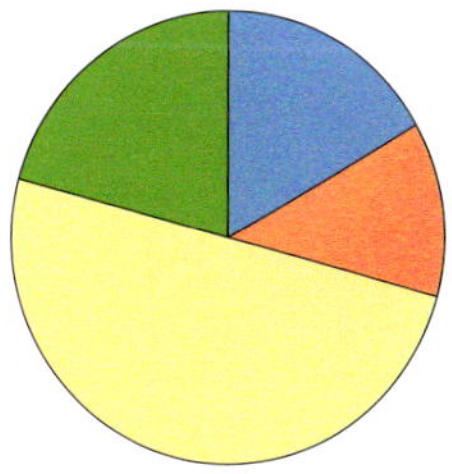

3 Zeichne je einen Kreis mit dem Radius $r = 3\,\text{cm}$, $r = 4\,\text{cm}$ und $r = 5\,\text{cm}$ und schneide sie aus. Übertrage dann die folgenden Kreissektoren auf ein Blatt Papier, schneide sie aus und klebe sie mit Tesafilm jeweils zum Mantel eines Kegels zusammen.

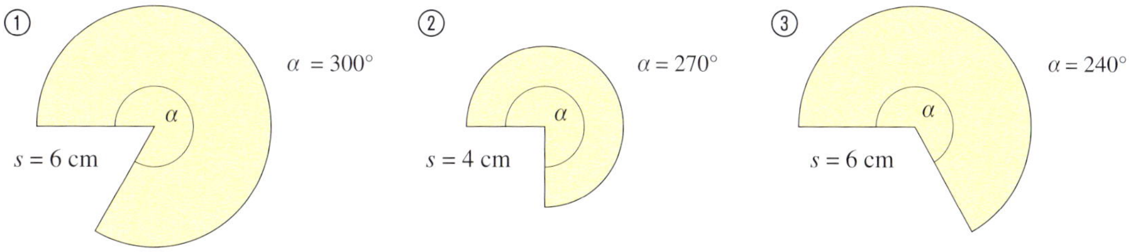

a) Welcher Kreissektor passt zu welchem Kreis und bildet mit ihm zusammen die Oberfläche eines Kegels?

b) Berechne die Flächeninhalte der Kreise und der Kreissektoren.

c) Beschreibe allgemein: Welche Eigenschaften müssen Kreissektor und Kreis haben, damit sie die Oberfläche eines Kegels bilden können?

d) Zu einem Kreis mit $r = 3{,}5\,\text{cm}$ soll ein Kreissektor gefunden werden, der mit dem Kreis die Oberfläche eines Kegels bildet. Bestimme den Radius und den Innenwinkel passender Kreissektoren. Vergleicht die Lösungen im Klassenverband. Worin unterscheiden sich eure Lösungen und welchen Einfluss hat der Sektor auf die Eigenschaften des Kegels?

015-1

HINWEIS

Unter dem Webcode kannst du dir die Kreise und Kreissektoren ausdrucken und ausschneiden.

Lesen und Verstehen

Zum Schulanfang möchte Sophie ihrem kleinen Bruder eine Schultüte basteln. Dazu kauft sie eine kegelförmige Tüte aus Pappe. Diese möchte sie bekleben.
Wie groß ist die zu beklebende Fläche?

Die zu beklebende Fläche der Schultüte bildet die **Mantelfläche A_M** des Kegels. Jede Strecke von der Spitze des Kegels zu einem Punkt seiner Grundkante heißt **Mantellinie s**. Schneidet man die Mantelfläche entlang einer Mantellinie auf, so erhält man einen Kreisausschnitt. Der Bogen b dieses Kreisausschnitts ist der Umfang u des Grundkreises vom Kegel. Der Radius des Kreisausschnitts ist die Mantellinie s des Kegels.

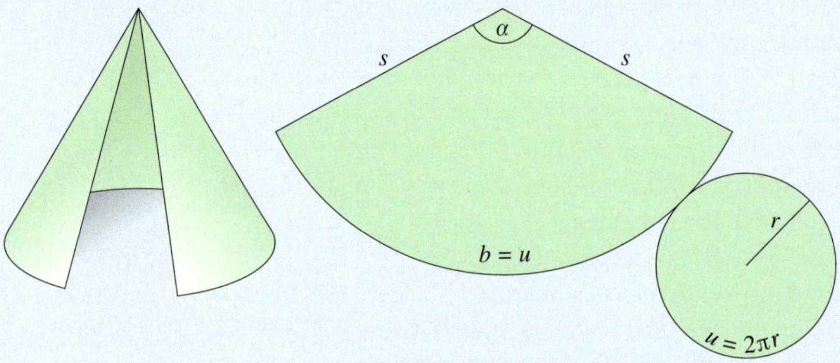

HINWEIS
Für die Länge b eines Kreisbogens gilt:
$b = \frac{\alpha}{360°} \cdot 2 \cdot \pi \cdot s$

Nimmt man zur Mantelfläche die Grundfläche hinzu, erhält man die **Oberfläche** des Kegels.

Für die **Mantelfläche A_M eines Kegels** gilt:

$A_M = \frac{u}{2} \cdot s$

$A_M = \frac{2\pi r}{2} \cdot s$

$A_M = \pi r s$

Für die **Oberfläche A_O eines Kegels** gilt:

$A_O = A_G + A_M$
$A_O = \pi r^2 + \pi r s = \pi r (r + s)$

Zerlegt man den Kegelmantel in kleine Teile, kann daraus annähernd ein Rechteck gelegt werden. Je kleiner die Teile sind, desto genauer wird das Rechteck.
Es gilt:
$A_M = \frac{u}{2} \cdot s$

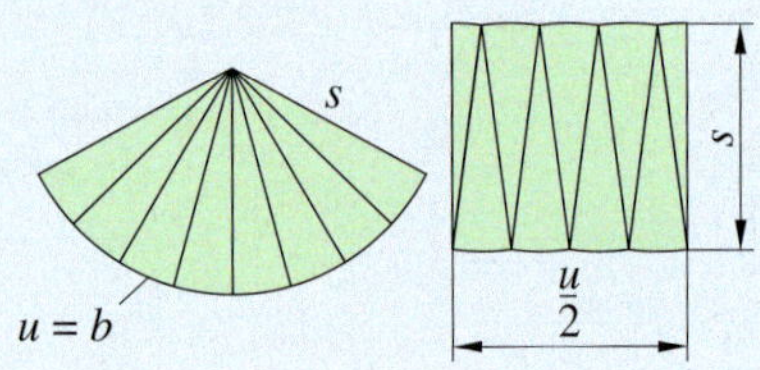

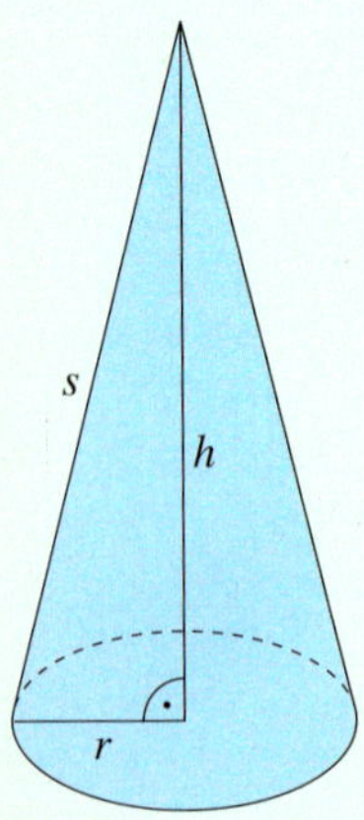

BEISPIEL
Welchen Flächeninhalt hat die zu beklebende Fläche einer Schultüte, die 70 cm hoch ist und einen Radius von 9 cm hat?
Um den Flächeninhalt der zu beklebenden Fläche zu berechnen, benötigt man zunächst die Länge der Mantellinie s. Nach dem Satz des Pythagoras gilt:

$s^2 = r^2 + h^2$
$s^2 = (9\,\text{cm})^2 + (70\,\text{cm})^2$
$s \approx 70{,}6\,\text{cm}$

$A_M = \pi \cdot r \cdot s$
$A_M \approx \pi \cdot 9\,\text{cm} \cdot 70{,}6\,\text{cm}$
$\approx 1996{,}2\,\text{cm}^2$

Die zu beklebende Fläche der Schultüte hat also einen Flächeninhalt von ca. 1996,2 cm².

Üben und Anwenden

1 Berechne den Mantelflächeninhalt des Kegels.

a)
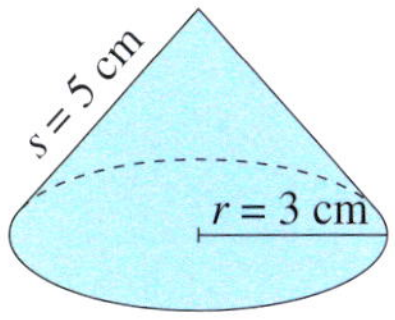

b)
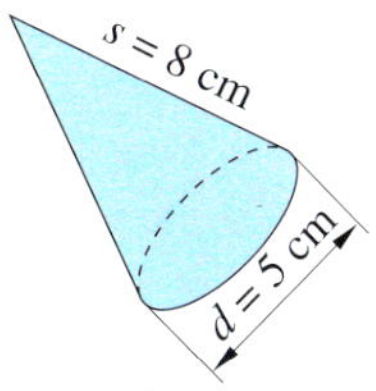

c)
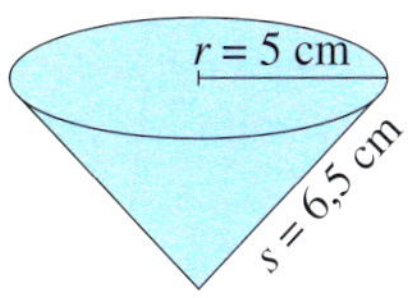

d)
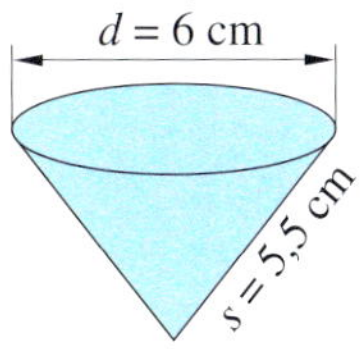

2 Berechne den Mantelflächeninhalt des Kegels.
a) $r = 4\,cm$; $s = 9\,cm$
b) $r = 15\,mm$; $s = 3\,cm$
c) $r = 0{,}8\,m$; $s = 250\,cm$
d) $r = 4\,cm$; $h = 5\,cm$

3 Berechne den Oberflächeninhalt des Kegels.

	Radius r	Mantellinie s
a)	5 cm	13 cm
b)	3,4 cm	6,2 cm
c)	7,1 dm	9,4 dm
d)	3 m	5,3 m

4 Berechne den Oberflächenflächeninhalt des Kegels.
a) $d = 50\,cm$; $s = 40\,cm$
b) $d = 46\,dm$; $s = 47{,}5\,dm$

5 Welchen Oberflächeninhalt hat der Kegel?
a) $r = 0{,}35\,m$; $s = 0{,}2\,m$
b) $r = 5{,}4\,cm$; $h = 7{,}2\,cm$
c) $r = 3{,}4\,m$; $h = 8{,}4\,m$
d) $h = 4{,}7\,cm$; $s = 5{,}9\,cm$

6 Berechne den Mantel- und Oberflächeninhalt des Kegels.
a) $r = 4\,cm$; $h = 8\,cm$
b) $r = 6\,cm$; $h = 15\,cm$
c) $d = 1{,}2\,dm$; $h = 2{,}4\,dm$
d) $s = 30\,cm$; $h = 21\,cm$

7 Berechne die fehlenden Größen des Kegels. h gibt die Höhe des Kegels an und kann über den Satz des Pythagoras berechnet werden. (Längen in m; Flächen in m^2)

	r	s	h	A_M	A_G	A_O
a)		7		66		
b)	9			580		
c)	11					924
d)	3,6			105		
e)	11	20				
f)		0,8	0,4			

8 Ein Kegel ist durch die Höhe $h = 4\,cm$ und den Radius $r = 3\,cm$ gegeben.
a) Berechne den Mantel- und Oberflächeninhalt des Kegels.
b) Wie ändert sich der Mantel- und Oberflächeninhalt, wenn der Radius des Kegels verdoppelt wird?
c) Welche Höhe und welchen Radius könnte ein Kegel mit einem doppelt so großen Oberflächeninhalt haben? Vergleicht eure Ergebnisse.

ZUM WEITERARBEITEN
Wie viel m^2 Rasenfläche muss gemäht werden?

9 Ein Kegel ist gegeben durch die Mantellinie $s = 10\,cm$ und den Radius $r = 7\,cm$. Wie ändert sich der Mantelflächeninhalt, wenn folgende Änderungen vorgenommen werden?
a) r wird halbiert
b) r wird verdoppelt
c) r wird verdreifacht
d) s wird halbiert
e) r und s werden jeweils halbiert
f) r wird halbiert und s wird verdoppelt
g) r und s werden verdoppelt

10 Ein Kreisausschnitt hat den Radius s und den Bogen b. Berechne den Mantelflächeninhalt des Kegels, der aus diesem Kreisausschnitt hergestellt werden kann.
a) $s = 4{,}2\,cm$; $b = 20\,cm$
b) $s = 8{,}3\,cm$; $b = 15\,cm$
c) $s = 6{,}4\,cm$; $b = 23{,}6\,cm$
d) $s = 9{,}3\,cm$; $b = 35{,}2\,cm$
e) $s = 7{,}7\,cm$; $b = 7{,}7\,cm$

11 Aus einem Blatt im DIN-A4-Format (297 mm × 210 mm) soll ein Kegel gebastelt werden. Dabei soll der Oberflächeninhalt (also der Materialverbrauch) möglichst groß werden.

a) Zeichne auf das Blatt einen Kreis und eine passende Mantelfläche. Worauf musst du achten?

b) Vergleicht eure Kegel im Klassenverband. Wer hat die größte Kegeloberfläche?

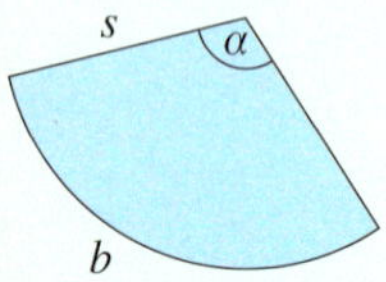

$A_M \approx 4056\,\text{cm}^2$; $s = 65\,\text{cm}$; $\alpha = 110°$

12 Zur Herstellung einer Schultüte wurde ein Karton zugeschnitten (siehe Skizze).

a) Berechne den Umfang der daraus gefertigten Schultüte an der Öffnung.

b) Welche Maße hat ein kleinstmögliches Rechteck, aus dem der Karton für die Schultüte geschnitten werden kann?

c) Wie viel Prozent Abfall würden nach der Frage b) dabei entstehen?

SCHON GEWUSST?
Ein Silo ist ein Speicher für z. B. Getreide, Futtermittel oder Zement.

13 Die Maße eines Kegels betragen $r = 11\,\text{cm}$ und $h = 60\,\text{cm}$. Der Mantel des Kegels ist ein Kreisausschnitt mit einem Flächeninhalt von $27{,}6\,\text{dm}^2$.

a) Wie lang ist die Mantellinie s?

b) Bestimme den Oberflächeninhalt des Kegels.

14 In Einzelhandelsgeschäften werden häufig Wasserspender aufgestellt. Die Pappbecher sind kegelförmig, damit sie nicht abgestellt werden können. Ein Becher hat einen Radius von 35 mm und eine Höhe von 78 mm.

a) Zeichne das Schrägbild eines Bechers.

b) Ermittle die Größe der Papierfläche für die Herstellung eines Kegelbechers, wenn für die Klebelaschen bei jedem Becher 15 % Papier zusätzlich berücksichtigt werden müssen.

c) Wie viele Becher könnten maximal aus einem Quadratmeter Papier hergestellt werden? Warum ist dies in der Realität nicht möglich?

15 Wenn man das Dreieck SMP um die Seite $\overline{MS}$ dreht, entsteht ein Kegel. Berechne die Grundfläche, die Mantelfläche und die Oberfläche dieses Kegels.

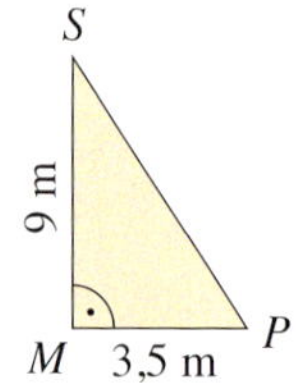

16 Wird eine rechtwinklige Dreiecksfläche mit der Hypotenusenlänge $c = 13\,\text{cm}$ und der Kathetenlänge $a = 7\,\text{cm}$ um a gedreht, wird ein Körper beschrieben.

a) Welcher Körper wird durch diese Drehung erzeugt?

b) Berechne den Oberflächeninhalt dieses Körpers.

17 Betrachte den abgebildeten Körper.

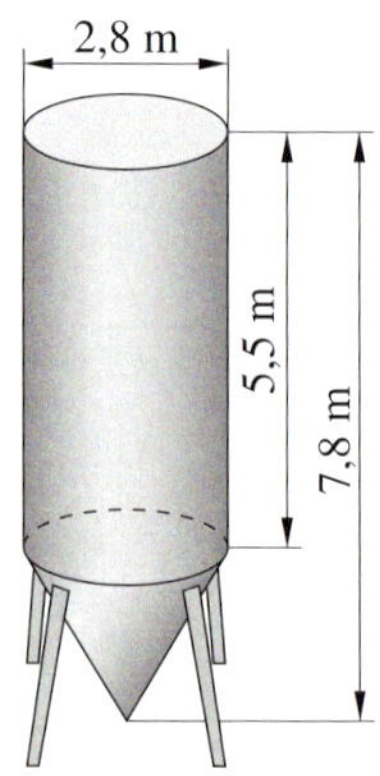

a) Aus welchen Körpern besteht das Silo?

b) Berechne die Oberfläche des Silos.

c) Das Silo soll gestrichen werden. Berechne die benötigte Farbmenge, wenn mit einem Liter Farbe $5\,\text{m}^2$ gestrichen werden können.

d) 750 ml Farbe kosten 21,95 €. Wie viel kostet die benötigte Farbmenge?

18 Einfache Lichterketten können mit Hilfe kleiner Lampenschirme verschönert werden.

a) Entwirf eine Schablone für ein kegelförmiges Schirmchen.

b) Gestalte die Schirmchen nach deinem Geschmack.

Volumen von Pyramide und Kegel

Erforschen und Entdecken

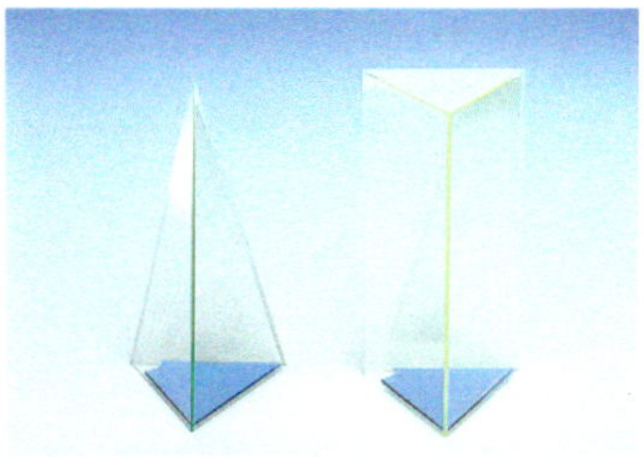

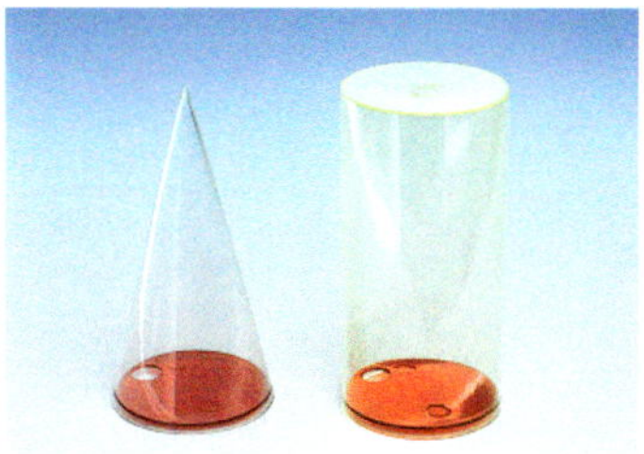

1 Arbeitet in der Gruppe. Für den folgenden Versuch benötigt ihr diese befüllbaren Körper:

- eine Pyramide und einen Quader oder ein Prisma mit gleicher Grundfläche und Höhe,
- einen Kegel und einen Zylinder mit gleicher Grundfläche und Höhe.

Versuchsdurchführung:
Füllt die Pyramide (den Kegel) mit einer Flüssigkeit. Schüttet die Flüssigkeit anschließend aus der Pyramide (dem Kegel) in das Gefäß mit gleicher Grundfläche und Höhe.

a) Wie oft muss der Vorgang wiederholt werden, bis das Prisma (bzw. der Zylinder) vollständig gefüllt ist?

b) Was bedeutet das für das Volumen einer Pyramide bzw. für das Volumen eines Kegels? Stellt eine Formel auf.

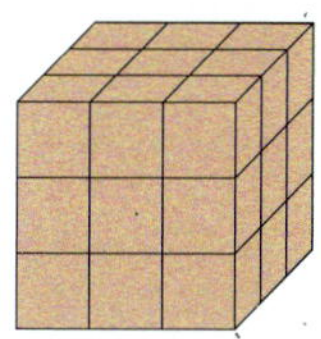

2 Murad hat gelesen, dass die Pyramiden in Mexiko aus Quadern gefertigt wurden. Er möchte sie nachbauen und hat sich von seinem Opa Holzwürfel zuschneiden lassen, die er – wie auf den Fotos abgebildet – zu Pyramiden zusammenstellt.

a) Handelt es sich bei Murads Objekten im streng mathematischen Sinn um Pyramiden? Begründe.

b) Aus wie vielen Würfeln besteht die kleinste von Murad gebaute Pyramide?

c) Wie viele Würfel kommen zum Bau der dann folgenden Pyramidenstufe hinzu? Aus wie vielen Würfeln besteht sie insgesamt?
Gib an, wie viele Würfel Murad benötigen würde, wenn er einen Quader mit gleich großer Grundfläche und Höhe wie bei der Pyramide gebaut hätte.

d) Übertrage die folgende Tabelle in dein Heft und vervollständige sie.

Anzahl Schichten	Anzahl Würfel Pyramide W_P	Anzahl Würfel Quader W_Q	$W_P : W_Q$
2	5	8	5 : 8 = 0,625
3			
4		64	
5			0,44
6			

e) Aus wie vielen Würfeln besteht die Pyramide mit 7 (8, 9, 10) Schichten? Wie viele Würfel benötigt man für den Bau eines Quaders mit gleich großer Grundfläche und Höhe? Berechne den Quotienten $W_P : W_Q$. Was fällt dir auf?

Lesen und Verstehen

Die Hawara-Pyramide hatte eine quadratische Grundfläche mit einer Seitenlänge von 105 m. Sie war 58 m hoch. Mittlerweile ist sie stark verwittert, da die ursprüngliche Kalksteinverkleidung in der Antike für andere Bauten verwendet wurde.

HINWEIS
Dreimal kann die Flüssigkeit aus einem Kegel in einen Zylinder mit der gleichen Grundfläche A_G und der gleichen Höhe h gefüllt werden:

einmal gefüllt

zweimal gefüllt

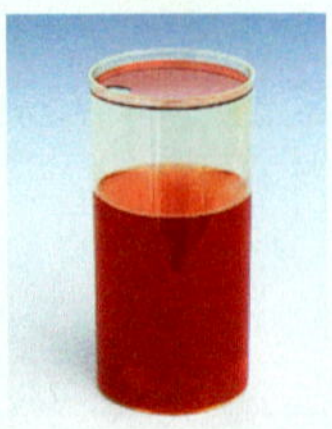

dreimal gefüllt

Das **Volumen V einer Pyramide** wird bestimmt, indem der Flächeninhalt der Grundfläche A_G mit der Höhe h der Pyramide und dem Faktor $\frac{1}{3}$ multipliziert wird:

$V = \frac{1}{3} \cdot A_G \cdot h$

BEISPIEL 1
Wie groß war das Volumen der Hawara-Pyramide?
$A_G = 105\,\text{m} \cdot 105\,\text{m} = 11\,025\,\text{m}^2$
$V = \frac{1}{3} \cdot A_G \cdot h$
$V = \frac{1}{3} \cdot 11\,025\,\text{m}^2 \cdot 58\,\text{m} = 213\,150\,\text{m}^3$

Die Hawara-Pyramide hatte ein Volumen von $213\,150\,\text{m}^3$.

Für Pyramiden mit quadratischer Grundfläche gilt: $V = \frac{1}{3} \cdot a^2 \cdot h$

Wie groß hätte der Radius der Grundfläche sein müssen, wenn die Ägypter einen Kegel gleichen Volumens und gleicher Höhe gebaut hätten?

Die Grundfläche des Kegels ist ein Kreis mit $A_G = \pi \cdot r^2$.

Das **Volumen V eines Kegels** wird bestimmt, indem der Flächeninhalt der Grundfläche A_G mit der Höhe h des Kegels und dem Faktor $\frac{1}{3}$ multipliziert wird:

$V = \frac{1}{3} \cdot A_G \cdot h = \frac{1}{3} \cdot \pi \cdot r^2 \cdot h$

BEISPIEL 2
Wie groß wäre der Radius des Kegels?
$213\,150\,\text{m}^3 = \frac{1}{3} \cdot \pi \cdot r^2 \cdot 58\,\text{m}$
$213\,150\,\text{m}^3 = 60{,}74\,\text{m} \cdot r^2$
$r^2 = 3509{,}37\,\text{m}^2$; $r = 59{,}24\,\text{m}$
Probe: $V = \frac{1}{3} \cdot \pi \cdot (59{,}24\,\text{m})^2 \cdot 58\,\text{m}$
$\approx 213\,150\,\text{m}^3$
Der Kreisradius würde 59,24 m betragen.

Wie viel Material musste bewegt werden, um die Hawara-Pyramide zu erbauen? Das Bauwerk wurde aus Lehmziegeln errichtet. Ein Kubikmeter Lehm wiegt – abhängig von der Verdichtung des Materials – zwischen 1,5 und 2 t.

Die **Masse m** eines Körpers wird aus dem Produkt des Volumens V und der **Dichte ϱ (sprich: rho)** berechnet.
Allgemein gilt also: $m = V \cdot \varrho$

Für eine Pyramide mit quadratischer Grundfläche gilt:
$m = \frac{1}{3} \cdot a^2 \cdot h \cdot \varrho$

Für einen Kegel gilt:
$m = \frac{1}{3} \cdot \pi \cdot r^2 \cdot h \cdot \varrho$

BEISPIEL 3
Wie groß war die Masse der Pyramide?
$m = V \cdot \varrho = 213\,150\,\text{m}^3 \cdot 1{,}5\,\frac{\text{t}}{\text{m}^3} = 319\,725\,\text{t}$

Höchstgewicht der Pyramide:

$m = 213\,150\,\text{m}^3 \cdot 2\,\frac{\text{t}}{\text{m}^3} = 426\,300\,\text{t}$

Es wurden etwa zwischen 320 000 und 426 000 Tonnen Material zum Bau der Pyramide verwendet.

Üben und Anwenden

1 Berechne das Volumen der quadratischen Pyramide. Gib das Ergebnis auf zwei Nachkommastellen gerundet an.
a) $a = 7\,\text{cm}$; $h = 11\,\text{cm}$
b) $a = 6{,}3\,\text{cm}$; $h = 10{,}7\,\text{cm}$
c) $a = 14{,}3\,\text{dm}$; $h = 21{,}7\,\text{dm}$
d) $a = 82{,}4\,\text{cm}$; $h = 110{,}8\,\text{cm}$
e) $a = 121{,}6\,\text{cm}$; $h = 135{,}4\,\text{cm}$

2 Berechne von der quadratischen Pyramide die fehlenden Größen und das Volumen. Runde auf eine Nachkommastelle.

	a	s	h_a	h
a)	5 cm			7,5 cm
b)	5,6 cm		7 cm	
c)			12 m	8 m
d)			17,9 mm	8,7 mm
e)	3 cm	6,3 cm		
f)	4,7 cm	7,9 cm		
g)		18 cm	16 cm	

3 Wie hoch ist die quadratische Pyramide?
a) $V = 100\,\text{m}^3$; $a = 2\,\text{m}$
b) $V = 892{,}8\,\text{cm}^3$; $a = 9{,}3\,\text{cm}$
c) $V = 36\,\text{cm}^3$; $a = 2{,}4\,\text{cm}$
d) $V = 270\,000\,\text{cm}^3$; $a = 7{,}1\,\text{dm}$
e) $V = 101{,}25\,\text{m}^3$; $a = 4{,}5\,\text{m}$

4 Berechne das Volumen des Kegels.
a) $r = 14\,\text{cm}$; $h = 25\,\text{cm}$
b) $r = 5{,}4\,\text{dm}$; $h = 8\,\text{dm}$
c) $r = 5{,}2\,\text{cm}$; $h = 15\,\text{cm}$
d) $r = 3{,}8\,\text{cm}$; $h = 10\,\text{cm}$
e) $r = 2{,}45\,\text{m}$; $h = 7{,}8\,\text{m}$

5 Der Grundkreis einer Eiswaffel hat einen Durchmesser von 5,8 cm. Die Waffel ist 12 cm hoch. Wie viel Eis passt hinein? Zeichne die Waffel auch als Schrägbild.

6 Wenn trockener Sand mit Hilfe eines Förderbands aufgeschüttet wird, entsteht ein annähernd kegelförmiger Schütthaufen. Welche Bodenfläche bedeckt der Sand, wenn $4000\,\text{m}^3$ bis auf 8 m Höhe aufgeschüttet werden?

7 Berechne den fehlenden Wert des Kegels.

	r	h	V
a)	5 cm	12 cm	
b)		9,5 dm	$34{,}5\,\text{dm}^3$
c)	4,5 cm		$70{,}4\,\text{cm}^3$
d)	27 mm	4,3 cm	
e)	1,5 dm		$1767\,\text{cm}^3$
f)	0,3 dm		$56{,}\ 55\,\text{cm}^3$
g)		1,4 m	$718{,}38\,\text{dm}^3$

8 Eine Pyramide hat eine rechteckige Grundfläche mit den Längen a und b. Berechne jeweils den fehlenden Wert.

	a	b	h	V
a)	7 cm	9 cm	12 cm	
b)	5,8 mm	9,3 mm	16 mm	
c)	8 m	12 m		$456\,\text{m}^3$
d)	12,3 cm	24,6 cm		$1400\,\text{cm}^3$
e)		10 m	10 m	$500\,\text{m}^3$
f)	24 m		63,5 m	$965{,}2\,\text{m}^3$

9 Ein kegelförmig aufgeschütteter Sandhaufen hat einen Umfang von 13,8 m. Er ist 2,1 m hoch. Wie groß ist sein Volumen?

10 Angenommen, die ursprüngliche Kalksteinverkleidung der Hawara-Pyramide (siehe S. 20) war 50 cm dick. Aus wie viel m^3 Kalkstein bestand die Verkleidung der Pyramide?

11 Eine quadratische Pyramide soll gemauert werden. Die Grundkante soll 2,4 m betragen, die Höhe 1,5 m.
a) Wie viel m^3 Mauerwerk enthält der Bau?
b) Wie viele Mauersteine und wie viel m^3 Mörtel werden mindestens benötigt, wenn man für einen Kubikmeter Mauerwerk mit 380 Steinen und 300 ℓ Mörtel rechnet?

12 Ein Kegel hat ein Volumen von $75{,}4\,\text{cm}^3$.
a) Bestimme seine Höhe, wenn der Radius $r = 3\,\text{cm}$ ist.
b) Bestimme seinen Radius, wenn die Höhe $h = 3\,\text{cm}$ ist.

13 Berechne aus dem Netz der quadratischen Pyramide ihr Volumen.

a)

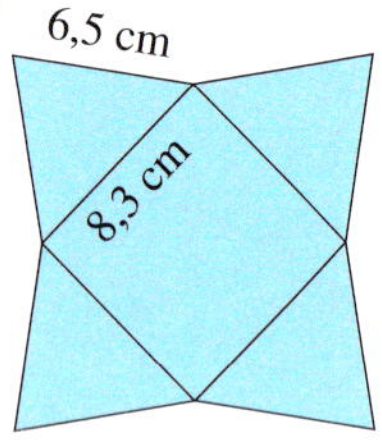

b)

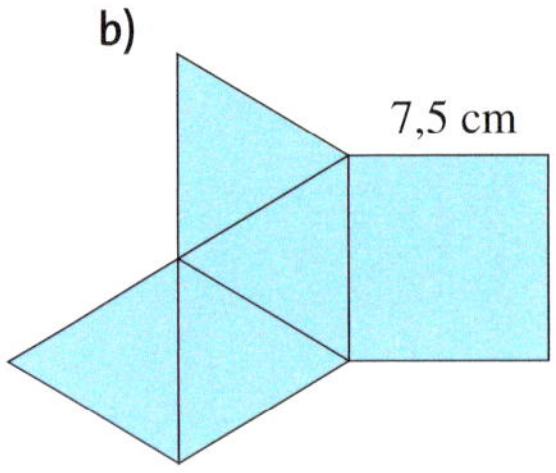

14 In einer Kerzenzieherei werden Kegelkerzen in zwei verschiedenen Größen hergestellt: Ein Teil der Kerzen ist 14 cm hoch mit einem Radius von 6 cm, der andere Teil ist 10 cm hoch mit einem Radius von 7 cm. Für welche Kerzen wird mehr Wachs benötigt?

15 Ein Würfel hat eine Kantenlänge von 10 cm. Aus dem Würfel soll eine quadratische Pyramide mit möglichst großem Volumen herausgearbeitet werden.

a) Welches Volumen hat die Pyramide?
b) Vergleiche das Volumen des Würfels mit dem der Pyramide.

16 Ein Quader hat die Kantenlängen $a = 3\,\text{cm}$, $b = 4\,\text{cm}$ und $c = 5\,\text{cm}$. Aus dem Quader soll eine Pyramide mit rechteckiger Grundfläche so herausgearbeitet werden, dass das Volumen möglichst groß wird.

a) Als Grundfläche kommen drei Rechtecke in Frage. Welche Größe besitzen diese Rechtecke?
b) Spielt die Auswahl der Grundfläche bei der Bestimmung des Volumens eine Rolle? Begründe.
c) Zeichne ein Schrägbild des Quaders und in diesen Quader das Schrägbild einer Pyramide mit maximalem Volumen.

ZUM WEITERARBEITEN
Wie viele 500 g-Packungen Salz kann man wohl mit einem Haufen füllen?

17 Wie ändert sich das Volumen einer quadratischen Pyramide, wenn die Höhe halbiert (verdoppelt) und die Länge der Quadratseite beibehalten werden soll?

18 Eine Pyramide mit quadratischer Grundfläche hat ein Volumen von 1 ℓ.

a) Wie lang könnten die Seite des Quadrats und die Höhe der Pyramide sein? Findest du mehrere Beispiele?
b) Berechne den Oberflächeninhalt der gefundenen Pyramiden.
c) Tragt die Ergebnisse im Klassenverband zusammen und vergleicht die Oberflächeninhalte. Welche Pyramide hat den kleinsten Oberflächeninhalt?

19 Die Grundfläche einer quadratischen Pyramide hat einen Umfang von 13,8 m. Sie ist 2,1 m hoch. Wie groß ist ihr Volumen?

20 Die Grundfläche einer dreiseitigen Pyramide hat die Seitenlängen $a = 3\,\text{cm}$, $b = 4\,\text{cm}$ und $c = 5\,\text{cm}$. Wähle eine beliebige Höhe.

a) Zeichne das Netz der Pyramide. Beschreibe, wie du dabei vorgehst.
b) Berechne das Volumen der Pyramide.

21 Die Skizze zeigt ein Werkstück. Es hat die Form einer quadratischen Pyramide, aus der eine kegelförmige Vertiefung herausgearbeitet wurde. Die Höhe dieses Kegels beträgt $\frac{3}{7}$ der Höhe der Pyramide.

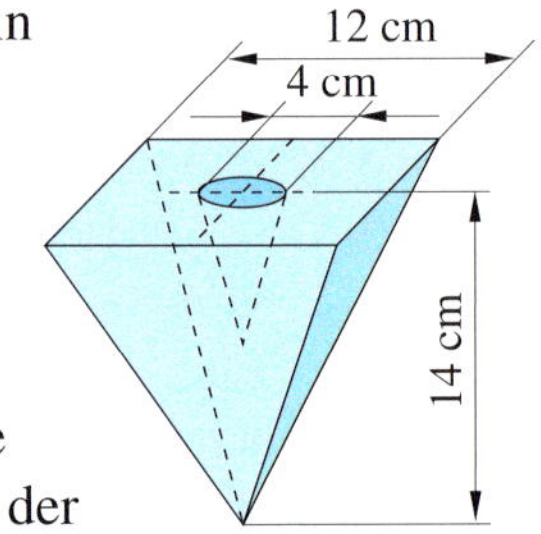

a) Berechne das Volumen des Werkstücks.
b) Das Werkstück ist aus Aluminium gefertigt, $1\,\text{cm}^3$ Aluminium wiegt 2,7 g. Wie schwer ist das Werkstück?

22 Ergänze die bisher in diesem Kapitel erlernten Formeln zu Pyramiden und Kegeln in deiner dynamischen Formelsammlung.

Volumen und Oberfläche einer Kugel

Erforschen und Entdecken

1 Betrachte die folgenden Körper.

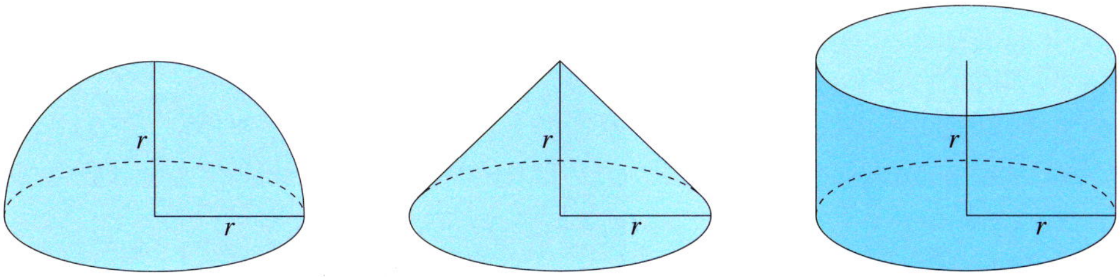

a) Um welche Körper handelt es sich?
b) Die Körper haben den gleichen Radius, der gleichzeitig auch die Körperhöhe ist. Ordne die Körper nach der Größe ihres Volumens und skizziere die Schrägbilder in deinem Heft. Beginne mit dem kleinsten Körper.
c) Schreibe das Volumen der Körper (in Abhängigkeit vom Radius r) unter deine Schrägbildskizzen, sofern dir die Formel für das Volumen bekannt ist.
d) Stelle eine Vermutung für das Volumen einer Kugel auf.

2 Für den folgenden Versuch benötigt ihr:
- einen Messbehälter mit Überlauf (z. B. aus der Chemie-Sammlung) oder ein großes Gefäß (z. B. einen Eimer, ein Aquarium, eine Babybadewanne)
- verschieden große Kugeln (z. B. Murmeln oder schwere Bälle, die nicht schwimmen)
- einen Messbecher, ein Maßband und viel Wasser

Versuchsvorbereitung:
Messt mit dem Maßband den Umfang der Kugeln und berechnet ihren Radius.
Übertragt die Tabelle in euer Heft und ergänzt die Werte.

Kugel	Umfang	Radius	verdrängte Wassermenge
z. B. Golfball	$u =$	$r =$	$V =$
…			

Versuchsdurchführung:
① Stellt das Gefäß an einer Stelle auf, die nass werden darf, etwa auf dem Schulhof, und füllt es randvoll mit Wasser.
② Legt eine Kugel vorsichtig auf das Wasser und lasst sie versinken. Es wird Wasser über die Kante des Gefäßes in das Überlaufgefäß oder auf den Boden laufen.
③ Stellt fest, wie viel Wasser durch die Kugel verdrängt wurde. Ihr könnt die Überlaufmenge entweder einfach ablesen oder die Kugel vorsichtig aus dem Becken entfernen und das Becken mit Hilfe des Messbechers wieder auffüllen.
④ Führt den Versuch mit allen Kugeln/Bällen durch und tragt die Werte in die Tabelle ein.
⑤ Überprüft mit Hilfe eurer Messwerte in der Tabelle die Formel aus Aufgabenteil 1 d).

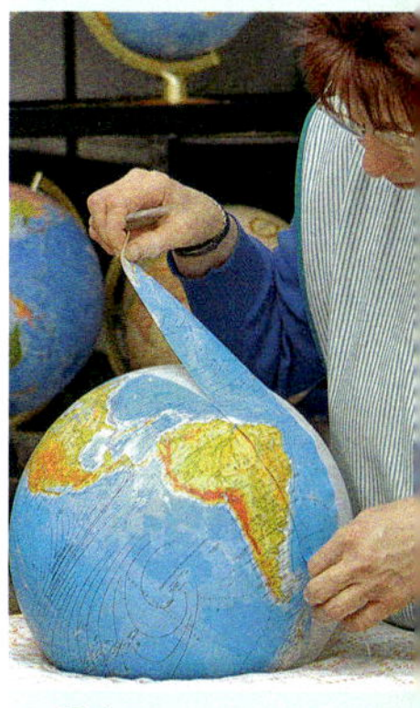

3 Erkundige dich im Internet oder in Büchern über die Technik der „Handkaschierung" beim Bau von Globen. Über den Webcode gelangst du zu passenden Seiten im Internet.
a) Welche Form haben die Flächen, die beim Bekleben eines Globus eingesetzt werden?
b) Wie viele dieser Flächen benötigt man beim Bau und wie groß ist eine dieser Flächen ungefähr? Beachte, dass die Flächengröße abhängig vom Durchmesser des Globus ist.

WWW 023-1

Lesen und Verstehen

Erstmals im Oktober 1957 gelang es sowjetischen Forschern, einen künstlichen Satelliten in eine Umlaufbahn um die Erde zu entsenden.
Dieser Staellit mit dem Namen Sputnik 1 war eine hochglanzpolierte Aluminiumkugel und hatte einen Außendurchmesser von 58 cm.
Wie groß war das Volumen von Sputnik 1?

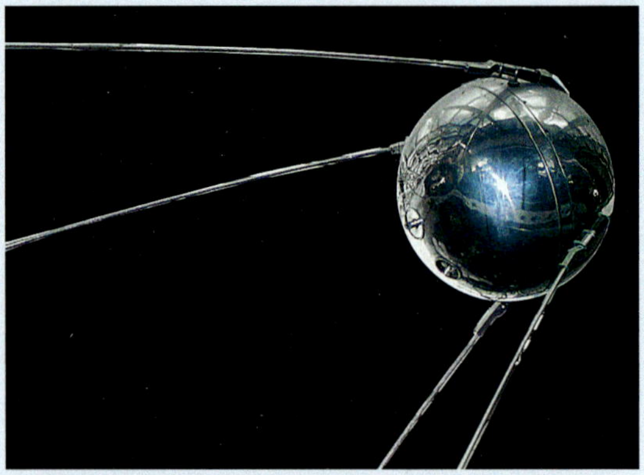

ERINNERE DICH
$1000\,cm^3 = 1\,dm^3$

Das **Volumen V einer Kugel** mit dem Radius r lässt sich wie folgt berechnen:

$V = \frac{4}{3} \cdot \pi \cdot r^3$

BEISPIEL 1
Sputnik 1 hatte einen Radius von 29 cm.
Also gilt für sein Volumen:
$V = \frac{4}{3} \cdot \pi \cdot (29\,\text{cm})^3 \approx 102\,160{,}4\,\text{cm}^3$
Sputnik 1 hat ein Volumen von ca. $102\,\text{dm}^3$.

Der Oberflächeninhalt von Sputnik 1 soll lediglich einen Quadratmeter betragen haben.
Kann das sein?

ERINNERE DICH
$10\,000\,cm^2 = 100\,dm^2 = 1\,m^2$

Für die **Oberfläche A_O einer Kugel** mit dem Radius r gilt:

$A_O = 4\pi \cdot r^2$

BEISPIEL 2
$A_O = 4\pi \cdot r^2 = 4\pi \cdot (29\,\text{cm})^2 \approx 10\,568{,}3\,\text{cm}^2$
Der Oberflächeninhalt von Sputnik 1 war mit $1{,}06\,\text{m}^2$ etwas größer als $1\,\text{m}^2$.

Üben und Anwenden

BEACHTE
Ist r^3 gegeben und es soll r bestimmt werden, so muss die dritte Wurzel gezogen werden: $\sqrt[3]{r^3} = r$.
Die dritte Wurzel aus 8, also $\sqrt[3]{8}$, lässt sich mit dem Taschenrechner z. B. mit folgenden Tippfolgen bestimmen:
[8] [2nd] [yˣ] [3] [=]
oder
[8] [SHIFT] [x³] [=]
Lies gegebenenfalls in der Anleitung deines Taschenrechners nach.

1 Berechne das Volumen der verschiedenen Kugeln. Runde jeweils auf eine Nachkommastelle.

① 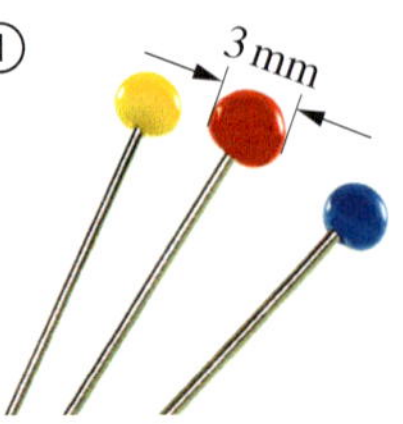

② 

③ 

④ 

2 Berechne das Volumen der Kugel. Gib in der in Klammern stehenden Maßeinheit an.

a) $r = 2{,}4\,\text{cm}$ (mm^3)
b) $r = 1{,}57\,\text{m}$ (dm^3)
c) $r = 6{,}89\,\text{dm}$ (m^3)
d) $r = 20{,}5\,\text{cm}$ (m^3)
e) $d = 16\,\text{cm}$ (mm^3)
f) $d = 3{,}8\,\text{dm}$ (cm^3)
g) $d = 7{,}45\,\text{m}$ (dm^3)
h) $d = 25{,}56\,\text{cm}$ (m^3)

3 Stelle die Volumen- und die Oberflächenformel der Kugel nach r um. Erkläre deine Umformungen deinem Nachbarn.

4 Berechne den Radius der Kugel. Gib auf zwei Nachkommastellen gerundet an.

a) $V = 13{,}45\,\text{m}^3$
b) $V = 102{,}5\,\text{dm}^3$
c) $V = 345{,}046\,\text{cm}^3$
d) $V = 4\,200\,\text{mm}^3$
e) $V = 657{,}4\,\text{m}^3$
f) $V = 800{,}04\,\text{cm}^3$

5 Kunstvolle Seifenblasen
Welches Volumen hat eine Seifenblase, in der du stehen könntest? Wie groß ist der Oberflächeninhalt der Seifenblase?

6 Suche in deiner Umgebung drei kugelförmige Gegenstände.
Miss jeweils ihren Durchmesser und bestimme ihr Volumen.

7 Berechne den Durchmesser der Kugel. Gib in der in Klammern angegebenen Maßeinheit an. Runde dabei auf zwei Stellen.
a) $V = 12{,}67\,m^3$ (dm)
b) $V = 3\,700\,mm^3$ (cm)
c) $V = 305{,}4\,dm^3$ (cm)
d) $V = 451{,}7\,dm^3$ (m)
e) $V = 157{,}905\,cm^3$ (mm)

8 Annika meint, dass sich das Volumen einer Kugel verdoppelt, wenn der Kugelradius verdoppelt wird.
Überprüfe Annikas Behauptung an einem Beispiel und korrigiere – falls notwendig – ihre Aussage.

9 Nach internationalem Regelwerk muss ein Fußball einen Umfang zwischen 68 cm und 70 cm besitzen, ein Volleyball einen Umfang zwischen 65 cm und 67 cm und ein Basketball einen Umfang zwischen 75 cm und 78 cm.
Bestimme das maximale und das minimale Volumen aller drei Bälle.

10 Eine Kugel hat den Radius $r = 5\,cm$.
a) Berechne das Volumen der Kugel.
b) Welchen Radius hat die Kugel mit dem doppelten (dreifachen, vierfachen, fünffachen) Volumen (siehe Randspalte)?

11 Welches Volumen hat der Golfball? Hältst du das Ergebnis für sehr genau? Begründe.

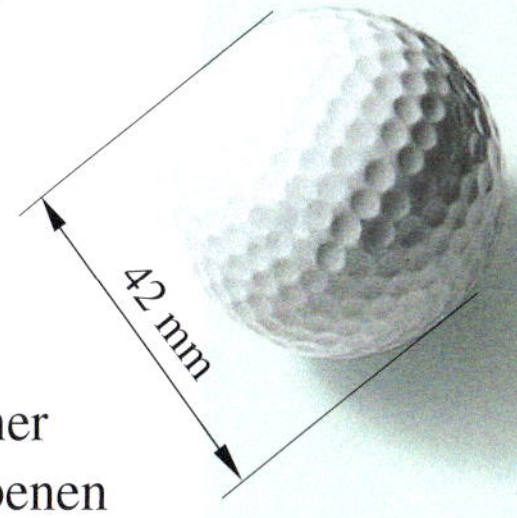

12 Berechne den Oberflächeninhalt einer Kugel. Gib in der in Klammern angegebenen Maßeinheit an.
a) $r = 4{,}3\,cm$ (mm^2)
b) $r = 1{,}85\,m$ (dm^2)
c) $r = 7{,}83\,dm$ (m^2)
d) $r = 10{,}7\,cm$ (m^2)
e) $d = 46\,cm$ (mm^2)
f) $d = 2{,}4\,dm$ (cm^2)
g) $d = 7{,}19\,m$ (dm^2)
h) $d = 23{,}45\,cm$ (m^2)

13 Berechne den Radius der Kugel.
Gib auf zwei Nachkommastellen gerundet an.
a) $A_O = 14{,}32\,m^2$
b) $A_O = 105{,}6\,dm^2$
c) $A_O = 244{,}075\,cm^2$
d) $A_O = 3\,400\,mm^2$
e) $A_O = 552{,}1\,m^2$
f) $A_O = 700{,}08\,cm^2$

14 Berechne den Durchmesser der Kugel. Gib in der in Klammern angegebenen Maßeinheit an. Runde dabei auf eine Nachkommastelle.
a) $A_O = 22{,}58\,m^2$ (dm)
b) $A_O = 2\,800\,mm^2$ (cm)
c) $A_O = 105{,}9\,dm^2$ (cm)
d) $A_O = 321{,}67\,dm^2$ (m)
e) $A_O = 257{,}604\,cm^2$ (mm)
f) $A_O = 1\,300{,}58\,cm^2$ (dm)

15 Von einer Kugel sind die folgenden Angaben bekannt. Ergänze die Tabelle in deinem Heft.

	r	d	u	V	A_O
a)	3 cm				
b)		22 m			
c)			56,55 m		
d)				$7\,238{,}23\,mm^3$	
e)					$66{,}48\,dm^2$
f)		1 m			
g)					$1\,m^2$
h)			1 m		

16 Berit meint, dass sich der Oberflächeninhalt einer Kugel verdoppelt, wenn der Kugelradius verdoppelt wird. Überprüfe Berits Behauptung an einem Beispiel und korrigiere – falls notwendig – ihre Aussage.

17 Wie verändert sich der Oberflächeninhalt einer Kugel, wenn sich der Durchmesser …
a) halbiert?
b) verdreifacht?
c) verzehnfacht?

18 Arbeitet zu zweit. Eine Kugel besitzt einen Oberflächeninhalt von $10\,cm^2$.
a) Berechne den Radius der Kugel.
b) Wie verändert sich der Radius, wenn sich der Oberflächeninhalt verdoppelt (halbiert)?

19 In der Eisdiele von Luigi hat eine Eiskugel einen Durchmesser von 5 cm und wird für 0,60 € verkauft.
Die Eiskugel in Paolos Eisdiele hat einen Radius von 3 cm. Paolo verkauft sie für 80 Cent. Welche Eisdiele verkauft ihr Eis günstiger?

20 Das Pantheon in Rom ist der größte und vollkommenste Rundbau der antiken römischen Baukunst. Ein architektonisches Meisterwerk ist bei diesem Bauwerk die Halbkugelkuppel, deren Durchmesser 43,3 m beträgt.

Wie groß ist die Oberfläche einer solchen Halbkugel?

21 Die Erde hat annähernd die Form einer Kugel.

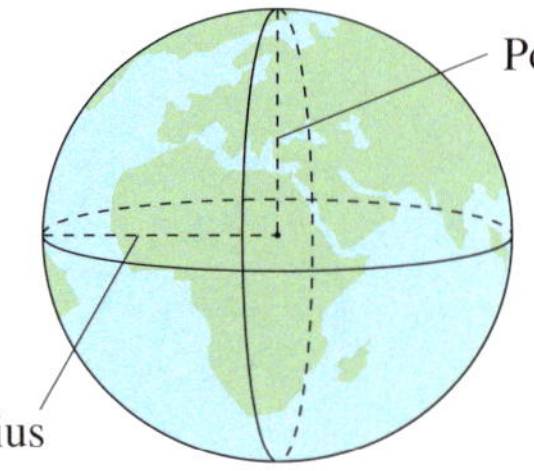

a) Berechne das Volumen einer Kugel aus dem Äquatorradius $r_Ä = 6\,378\,388\,m$ und dem Polradius $r_P = 6\,356\,912\,m$.
b) In einem Lexikon wird die Oberfläche der Erde mit $510\,100\,933{,}5\,km^2$ angegeben. Ist das möglich?
c) Mit 6 371 229 m wird der mittlere Radius der Erde angegeben. Durchschnittlich wiegt $1\,m^3$ der Erde 5,517 t. Wie schwer ist die Erde nach diesen Angaben?

22 Ein Marmorwürfel hat eine Seitenlänge von 15 cm. Aus ihm soll eine möglichst große Kugel herausgearbeitet werden.
a) Berechne jeweils das Volumen von Würfel und Kugel.
b) Um wie viel Prozent weicht das Volumen der Kugel von dem des Würfels ab?
c) Berechne jeweils die Oberfläche von Würfel und Kugel.
d) Um wie viel Prozent weicht die Oberfläche der Kugel von der des Würfels ab?

23 Bei Leichtathletikwettkämpfen werden beim Kugelstoßen genormte Stahlkugeln benutzt.
Die Kugeln haben unterschiedliche Massen. $1\,cm^3$ Stahl wiegt 7,86 g.

Altersklasse	Kugelmasse
Frauen	4 kg
männliche Jugend B	5 kg
männliche Jugend A	6,25 kg
Männer	7,26 kg

a) Berechne für jede angegebene Kugelart das Volumen.
b) Berechne für jede Kugel den Radius und den Durchmesser.

24 Die folgende Abbildung zeigt den Mond.

a) Berechne die Oberfläche des Mondes.
b) Bei Vollmond kann man 59 % der gesamten Mondoberfläche im Laufe einer Nacht sehen. Wie viel km^2 sind das?

25 Das „Atomium" ist ein Wahrzeichen von Brüssel. Das Bauwerk wurde zur Weltausstellung 1958 errichtet und besteht aus neun begehbaren Kugeln, die durch Rohre miteinander verbunden sind. Jede Kugel hat einen Durchmesser von 18 m.

a) Berechne das Fassungsvermögen einer begehbaren Kugel in m^3.
b) Berechne den Oberflächeninhalt einer Kugel in m^2.

26 Von einer Kugel sind die folgenden Angaben bekannt. Ergänze die Tabelle in deinem Heft.

	r	*d*	*V*
a)		4 cm	
b)	12 cm		
c)			33,5 cm^2
d)	45 cm		
e)		700 mm	
f)			3849,5 mm^3

27 Die Inuit können aus Eisblöcken Iglus bauen, die die Form einer Halbkugel haben.

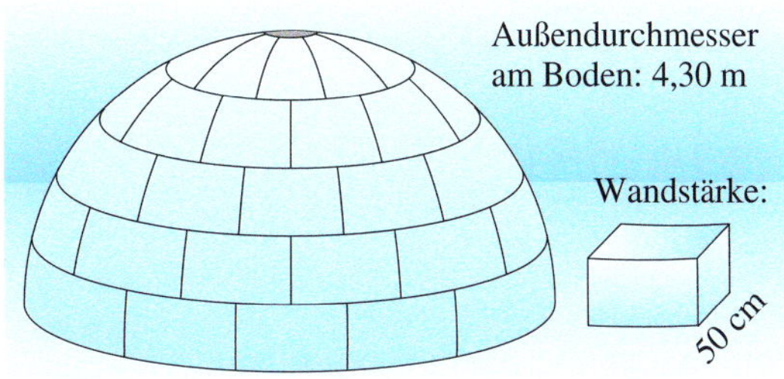

a) Wie groß ist das Volumen des Iglus?
b) Wie groß ist das Volumen im Inneren des Iglus? Beschreibe, wie du bei der Berechnung vorgehst.

SCHON GEWUSST?
Inuit bedeutet „Mensch" und ist die Bezeichnung für arktische Volksgruppen.

28 Die Lunge eines erwachsenen Menschen hat etwa 850 000 000 Lungenbläschen. Ein fast kugelförmiges Lungenbläschen hat einen Durchmesser von 0,185 mm.

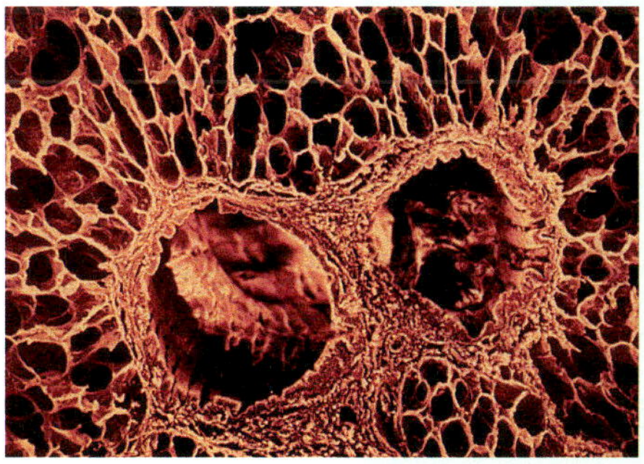

a) Berechne die gesamte Lungenoberfläche, an der Sauerstoff und Kohlenstoffdioxid ausgetauscht werden.
Gib das Ergebnis in m^2 an.
b) Berechne das Volumen, das insgesamt in den Lungenbläschen aufgenommen werden kann. Gib das Lungenvolumen in Litern an.

29 Erstelle mit Hilfe eines Tabellenkalkulationsprogramms ein Tabellenblatt zur Berechnung von Kugeln.
Dort sollen für beliebige Radien das Volumen und der Oberflächeninhalt berechnet werden.

30 Im Bad tropft es alle zehn Sekunden von einem Wasserrohr. Frau Wehrhahn fängt die Tropfen mit einem zylindrischen Gefäß auf. Das Gefäß hat einen Durchmesser von 20 cm und eine Höhe von 9 cm.
Arbeitet im Team.
a) Wann ist die Schale voll?
b) Wie viel Liter gehen an einem Tag verloren?

Die Pyramiden von Gizeh

In der vierten Dynastie des alten ägyptischen Reiches (ca. 2600 bis 2475 v. Chr.) ließen seine Herrscher, die Pharaonen, Pyramiden als Grabstätten errichten.

Die dreieckigen Seitenflächen der Pyramiden, die zu einer zentralen Spitze zusammenlaufen, veranschaulichen die Strahlen der Sonne, die auf den Pharao niederscheinen.

Cheops-Pyramide

Die Cheops-Pyramide ist die früheste und größte der drei Pyramiden von Gizeh und die höchste Pyramide der Welt. Diese Pyramide wird auch Große Pyramide genannt. Sie zählt zu den Sieben Weltwundern der Antike.
Der Name stammt von „Cheops“ ab, der griechischen Bezeichnung für den ägyptischen Pharao Chufu (ca. 2620 – 2580 v. Chr.).

Die ursprüngliche Höhe der Cheops-Pyramide betrug 280 Königsellen (1 Königselle ≈ 52,3 cm).
Die Seiten der quadratischen Grundfläche waren 440 Königsellen lang.
Heute ist die Pyramide etwa 138,50 m hoch und hat eine Seitenlänge von ca. 225 m.

1 Lies den Text unter dem Foto. Zeichne ein maßstäbliches Schrägbild der Cheops-Pyramide (sowohl heutige als auch ursprüngliche Größe ineinander; Maßstab z. B. 1 : 2 000).

2 Bestimme das Volumen der ursprünglichen und der heutigen Cheops-Pyramide. Wie viel Gestein ist seit dem Bau vor ca. 4 600 Jahren verwittert (absolute und prozentuale Werte)?

3 Ein Lexikon gibt das ursprüngliche Gesamtvolumen der Pyramide nach Abzug der Hohlräume mit 2,5 Mio. m^3 an. Ist das möglich? Wie groß sind dann die Hohlräume?

> *„Ich schätze, dass man mit den Steinen der Cheops-Pyramide eine 3 m hohe und 30 cm breite Mauer um ganz Frankreich errichten kann."*

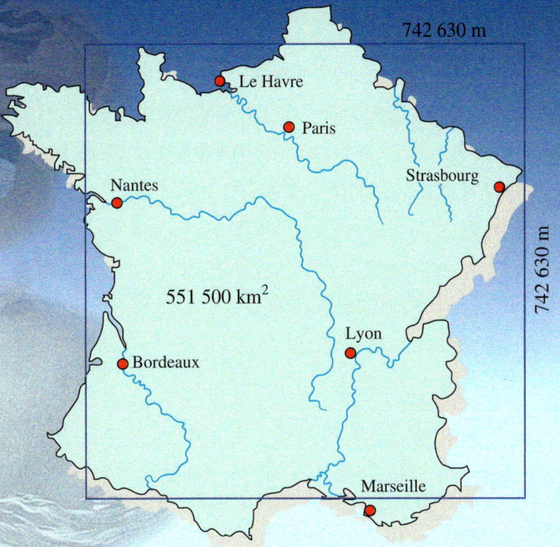

Diese Schätzung stammt von Napoleon Bonaparte, der die Pyramiden am 27. September 1798 auf seinem Ägyptenfeldzug besichtigte.

4 Überprüfe, ob die Aussage von Napoleon richtig sein kann.

Chefren-Pyramide und Mykerinos-Pyramide

Zu den drei Pyramiden von Gizeh zählen neben der Cheops-Pyramide auch die Chefren-Pyramide und die Mykerinos-Pyramide.

Pyramide des Chafre (auch Chefren-Pyramide genannt)	
Höhe	ursprünglich 143,5 m
Bodenfläche	Quadrat mit 210 m Seitenlänge
Gewicht	ca. 5,18 Mio. t
Erbauer	Pharao Chafre, auch Chephren genannt (ca. 2570 – 2530 v. Chr.), Sohn des Chufu

Pyramide des Menkaure (auch Mykerinos-Pyramide genannt)	
Höhe	ursprünglich 62,18 m
Bodenfläche	Quadrat mit 108,5 m Seitenlänge
Gewicht	0,57 Mio. t
Erbauer	Pharao Menkaure, auch Mykerinos genannt (ca. 2530 – 2510 v. Chr.), Enkel des Chufu

5 Fertige von den drei Pyramiden von Gizeh Modelle im Maßstab 1 : 2500 an.

6 Berechne das Volumen der Chefren-Pyramide und der Mykerinos-Pyramide.

7 Vergleiche die Masse der beiden Pyramiden und überprüfe, ob die Pyramiden aus dem gleichen Gestein gebaut wurden.

8 Erfinde eigene Aufgaben rund um das Thema „Pyramiden". Löse sie und tausche die Aufgaben mit deinen Mitschülern aus.

Vermischte Übungen

1 Berechne die Mantelfläche A_M, die Oberfläche A_O und das Volumen V des Kegels.
a) $h = 25\,\text{cm}$; $r = 14\,\text{cm}$
b) $h = 80\,\text{mm}$; $r = 54\,\text{mm}$
c) $h = 15\,\text{cm}$; $s = 15{,}9\,\text{cm}$
d) $h = 42\,\text{mm}$; $d = 6\,\text{cm}$
e) $s = 8\,\text{cm}$; $d = 12\,\text{cm}$
f) $s = 3\,\text{m}$; $u = 6{,}28\,\text{m}$
g) $h = 15{,}2\,\text{cm}$; $u = 30{,}5\,\text{cm}$

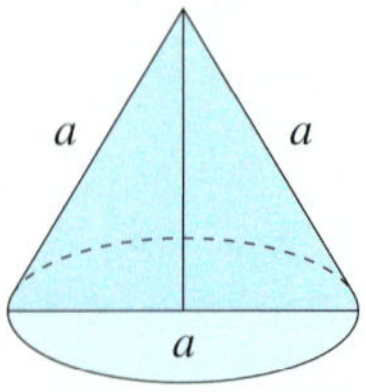

2 Der Achsenschnitt eines Kegels ist ein gleichseitiges Dreieck mit der Seitenlänge $a = 14\,\text{cm}$.
a) Berechne Volumen und Oberflächeninhalt des Kegels.
b) Stelle Terme auf, mit denen sich das Volumen und der Oberflächeninhalt in dem angegebenen Sonderfall bestimmen lassen.

ZUM WEITERARBEITEN
Der Künstler Albert Sous baute sein 9 m hohes Atelier mit 4,5 m Radius aus Edelstahlschrott und Flaschen. Aus wie vielen Flaschenböden (Durchmesser 7,6 cm) besteht die Kuppel?

3 Berechne das Volumen der geraden Pyramide aus den Angaben zur Grundfläche und der gegebenen Körperhöhe.
a) Die Grundfläche ist ein rechtwinkliges Dreieck mit $\gamma = 90°$, $a = 15\,\text{cm}$, $b = 12\,\text{cm}$. Die Körperhöhe ist $h = 13\,\text{cm}$.
b) Die Grundfläche ist ein Parallelogramm mit $a = 3{,}5\,\text{cm}$ und $h_a = 3{,}4\,\text{cm}$. Die Körperhöhe ist $h = 9{,}6\,\text{cm}$.
c) Die Grundfläche ist ein regelmäßiges Sechseck mit $a = 3{,}4\,\text{cm}$. Die Körperhöhe ist $h = 5{,}3\,\text{cm}$.

4 Berechne das Volumen der zusammengesetzten Körper (Maße in cm).

a)
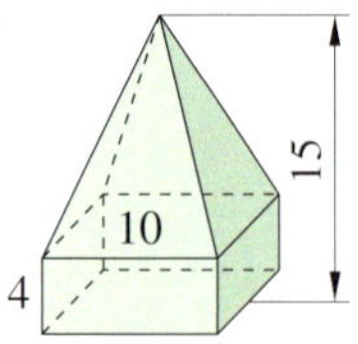

b)
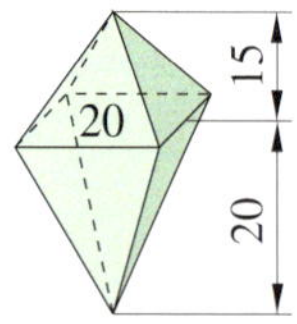

c)
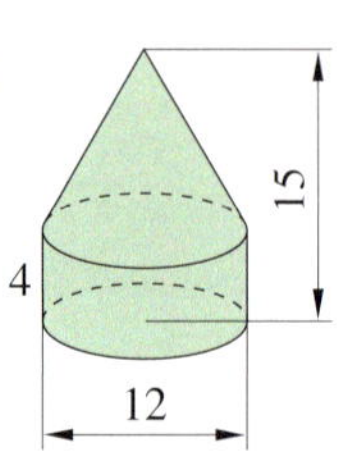

d)
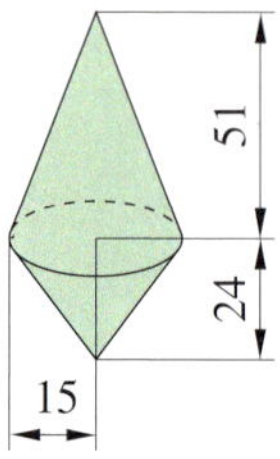

5 Eine Sandsteinpyramide hat eine rechteckige Grundfläche mit 2,3 m Länge und 1,7 m Breite. Die Pyramide ist 2,7 m hoch.
a) Berechne das Volumen der Pyramide.
b) Wie schwer ist die Pyramide, wenn $1\,\text{dm}^3$ Sandstein 2,6 kg wiegt?

6 Betrachte die beiden Körper.

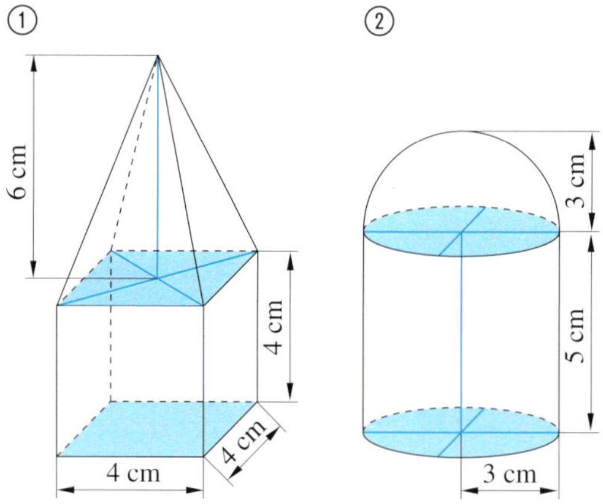

a) Aus welchen Grundkörpern bestehen sie?
b) Berechne die Volumina der zusammengesetzten Körper.
c) Berechne den Oberflächeninhalt der beiden zusammengesetzten Körper.

7 Gruppenarbeit
Das Wahrzeichen von Karlsruhe steht auf dem Marktplatz der Stadt. Es ist die rote Sandsteinpyramide, das Grabmal des Stadtgründers, des Markgrafen Karl Wilhelm von Baden-Durlach.

a) Welches Volumen und welchen Mantelflächeninhalt hat die Pyramide ungefähr?
b) Zeichne ein Schrägbild (Maßstab 1 : 100).

8 Aus einem quaderförmigen Sandsteinblock wird, wie in der Skizze dargestellt, eine Pyramide gehauen.

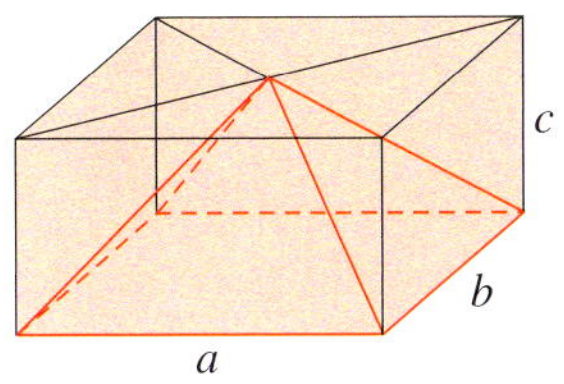

Die Maße des Blocks sind $a = 2{,}8\,\text{m}$, $b = 1{,}9\,\text{m}$ und $c = 2{,}9\,\text{m}$.

a) Welches Volumen hat die Pyramide?
b) Wie viel wiegt die Pyramide, wenn $1\,\text{dm}^3$ Sandstein 2,6 kg wiegt?
c) Wie viel kg Sandsteinabfall entstehen bei der Herstellung der Pyramide?

9 Aus einem Holzwürfel mit 15 cm Kantenlänge soll nach der Skizze ein möglichst großer Kegel gedreht werden.

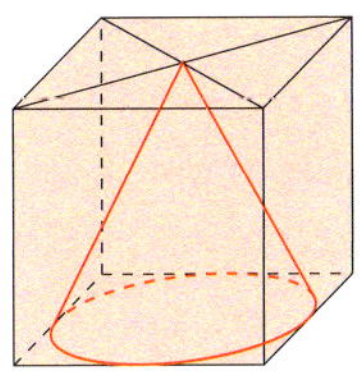

a) Welches Volumen hat der Kegel?
b) Wie schwer ist der Kegel, wenn $1\,\text{dm}^3$ Holz 0,65 kg wiegt?
c) Berechne den Holzabfall in Prozent.

10 Vergleiche das Volumen und die Oberfläche der folgenden Körper.

① Kugel mit Radius $r = 1\,\text{cm}$
② Kegel mit Radius $r = 1\,\text{cm}$ und Höhe $h = 2\,\text{cm}$
③ quadratische Pyramide mit Grundseite $a = 2\,\text{cm}$ und Höhe $h = 2\,\text{cm}$
④ Würfel mit Kantenlänge $a = 1\,\text{cm}$

11 In einer Glasfabrik werden Kelchgläser mit einem annähernd kegelförmigen Kelch hergestellt. Jedes Kelchglas hat die in der Zeichnung angegebenen Maße.
Überprüfe mit einer Rechnung, ob 0,2 ℓ Flüssigkeit in ein Kelchglas passen?

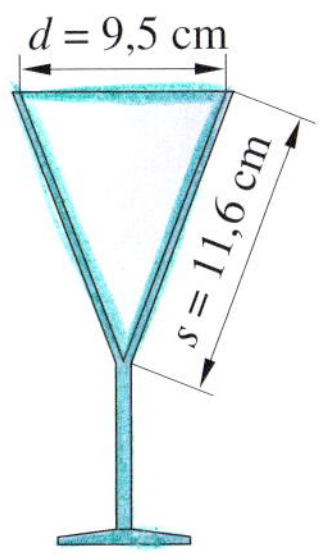

12 Der Hund Laika war 1957 das erste Lebewesen im Weltall. Er wurde mit der Sputnik 2 in eine Erdumlaufbahn gebracht. Der kegelförmige Satellit Sputnik 2 hatte eine Masse von 508,3 kg und eine Größe von 1,2 m im Durchmesser. Seine Höhe betrug ungefähr 1,5 m.
Berechne das Volumen und die Oberfläche von Sputnik 2.

13 Diese beiden Keksverpackungen sind gerade und insgesamt 20 cm hoch. Dose ① hat eine quadratische Grundfläche mit einer Seitenlänge von 8 cm. Körper ② besitzt eine kreisförmige Grundfläche mit $r = 5\,\text{cm}$.
Die beiden aufgesetzten „Dächer" sind jeweils 8 cm hoch.

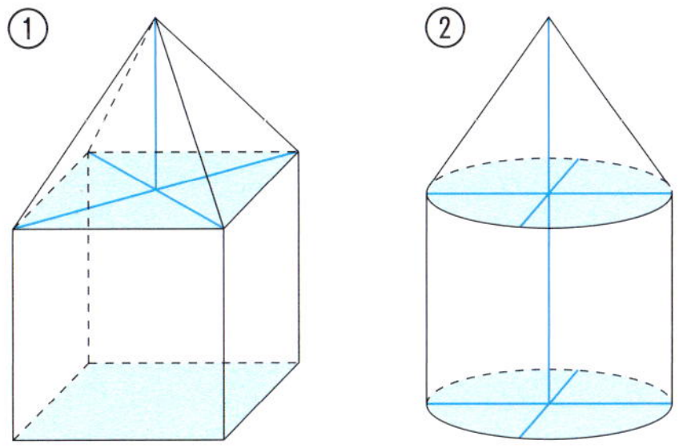

a) Aus welchen Grundkörpern bestehen die beiden Verpackungen?
b) Zeichne zu beiden Keksdosen ein Netz der einzelnen Körper und das Netz des Gesamtkörpers. Gibt es Unterschiede?
c) Berechne die Volumina der beiden Verpackungen.
d) Um wie viel Prozent ist das Volumen der einen Verpackung größer als das der anderen?
e) Welche Veränderungen könnte man an der kleineren Verpackung vornehmen, damit das Volumen genauso groß ist wie bei der anderen Verpackung?

14 Ein kegelförmiges Glas hat einen oberen Durchmesser von 6 cm und eine Höhe von 10 cm. Das Glas wird bis zu einer Höhe von 2 cm unter der Oberkante mit Flüssigkeit gefüllt. Wie viel Flüssigkeit befindet sich im Glas? Wie viel Prozent des gesamten Glasvolumens sind das?

HINWEIS
Ergänze die in diesem Kapitel erlernten Formeln zur Kugel in deiner dynamischen Formelsammlung.

15 Auf einer Internetseite über den Freizeitpark „Tropical Islands“ in Brandenburg findet man die folgenden Informationen.

Der Tropical Islands Dome hat eine Grundfläche von 66 000 m². Mit einer Länge von 360 m, einer Breite von 210 m und einer Höhe von 107 m ist die Halle so groß, dass in ihr 8 Fußballfelder Platz finden.

HINWEIS
„Dome“ ist das englische Wort für Kuppel.

a) Skizziere die Grundfläche des Tropical Islands Dome möglichst genau und überprüfe, ob tatsächlich acht Fußballfelder in der Halle Platz finden.
b) Beschreibe die Oberfläche des Tropical Islands Dome möglichst präzise. Verwende geeignete Fachbegriffe.
c) Bestimme den Oberflächeninhalt und das Volumen der Halle.

ZUM WEITERARBEITEN
Wie oft passt das Volumen des Mondes rechnerisch in die Erde?

16 Die Größe eines Fußballs ist regelgerecht, wenn sein Umfang zwischen mindestens 68 und höchstens 70 cm liegt. Eine Firma produziert täglich 100 Lederfußbälle mit einem Umfang von 70 cm. Wie viel Leder könnten sie pro Jahr einsparen, wenn sie die Bälle so klein wie möglich, aber noch regelgerecht produzieren würden?

17 Sammelt im Internet oder durch Befragungen Aussagen über die Wasservergeudung durch tropfende Wasserhähne.
a) Sortiert die Aussagen der Größe nach. Warum variieren die Informationen? Von welchen Aspekten ist die Wassermenge abhängig?
b) Schließt euch begründet einer Meinung an. Von welchen Annahmen seid ihr dabei ausgegangen?

18 Betrachte den Heißluftballon.
a) Wie viel Liter Luft sind (ungefähr) in diesem Heißluftballon?
b) Wie viel m² Nylon sind für die Herstellung der Ballonhülle mindestens notwendig?

19 Nach: RP-Online vom 22. 6. 2004:

„Eis ist mein Leben“, sagt Gianni Mucignat, der seit 26 Jahren Eisverkäufer ist. Er hat es nicht nur zu zwei Eiscafés gebracht, sondern auch zum Weltrekord im Hochstapeln: 539 Kugeln à 16 ml setzte er auf ein normales Hörnchen. Die Pyramide war 60 Zentimeter hoch.
„Die Arme taten mir so weh, dass ich abbrechen musste“, erinnert sich Mucignat. Immerhin hatte er 1990 beim Weltrekordstapeln 17 Kilogramm Eis auf seiner Hand zu tragen. Nun will er seinen eigenen Rekord brechen und 600 Eiskugeln auf eine Waffel bekommen.

a) Bestimme den Durchmesser einer Eiskugel.
b) Angenommen, die Kugeln wurden zu einer quadratischen Pyramide verarbeitet. Bestimme die Seitenlänge einer Grundseite dieser Pyramide.
c) Berechne das Gewicht einer einzelnen Eiskugel.
d) Welches Gewicht haben 600 Kugeln? Um wie viel Prozent will Gianni Mucignat das Gewicht der Eiskugeln steigern?
e) Steffen meint, dass eine Pyramide mit 600 Eiskugeln fast 67 cm hoch sein muss. Überlege, wie Steffen zu dieser Behauptung kommt. Bist du der gleichen Ansicht wie Steffen?

Teste dich!

a

1 Berechne den Oberflächeninhalt und das Volumen der Pyramide.

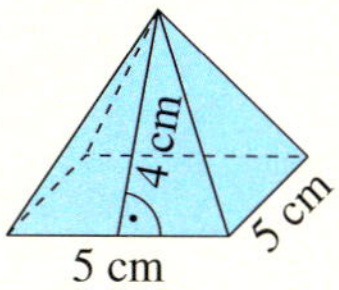

2 Berechne den Oberflächeninhalt und das Volumen des Kegels.

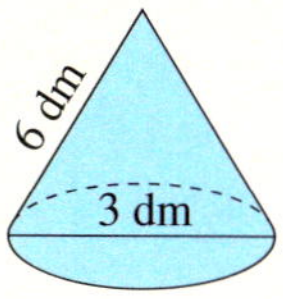

3 Der Radius einer Kugel beträgt 37 mm. Berechne den Oberflächeninhalt und das Volumen der Kugel.

4 Zeichne das Schrägbild eines Zylinders mit $r = 3\,\text{cm}$ und $h = 5\,\text{cm}$. Auf dem Zylinder steht ein auf der Grundfläche stehender Kegel mit gleichem Radius und gleicher Höhe.

5 Einem Würfel mit einer Kantenlänge von 6 cm wird ein 5 cm hohes pyramidenförmiges Dach aufgesetzt.

a) Berechne das Volumen des entstandenen Körpers.

b) Berechne die Mantelfläche der Pyramide.

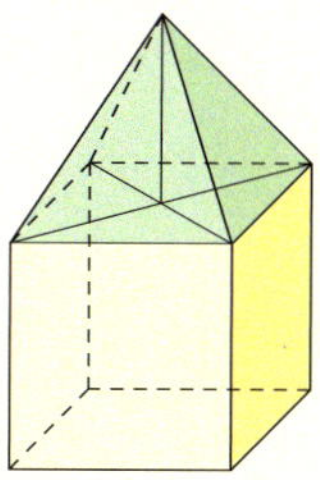

b

1 Berechne den Oberflächeninhalt und das Volumen der Pyramide.

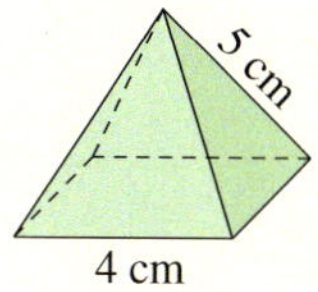

2 Berechne den Oberflächeninhalt und das Volumen des Kegels.

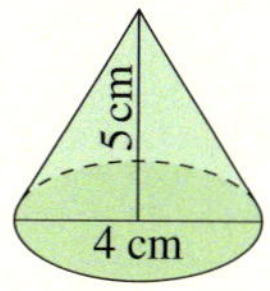

3 Eine Kugel hat ein Volumen von 300 ml. Berechne den Radius und den Oberflächeninhalt der Kugel.

4 Zeichne einen auf der Grundfläche stehenden Kegel mit $r = 3\,\text{cm}$ und $h = 5\,\text{cm}$, auf dessen Spitze eine auf der Spitze stehende quadratische Pyramide mit $a = 2\,\text{cm}$ und $h = 3\,\text{cm}$ balanciert.

5 Berechne das Volumen und den Oberflächeninhalt des abgebildeten Körpers.

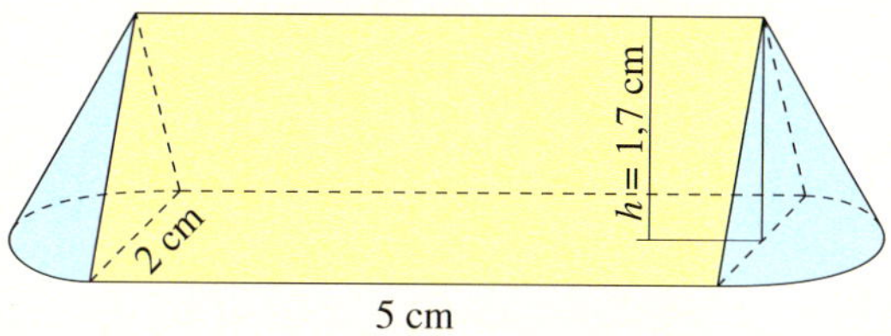

HINWEIS

Brauchst du noch Hilfe, so findest du auf den angegebenen Seiten ein Beispiel oder eine Anregung zum Lösen der Aufgaben. Überprüfe deine Ergebnisse mit den Lösungen ab Seite 158.

Aufgabe	*Seite*
1	12, 20
2	16, 20
3	24
4	8
5	12, 16, 20

Zusammenfassung

→ Seite 8

Pyramiden und Kegel erkennen und zeichnen

Eine **Pyramide** ist ein Körper mit einem n-Eck als Grundfläche und n Dreiecken als Seitenflächen, die einen gemeinsamen Eckpunkt (die Spitze) haben. Pyramiden werden nach ihrer Grundfläche benannt.

Ein **Kegel** ist ein Körper, der durch einen Kreis und einen Punkt außerhalb der Ebene des Kreises (Kegelspitze) festgelegt wird.

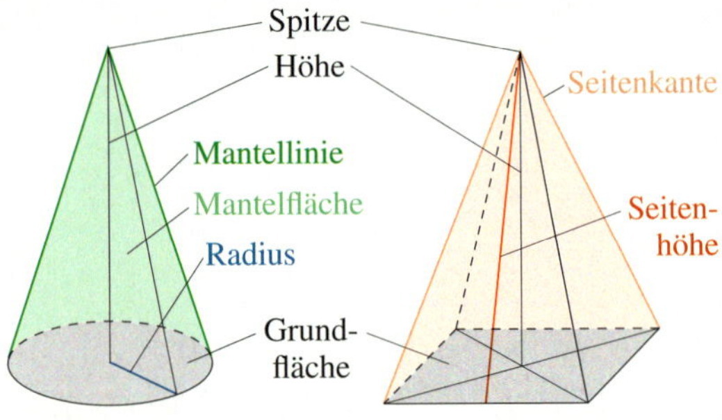

gerader Kegel   gerade, quadratische Pyramide

→ Seiten 12, 16, 24

Oberflächenberechnung bei Pyramide, Kegel und Kugel

Die dreieckigen Seitenflächen einer Pyramide bilden ihre **Mantelfläche A_M**. Nimmt man die Grundfläche A_G zur Mantelfläche A_M hinzu, ergibt sich die **Oberfläche A_O der Pyramide**. Für Pyramiden mit quadratischer Grundfläche gilt:
$A_O = 2 \cdot a \cdot h_a + a^2$

Die **Mantelfläche A_M** und die **Oberfläche A_O eines Kegels** mit dem Radius r und der Mantellinie s lassen sich mit folgenden Formeln berechnen:
$A_M = \pi \cdot r \cdot s$ $\quad$ $A_O = \pi \cdot r \cdot (r + s)$

Für die **Oberfläche A_O einer Kugel** mit dem Radius r gilt: $A_O = 4\pi \cdot r^2$

Berechne den Oberflächeninhalt einer quadratischen Pyramide mit $a = 4\,\text{cm}$ und $h = 5\,\text{cm}$.

1. Schritt: Berechnung von h_a mit dem Satz des Pythagoras
$(\frac{a}{2})^2 + h^2 = h_a^2$
$(2\,\text{cm})^2 + (5\,\text{cm})^2 = h_a^2$; $h_a \approx 5{,}4\,\text{cm}$

2. Schritt: Verwendung der Formeln
$A_M = 4 \cdot \frac{1}{2} \cdot a \cdot h_a = 2 \cdot 4\,\text{cm} \cdot 5{,}4\,\text{cm} = 43{,}2\,\text{cm}^2$
$A_O = 2 \cdot a \cdot h_a + a^2 = 43{,}2\,\text{cm}^2 + 16\,\text{cm}^2$
$= 59{,}2\,\text{cm}^2$

Berechne den Oberflächeninhalt eines Kegels mit $r = 3\,\text{m}$ und $s = 4\,\text{m}$.
$A_M = \pi \cdot 3\,\text{m} \cdot 4\,\text{m} \approx 37{,}7\,\text{m}^2$
$A_O = \pi \cdot 3\,\text{m} \cdot (3\,\text{m} + 4\,\text{m}) \approx 66\,\text{m}^2$

→ Seiten 20, 24

Volumenberechnung bei Pyramide, Kegel und Kugel

Das **Volumen V einer Pyramide** bestimmt man, indem man den Flächeninhalt der Grundfläche A_G mit der Höhe h der Pyramide und dem Faktor $\frac{1}{3}$ multipliziert.
Es gilt also: $V = \frac{1}{3} \cdot G \cdot h$

Für das **Volumen V eines Kegels** gilt:
$V = \frac{1}{3} \cdot \pi \cdot r^2 \cdot h.$

Das **Volumen V einer Kugel** mit Radius r lässt sich mit der folgenden Formel berechnen: $V = \frac{4}{3} \cdot \pi \cdot r^3$

Vergleiche das Volumen einer quadratischen Pyramide mit $a = 10\,\text{cm}$ und $h = 5\,\text{cm}$, eines Kegels mit $r = 5\,\text{cm}$ und $h = 10\,\text{cm}$ und einer Kugel mit $r = 5\,\text{cm}$.
$V_{\text{Pyramide}} = \frac{1}{3} \cdot (10\,\text{cm})^2 \cdot 5\,\text{cm} \approx 166{,}67\,\text{cm}^3$

$V_{\text{Kegel}} = \frac{1}{3} \cdot \pi \cdot (5\,\text{cm})^2 \cdot 10 \approx 261{,}8\,\text{cm}^3$

$V_{\text{Kugel}} = \frac{4}{3} \cdot \pi \cdot (5\,\text{cm})^3 \approx 523{,}6\,\text{cm}^3$

Quadratische Funktionen und Gleichungen

Ein Vulkanausbruch!
Glühendheiße Lava schießt aus dem Krater und wird in einem parabelförmigen Bogen ausgeworfen. Später erstarrt sie zu besonders fruchtbarer Erde.

Noch fit?

1 Berechne die Aufgaben ohne Taschenrechner.

a) $-7 \cdot 8$ b) $-9 \cdot (-11)$ c) $-14 \cdot 3$ d) $-\frac{3}{4} \cdot 2$ e) $\frac{2}{5} \cdot (-3)$

f) $60 : (-4)$ g) $-48 : 3$ h) $-70 : (-14)$ i) $12 : (-\frac{1}{2})$ j) $2\frac{3}{4} : 2$

k) $\frac{3}{5} \cdot \frac{1}{2}$ l) $\frac{9}{14} \cdot \frac{1}{3}$ m) $\frac{6}{7} : 3$ n) $9\frac{2}{3} : (-\frac{1}{3})$ o) $4\frac{1}{12} : \frac{1}{3}$

2 Berechne die Wurzeln (ohne Taschenrechner).

a) $\sqrt{144}$ b) $\sqrt{2{,}25}$ c) $\sqrt{361}$ d) $\sqrt{289}$ e) $\sqrt{625}$ f) $\sqrt{\frac{64}{169}}$ g) $\sqrt{2{,}56}$

3 Lege zunächst eine Wertetabelle für x von -3 bis 3 an. Zeichne dann die Funktionen und gib jeweils die Schnittpunkte des Funktionsgraphen mit den Koordinatenachsen an.

a) $f(x) = 3x - 2$ b) $g(x) = -\frac{3}{4}x + 4$ c) $h(x) = -x - 1$ d) $i(x) = \frac{2}{3}x + 2$

4 Funktionen, die mit Hilfe der Funktionsgleichung $f(x) = mx + n$ beschrieben werden können, heißen **lineare Funktionen**.

a) Erläutere die Bedeutung der Variablen m und n.

b) Zeichne die linearen Funktionen mit Hilfe eines Steigungsdreiecks.

① $m = 3$; $n = 2$ ② $m = -\frac{1}{2}$; $n = 5$ ③ $m = \frac{2}{3}$; $n = -2$

5 Welche linearen Funktionen wurden hier gezeichnet?

TIPP
Zeichne ein Steigungsdreieck ein, an dem du die Steigung ablesen kannst.

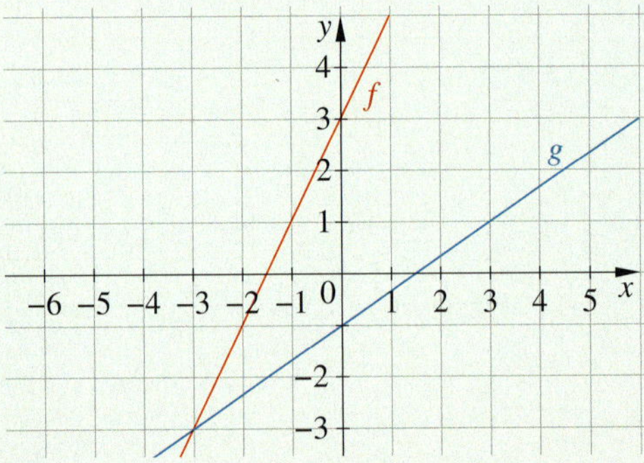

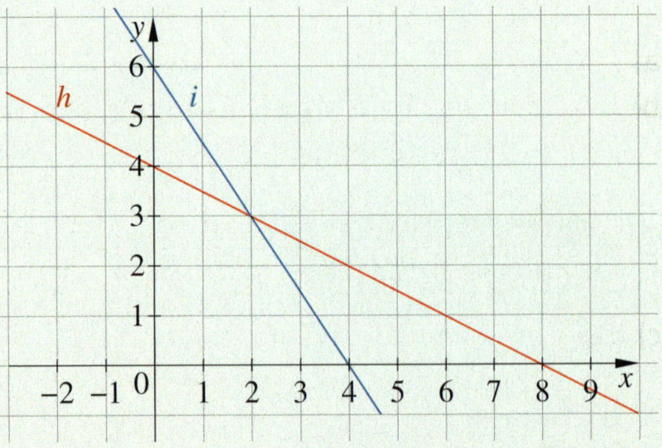

6 Löse die Gleichungen.

a) $2x + 5 = 25$ b) $8x - 7 = 73$ c) $8 + 12x = 26$ d) $-5x - 12 = -4$ e) $\frac{1}{2}x - 5 = 7$

Kurz und knapp

1. Der Flächeninhalt eines Kreises mit dem Radius $r = 4\,\text{cm}$ beträgt ______ cm^2.
2. Wie lang ist die Diagonale in einem Rechteck mit $a = 6\,\text{cm}$ und $b = 8\,\text{cm}$?
3. Notiere die Quadratzahlen folgender Zahlen: 11; 12; 13; 14; 15; 20; 25; 0,2; 0,4; 1,2
4. In einem rechtwinkligen Dreieck mit den Katheten $a = 12\,\text{cm}$ und $b = 5\,\text{cm}$ ist die Hypotenuse $c =$ ____ cm lang.
5. Ein Würfel mit einer Kantenlänge von 2 cm hat ein Volumen von ______ cm^3 und einen Oberflächeninhalt von ______ cm^2.
6. Wie heißen die abgebildeten Körper? Wie berechnet man ihr Volumen?

①

②
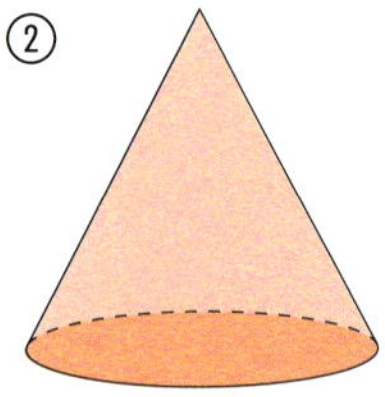

Lineare und quadratische Funktionen

Erforschen und Entdecken

1 Wenn Autofahrer plötzlich bremsen müssen, legt das Auto trotzdem noch einen von der Geschwindigkeit abhängigen Anhalteweg zurück. Er setzt sich zusammen aus dem Reaktionsweg und dem Bremsweg.

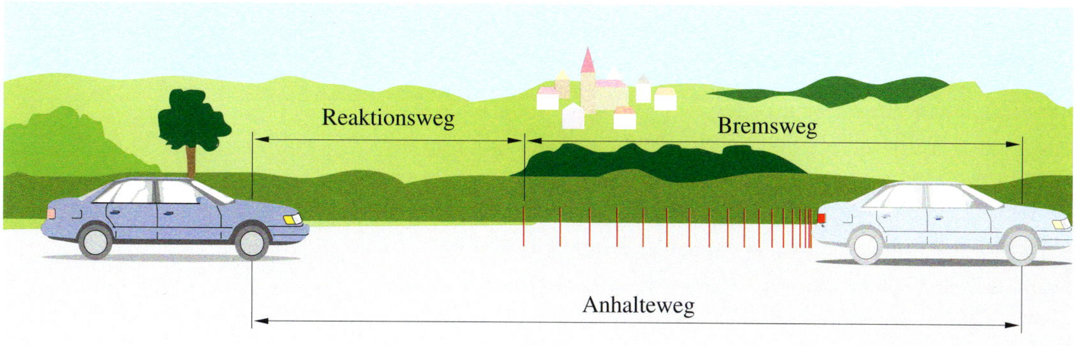

HINWEIS
Ein Tachometer zeigt die Geschwindigkeit des Fahrzeugs an.

In der Fahrschule lernt man die folgenden Faustregeln:

- Der **Reaktionsweg** (gemessen in m) ist die Tachometeranzeige geteilt durch 10 und anschließend mit 3 multipliziert.
- Der **Bremsweg** (gemessen in m) ist die Tachometeranzeige geteilt durch 10 und anschließend mit sich selbst multipliziert.

HINWEIS
Diese Faustregeln gelten nur für trockene und ebene Fahrbahnen.

a) Erkläre, warum es vor dem Bremsweg noch einen Reaktionsweg gibt.

b) Berechne mit Hilfe der Faustregeln den Reaktionsweg für die angegebenen Geschwindigkeiten. Trage sie in der Tabelle ein.

Geschwindigkeit x (in $\frac{km}{h}$)	0	20	40	60	80	120	140	160	180	200
Reaktionsweg $f(x)$ (in m)	0	6								

c) Trage die Werte aus der Tabelle in ein Koordinatensystem ein und verbinde sie. Wie verläuft der Graph dieser Zuordnung?

d) Wahr oder falsch? Überprüfe die Aussagen mit Hilfe der Tabelle oder der Zeichnung.
① Wenn sich die Geschwindigkeit verdoppelt, dann verdoppelt sich auch der Reaktionsweg.
② Wenn man dreimal so schnell fährt, verlängert sich der Reaktionsweg um 30 m.
③ Halbiert sich die Geschwindigkeit, so halbiert sich auch der Reaktionsweg.

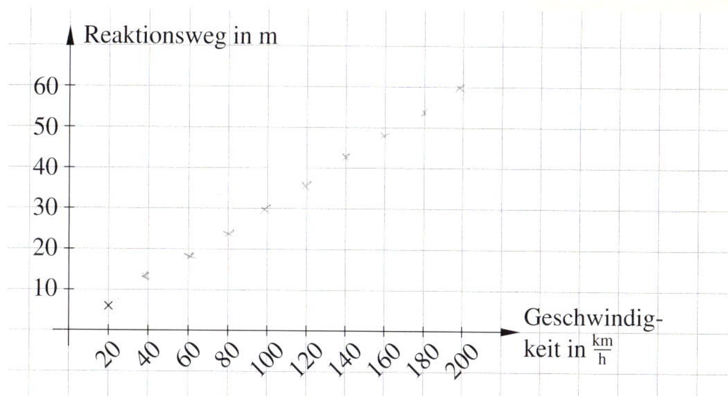

2 Vergleich von Reaktions- und Bremsweg

a) Berechne den Bremsweg für eine Geschwindigkeit von 120 $\frac{km}{h}$.

b) Erstelle eine Wertetabelle wie in Aufgabe 1 b) für den Bremsweg.

c) Veranschauliche den Bremsweg in einem neuen Koordinatensystem. Verbinde die Punkte zu einem Funktionsgraphen.

d) Wie unterscheiden sich die Graphen von Reaktionsweg und Bremsweg?

e) Wie verändern sich Reaktionsweg und Bremsweg, wenn man in einem Wohngebiet statt 30 $\frac{km}{h}$ mit 60 $\frac{km}{h}$ fährt?

Lesen und Verstehen

Marcel möchte Reaktionsweg und Bremsweg mit Hilfe seines Taschenrechners berechnen. Wenn man in den Taschenrechner eine Funktionsgleichung eingibt, kann der Rechner eine Wertetabelle erstellen.

HINWEIS
Anstelle von $f(x)$ kann man auch y schreiben.

Um den **Reaktionsweg** zu berechnen, wird die Tachometeranzeige x durch 10 dividiert und anschließend mit 3 multipliziert: $\frac{x}{10} \cdot 3 = \frac{3}{10} \cdot x$. In den Taschenrechner kann man die Funktionsgleichung $f(x) = \frac{3}{10} \cdot x$ eingeben.

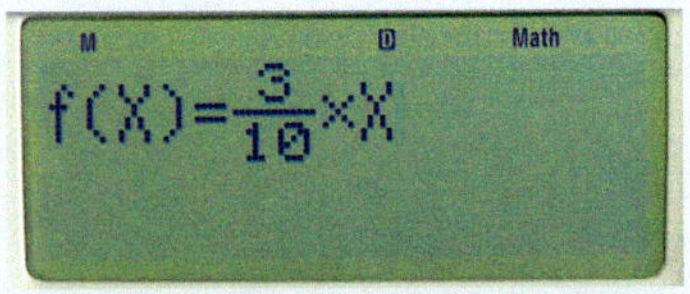

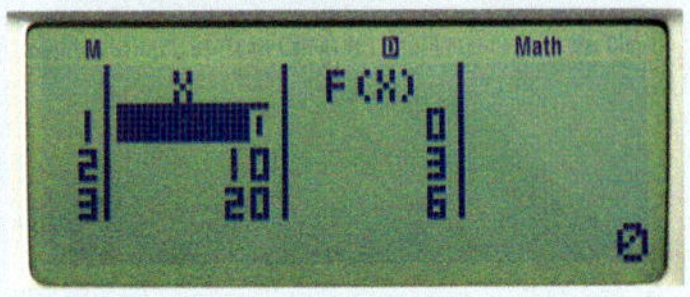

NACHGEDACHT
Eine lineare Funktion hat die Funktionsgleichung $f(x) = mx + n$ bzw. $y = mx + n$. Wie groß ist die Steigung m beim Reaktionsweg? Warum fehlt der Achsenabschnitt n?

Überträgt man die Werte aus der Wertetabelle in ein Koordinatensystem, ergibt sich beim Reaktionsweg eine Gerade, da die Funktion $f(x) = \frac{3}{10} \cdot x$ eine **lineare Funktion** ist.

Der Graph einer linearen Funktion ist eine Gerade.

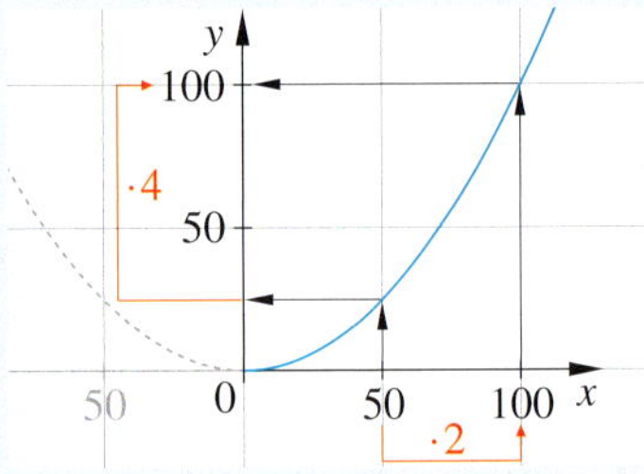

Der **Bremsweg** wird berechnet, indem man die Tachometeranzeige x durch 10 teilt. Man erhält also $\frac{1}{10}x$. Dieser Wert wird mit sich selbst multipliziert $\frac{1}{10}x \cdot \frac{1}{10}x = \frac{1}{100}x^2$. Die Funktionsgleichung lautet $f(x) = \frac{1}{100}x^2$.

ERINNERE DICH
$2 \cdot 2 \cdot 2 = 2^3$, 3 ist der Exponent und 2 ist die Basis.

Verbindet man die Werte für den Bremsweg im Koordinatensystem, so erhält man eine besondere Kurve.

Eine Funktion, in der eine Variable mit dem Exponenten 2 vorkommt und keine Variable einen höheren Exponenten als 2 hat, nennt man **quadratische Funktion**.
Der Graph einer quadratischen Funktion ist eine **Parabel**.

BEISPIEL
Die Länge des Bremsweges erhöht sich nicht gleichmäßig wie beim Reaktionsweg. Verdoppelt man die Geschwindigkeit ($n = 2$), so vervierfacht sich der Bremsweg ($n^2 = 2^2 = 4$).

Üben und Anwenden

1 Ergänze die Tabelle mit Hilfe der Funktionsgleichung $f(x) = 0{,}3\,x$ für den Reaktionsweg.

x (in m)	10	30	50	70	90	110	130
f(x) (in m)							

2 Fülle die Tabelle für den Bremsweg $f(x) = 0{,}01x^2$ aus.

x (in m)	10	30	50	70	90	110	130
f(x) (in m)							

3 Berechne die fehlenden Werte. Ergänze die Tabelle im Heft.

Geschwindigkeit (in $\frac{km}{h}$)	25	45	65	85	125
Reaktionsweg $f_R(x) = 0{,}3\,x$					
Bremsweg $f_B(x) = 0{,}01\,x^2$					
Anhalteweg $f_A(x) = 0{,}01\,x^2 + 0{,}3\,x$					

4 Ergänze: Wird die Geschwindigkeit …
a) … halbiert, dann ____________ sich der Reaktionsweg.
b) … verdreifacht, dann ____________ sich der Bremsweg.
c) … verdoppelt, dann ____________ sich der Reaktionsweg.
d) … vervierfacht, dann ____________ sich der Bremsweg.

5 Überprüfe, ob die folgenden Aussagen zutreffen. Benutze dazu deine Wertetabellen aus Aufgabe 1 bis 3.
a) Bei einer niedrigeren Geschwindigkeit verkürzt sich der Bremsweg.
b) Bei einem doppelt so langen Bremsweg war die Geschwindigkeit doppelt so groß.
c) Wenn man mit 90 $\frac{km}{h}$ statt mit 30 $\frac{km}{h}$ fährt, verdreifacht sich der Bremsweg.
d) Fährt man mit 100 $\frac{km}{h}$ statt mit 50 $\frac{km}{h}$, verdoppelt sich der Reaktionsweg.

6 Ein Autofahrer fährt mit einer Geschwindigkeit von 100 $\frac{km}{h}$, als er ein Kind mit einem Ball auf der Straße sieht. Er reagiert sofort.
a) Wie weit fährt er noch mit der gleichen Geschwindigkeit?
b) Kommt es zu einem Unfall, wenn sich das Kind 150 m vom Auto entfernt befindet?

7 Wenn man auf einer nassen oder vereisten Straße fährt, verändert sich die Faustformel für die Berechnung des Bremsweges. Für eine nasse Straße berechnet man den Bremsweg mit $f(x) = 0{,}0125\,x^2$.
a) Erstelle eine Wertetabelle für 20 $\frac{km}{h}$, 40 $\frac{km}{h}$, …, 160 $\frac{km}{h}$.
b) Übertrage die Werte in ein Koordinatensystem und verbinde sie zu einer Parabel.
c) Skizziere einen möglichen Verlauf eines Graphen, der den Bremsweg auf einer vereisten Straße beschreibt.
d) Tobias meint: „Der Bremsweg auf einer vereisten Straße kann mit $f(x) = 0{,}011\,x^2$ berechnet werden“. Überlege, ob diese Funktionsgleichung richtig sein kann. Begründe.

8 In der Fahrschule lernt man eine Faustregel für die Länge des Sicherheitsabstandes zum vorausfahrenden Fahrzeug:

$$\text{Sicherheitsabstand } r \text{ (in m)} = \frac{\text{Geschwindigkeit}}{2}$$

a) Welchen Sicherheitsabstand muss man mindestens bei 30 $\frac{km}{h}$ (50 $\frac{km}{h}$, 120 $\frac{km}{h}$) einhalten?
b) Ein Fahrer hält einen Abstand von 50 m ein. Wie schnell darf er dann maximal fahren?
c) Wie lautet die zugehörige Funktionsgleichung?
d) Ist die zugehörige Funktion eine quadratische Funktion? Begründe.

9 Eine Stadt möchte für Jugendliche einen Skatepark anlegen. Dazu gehört auch eine Quarterpipe. Sie soll auf einem 200 cm langen Stahlgerüst befestigt werden und der längste Träger soll 120 cm hoch sein. Die Träger sind jeweils im Abstand von 40 cm angebracht. Die Trägerlänge lässt sich mit der Funktionsgleichung $f(x) = 0{,}003\,x^2$ berechnen.

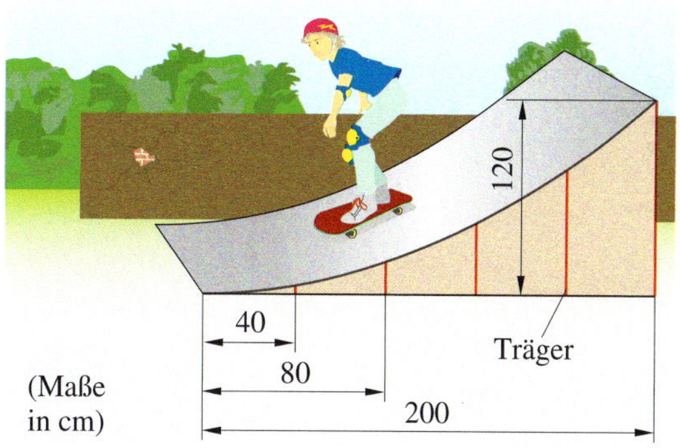

a) Berechne die Trägerlängen. Stelle dazu eine Wertetabelle auf.
b) Zeichne die Rampe im Maßstab 1 : 10.

10 Für Anfänger eignet sich eher eine kleinere Schanze. Sie wird oft „Jump-ramp“ genannt, weil Fortgeschrittene auf ihr gern Sprünge machen. Berechne die Trägerlängen der Jump-ramp mit Hilfe der Gleichung $f(x) = 0{,}0025\,x^2$. Die Träger sind im Abstand von 25 cm befestigt und die Rampe ist insgesamt 200 cm lang.

NACHGEDACHT
Welche Einheiten werden bei der Faustformel benutzt?

11 Woran kann man anhand eines Graphen erkennen, ob die zugrundeliegende Funktion linear oder quadratisch ist?

12 Durch die Wertetabellen ist eine Funktion gegeben. Zeichne jeweils die Graphen und gib an, ob es sich um eine lineare oder um eine quadratische Funktion handelt.

a)

x	−3	−2	−1	0	1	2	3
$f(x)$	−5	−3	−1	1	3	5	7

b)

x	−3	−2	−1	0	1	2	3
$f(x)$	8	3	0	−1	0	3	8

c)

x	−3	−2	−1	0	1	2	3
$f(x)$	−9	−4	−1	0	−1	−4	−9

d)

x	−6	−4	−2	0	2	4	6
$f(x)$	−2	−1	0	1	2	3	4

13 Schau dir die vier Funktionsgraphen an.

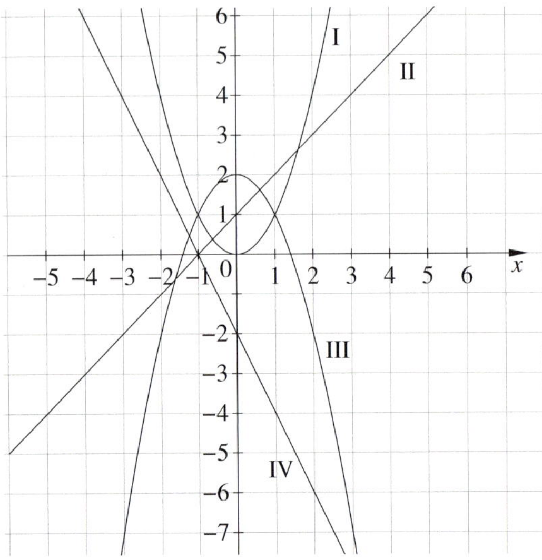

a) Welche der Funktionen sind quadratische Funktionen? Welche sind lineare Funktionen?

b) Welcher Graph gehört zu welcher Funktionsgleichung?

① $f(x) = x + 1$ ② $f(x) = x^2$

③ $f(x) = -2x - 2$ ④ $f(x) = -x^2 + 2$

14 Erstelle eine Wertetabelle für x von −3 bis 3 (Schrittweite 1) für die Funktionen f und g und fertige eine Zeichnung an.

a) $f(x) = 0{,}5x^2$ b) $g(x) = 0{,}5x + 2$

15 Galileo Galilei führte verschiedene Versuche zur Erdanziehung durch. Dazu baute er z. B. eine Fallrinne und ließ eine Kugel hinunterlaufen, um den Zusammenhang zwischen der zurückgelegten Strecke und der von der Kugel dafür benötigten Zeit zu untersuchen. Er stellte fest, dass der Weg proportional zum Quadrat der Zeit ist.

Max hat den gleichen Versuch durchgeführt und folgende Werte erhalten:

Zeit (in s)	1	2	3	4	5
Weg (in cm)	10	40	90	160	250

a) Zeige, dass die Funktion *Zeit* → *Weg* durch die Funktionsgleichung $f(x) = 10x^2$ beschrieben werden kann. Zeichne die Funktion.

b) Zeichne die Funktion in einem geeigneten Koordinatensystem.

c) Welchen Weg hat die Kugel nach 6 s, 10 s und 12 s zurückgelegt?

d) Ermittle mit Hilfe deiner Zeichnung, wie lange die Kugel etwa für einen Weg von 50 cm braucht.

16 Wenn ein Gegenstand fällt, kann die Bewegung durch eine Funktion mit der Gleichung $h(t) = 5t^2$ beschrieben werden. Dabei gibt $h(t)$ die Fallhöhe in Metern und t die Fallzeit in Sekunden an.

a) Maren wirft einen Stein in einen Brunnen. Er prallt nach 5 s auf dem Boden auf. Wie tief ist der Brunnen?

b) Erstelle eine Wertetabelle und zeichne die Funktion h für Fallzeiten von 1 s bis 8 s.

c) Ermittle mit Hilfe deiner Zeichnung, wie lange ein Stein etwa benötigt, um 150 m tief zu fallen.

040-1

BEACHTE

Parabeln tauchen z. B. bei Brücken, Flugbahnen, Bremswegen oder Parabolspiegeln auf. Informiere dich mit Hilfe der Internetlinks über Hintergründe.

HINWEIS

Überprüfe deine Vermutung, indem du einen beliebigen Punkt am Graphen abliest und in die Funktionsgleichung einsetzt.

Graph der quadratischen Funktion $f(x) = ax^2$

Erforschen und Entdecken

1 Wenn man aufmerksam die Umgebung beobachtet, findet man manchmal Bögen, die wie eine Parabel verlaufen.

a) Findet Beispiele von Parabeln in eurer Umgebung.
b) Beschreibt den Verlauf der Parabeln. Gibt es einen höchsten oder tiefsten Punkt?
c) Lege ein Transparentpapier auf die Bilder und zeichne die Bögen ab. Findet Gemeinsamkeiten und Unterschiede der Bögen.

Veranstaltungshalle Kölnarena

Golden Gate Bridge, San Francisco

Viadukt Garabit in Frankreich

Bürogebäude „Berliner Bogen" in Hamburg

2 Der Graph der Funktion $f(x) = x^2$ ist parabelförmig.

a) Erstelle eine Wertetabelle von -3 bis 3 mit einer Schrittweite von 1.
b) Zeichne den Graphen der Funktion in ein Koordinatensystem.
c) Beschreibe den Verlauf des Funktionsgraphen. Mit welchen Beispielen aus deiner Umgebung ist er vergleichbar?

HINWEIS
Die Wertetabellen können auch mit dem Taschenrechner erstellt werden.

3 Thomas behauptet, dass die oben abgebildeten Bögen alle durch Funktionen der Form $f(x) = ax^2$ beschrieben werden können. Arbeitet in Kleingruppen.

a) Ergänzt die fehlenden Werte für $a = 1{,}5$. Zeichnet den Funktionsgraphen.

x	−3	−2	−1	0	1	2	3
f(x)	13,5	6					

b) Legt nun auch Wertetabellen für die folgenden Funktionen an. Zeichnet jeden Graphen in einer anderen Farbe in dasselbe Koordinatensystem.
① $g(x) = 3x^2$ ② $h(x) = 0{,}5x^2$ ③ $i(x) = -x^2$ ④ $j(x) = -1{,}5x^2$
Wie unterscheiden sich die Graphen vom Graphen der Funktion $f(x) = x^2$?
c) Untersucht mit einem Funktionenplotter, wie sich die Parabeln verändern, wenn man für a unterschiedliche positive oder negative Werte einsetzt.

TIPP
Eine Anleitung zur Arbeit mit Funktionenplottern befindet sich auf Seite 44.

www 041-1

BEACHTE
Unter dem Webcode findest du ein dynamisches Arbeitsblatt.

Lesen und Verstehen

ERINNERE DICH
Quadrieren geht vor Multiplizieren:
$f(x) = \frac{1}{4}x^2$
$f(3) = \frac{1}{4} \cdot 3^2$
$= \frac{1}{4} \cdot 9$
$= \frac{9}{4}$

Welchen Verlauf haben die Graphen von quadratischen Funktionen der Form $f(x) = ax^2$? Die Graphen für $a = \frac{1}{4}$; $a = 2$; $a = -1$ und $a = -3$ werden untersucht.

Die Wertetabelle für die Funktion $f(x) = x^2$ wird angelegt. Um die Wertetabellen für die weiteren Funktionen zu erhalten, werden die Werte mit dem Faktor a multipliziert. Diese Funktionen werden in ein Koordinatensystem gezeichnet. Bei allen Funktionen liegen die Punkte auf einer Parabel.

x	−2	−1	0	1	2
$f(x) = x^2$	4	2	0	1	4
$f(x) = \frac{1}{4}x^2$	1	$\frac{1}{4}$	0	$\frac{1}{4}$	1
$f(x) = -x^2$	−4	−2	0	−1	−4
$f(x) = -3x^2$	−12	−3	0	−3	−12

> Der **Graph einer quadratischen Funktion** $f(x) = ax^2$ ist eine zur y-Achse symmetrische Parabel.
> Den tiefsten bzw. höchsten Punkt nennt man **Scheitelpunkt**. Er liegt bei quadratischen Funktionen der Form $f(x) = ax^2$ im Punkt $S(0|0)$.

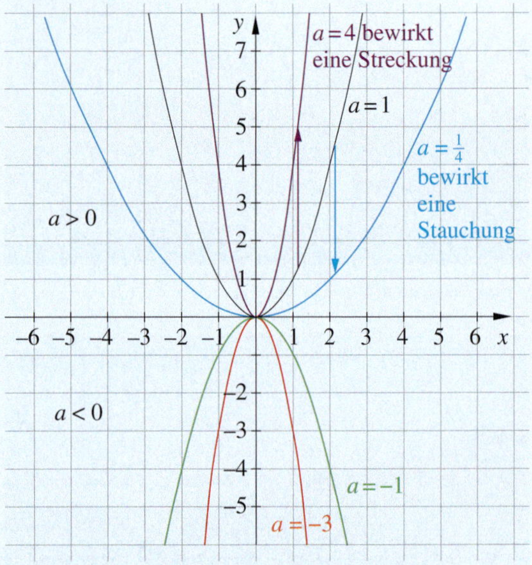

ERINNERE DICH
$1 \cdot x^2 = x^2$
$2 \cdot x^2 = 2x^2$

Bei der Funktion $f(x) = x^2$ ist $a = 1$. Diese Kurve bezeichnet man als **Normalparabel**. Verläuft eine Parabel enger als die Normalparabel, so heißt sie **gestreckt** (z. B. $f(x) = -3x^2$), verläuft sie weiter als eine Normalparabel, nennt man sie **gestaucht** (z. B. $f(x) = \frac{1}{4}x^2$).
Bei der Funktion $f(x) = -x^2$ ist die Parabel an der x-Achse gespiegelt und **nach unten geöffnet**. Für den Faktor a kann man verschiedene Fälle unterscheiden:

HINWEIS
Parabeln können sowohl im positiven als auch im negativen Bereich gestreckt oder gestaucht sein.

> Der **Faktor *a*** bestimmt die **Form** und die **Öffnungsrichtung** einer Parabel zur Funktion $f(x) = ax^2$.
> Für $a = 1$ entsteht die Normalparabel.
> Für $a < 0$ ist die Parabel nach unten geöffnet, für $a > 0$ nach oben geöffnet.
> Für $a < -1$ oder $a > 1$ entsteht eine gestreckte Parabel.
> Für $-1 < a < 0$ und $0 < a < 1$ entsteht eine gestauchte Parabel.

Üben und Anwenden

1 Erstelle eine Wertetabelle von −2,5 bis 2,5 mit der Schrittweite 0,5 für die Funktionen $f_1(x) = 0{,}75x^2$ und $f_2(x) = 1{,}2x^2$.
Zeichne beide Funktionsgraphen in ein gemeinsames Koordinatensystem.
Vergleiche die beiden entstandenen Graphen mit der Normalparabel.

2 Zeichne jeweils beide Graphen in ein Koordinatensystem. Gib an, ob die Parabeln gestaucht oder gestreckt sind und in welche Richtung sie geöffnet sind.
a) $f_1(x) = 0{,}4x^2$ $\quad f_2(x) = 2{,}5x^2$
b) $g_1(x) = -2x^2$ $\quad g_2(x) = -0{,}75x^2$
c) $h_1(x) = 1{,}9x^2$ $\quad h_2(x) = -2{,}2x^2$

3 Gegeben sind die Faktoren a einer quadratischen Funktion $f(x) = ax^2$. Entstehen daraus gestauchte oder gestreckte Parabeln? In welche Richtung sind die Parabeln geöffnet?

a) $a = 1{,}1$ b) $a = -0{,}7$ c) $a = \frac{3}{4}$
d) $a = \frac{3}{2}$ e) $a = -2{,}8$ f) $a = -\frac{8}{7}$
g) $a = 0{,}45$ h) $a = 4{,}5$ i) $a = -\frac{5}{4}$
j) $a = -3{,}2$ k) $a = 0{,}9$ l) $a = -0{,}2$

4 Betrachte die Parabeln.

a) Beschreibe den Verlauf der Parabeln (Öffnung, Streckung/Stauchung).

b) Welche Funktionsgleichung gehört zu welcher Parabel? Begründe.

I $f(x) = -3x^2$ II $f(x) = 2x^2$
III $f(x) = -0{,}5x^2$ IV $f(x) = 0{,}5x^2$

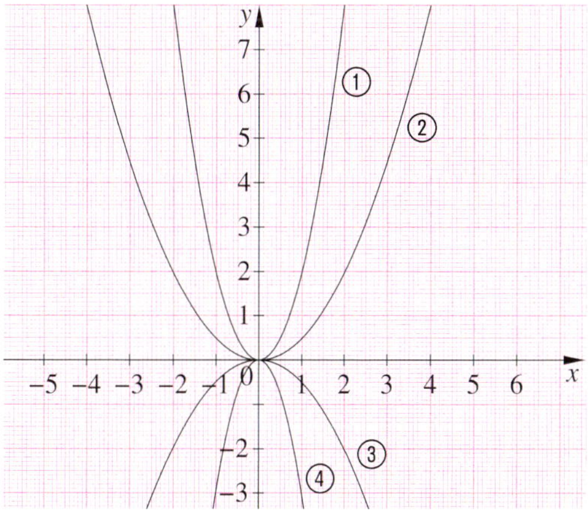

5 Die Golden Gate Bridge in San Francisco (s. S. 41) ist eine **Hängebrücke**. Der Verlauf ihrer parabelförmigen Stahlseile kann etwa durch die Funktion $f(x) = 0{,}0004x^2$ beschrieben werden. Die Entfernung zwischen den beiden Pfeilern beträgt 1280 m.

a) In welcher Höhe sind die Stahlseile an den Brückenpfeilern befestigt?

b) In welcher Höhe befindet sich das Seil, wenn man 50 m vom Mittelpunkt der Brücke entfernt steht?

c) Wie verändert sich der Verlauf der Stahlseile, wenn die Entfernung der Brückenpfeiler beibehalten, aber eine andere Funktionsgleichung gewählt wird?

① $f(x) = 0{,}0003x^2$ ② $f(x) = 0{,}005x^2$
③ $f(x) = 0{,}00045x^2$ ④ $f(x) = 0{,}0008x^2$

6 Betrachte die Wertetabellen.

a) Zeichne die Graphen.

b) Ordne den Wertetabellen je eine passende Funktionsgleichung zu.

x	−3	−2	−1	0	1	2	3
$f(x)$	5,4	2,4	0,6	0	0,6	2,4	5,4
$f(x)$	−13,5	−6	−1,5	0	−1,5	−6	−13,6
$f(x)$	−2,7	−1,2	−0,3	0	−0,3	−1,2	−2,7
$f(x)$	10,8	4,8	1,2	0	1,2	4,8	10,8

① $f(x) = -1{,}5x^2$ ② $f(x) = 0{,}6x^2$
③ $f(x) = -0{,}3x^2$ ④ $f(x) = 1{,}2x^2$

c) Wie kann man in der Wertetabelle den Faktor a und die Öffnungsrichtung der Parabel ablesen?

7 Der Berliner Bogen kann durch eine Parabel der Form $f(x) = ax^2$ beschrieben werden, wenn man den Koordinatenursprung in den höchsten Punkt legt.

a) Begründe, warum der Faktor a nicht positiv sein kann.

b) Der obere Bogen hat eine Spannweite von 140 m und eine Höhe von 32,83 m. Durch welche Funktionsgleichung kann er beschrieben werden? Begründe.

$f(x) = -1{,}2\,x^2$ $f(x) = -0{,}005\,x^2$
$f(x) = -0{,}0067\,x^2$ $f(x) = -0{,}0125\,x^2$

c) Wie hoch ist der Bogen 10 m von der Mitte entfernt?

8 Eine **Bogenbrücke** hat die Funktionsgleichung $f(x) = -0{,}375x^2$.

a) Wie hoch ist die Brücke, wenn sie eine Spannweite von 8 m hat?

b) Zeichne die Brücke in ein Koordinatensystem.

SCHON GEWUSST?
Eine Bogenbrücke wird von einem oder mehreren Bogen getragen.

Methode: Nutzung eines Funktionenplotters

Ein Funktionenplotter ist ein Computerprogramm, das Graphen von Funktionen zeichnen kann. Wenn du viele Funktionsgraphen untersuchen musst, ermöglicht der Funktionenplotter einen schnellen Überblick über den Verlauf der Graphen. Im Internet gibt es viele Freeware-Funktionenplotter, die in ähnlicher Weise arbeiten. Inzwischen enthalten auch viele Taschenrechner einen Funktionenplotter, zum Beispiel die grafikfähigen Taschenrechner (GTR) und Taschenrechner mit Computeralgebrasystemen (CAS).

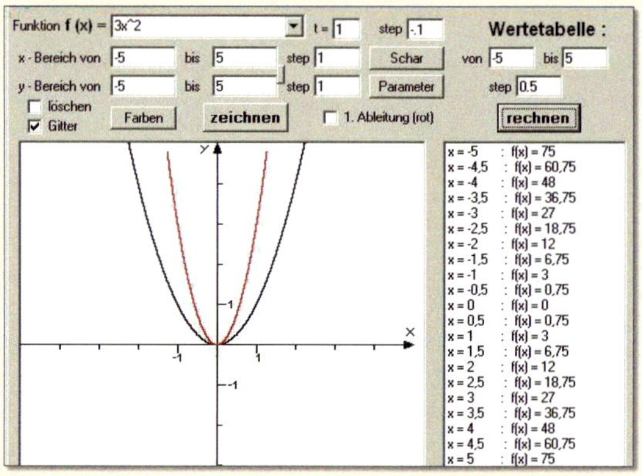

1. Eingabe der Funktionsgleichung
Zunächst wird die Funktionsgleichung in eine Eingabezeile eingetippt.
Häufig wird der Exponent mit Hilfe der Taste [^] eingetippt.

2. Festlegung des Zeichenbereichs
Bei den meisten Funktionenplottern kann man angeben, in welchem Bereich der Graph gezeichnet werden soll (Definitionsbereich und Wertebereich) und wie die Achsen skaliert und beschriftet werden sollen.

3. Sonstige Ausgabemöglichkeiten
Einige Funktionenplotter zeigen auch die zugehörige Wertetabelle an und berechnen Punkte des Graphen.
Außerdem kann man mehrere Funktionen mit unterschiedlichen Farben in ein Koordinatensystem zeichnen lassen und in die Graphen hineinzoomen.

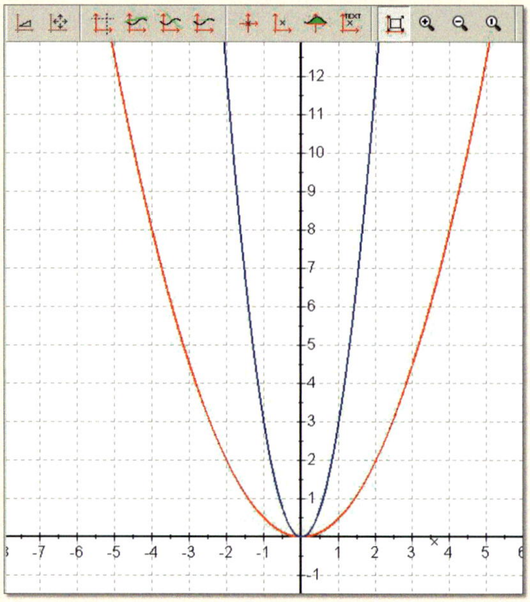

044-1
HINWEIS
Unter dem Webcode gibt es Links zu Online-Funktionenplottern bzw. zum Download von Freeware Funktionenplottern.

9 Zeichne mit Hilfe eines Funktionenplotters die Graphen zu den angegebenen Funktionen.
a) $f_1(x) = 20x^2$ b) $f_2(x) = -9x^2$
c) $f_3(x) = -\frac{3}{7}x^2$ d) $f_4(x) = 8\frac{2}{3}x^2$

10 Zeichne den Graphen der Funktion. Gib die Koordinaten von drei Punkten an, die auf dem Graphen liegen.
a) $f_1(x) = 18x^2$ b) $f_2(x) = -0{,}49x^2$
c) $f_3(x) = -12x^2$ d) $f_4(x) = -\frac{1}{3}x^2$

11 Zeichne mit einem Funktionenplotter eine möglichst stark gestauchte Funktion. Wie gehst du vor?

12 Finde mit Hilfe eines Funktionenplotters eine Funktion, deren Graph durch die angegebenen Punkte verläuft.
a) $P(1|2{,}5)$; $Q(-3|22{,}5)$ und $R(4|40)$
b) $P(-2|-2{,}8)$; $Q(0|0)$ und $R(3|-6{,}3)$
c) $P(-5|45)$; $Q(-1|1{,}8)$ und $R(3|16{,}2)$
d) $P(-10|20)$; $Q(-5|5)$ und $R(-1|0{,}2)$

Rein quadratische Gleichungen lösen

Erforschen und Entdecken

1 Familie Klose hat ihre quadratische Terrasse mit quadratischen Platten auslegen lassen. Für die 12,25 m² große Terrasse wurden 196 Platten benötigt.
a) Wie viele Reihen von Platten muss der Fliesenleger legen?
b) Wie lang und wie breit ist die Terrasse?
c) Welche Seitenlängen haben die quadratischen Platten?

2 Zur Schätzung der Tiefe eines Brunnens dient folgende Faustregel:

Lass einen Stein in den Brunnen fallen. Zähle die Sekunden, bis du den Aufprall hörst. Multipliziere diese Sekundenzahl mit sich selbst und dann mit 5. Das ergibt die Tiefe des Brunnens in Metern.

a) Wie tief ist der Brunnen, wenn die Zeit bis zum Aufprall drei Sekunden beträgt?
b) Bei einem anderen Brunnen dauert es 4,5 Sekunden bis man den Aufprall hört. Gib die Tiefe dieses Brunnens an.
c) Der abgebildete Brunnen hat eine Tiefe von 125 m. Wie lange dauert es ungefähr, bis ein Stein auf dem Grund des Brunnens aufprallt, wenn der Brunnen kein Wasser enthält?
d) Führt selbst einen ähnlichen Versuch durch. Lasst z. B. einen Softball aus dem obersten Stock eures Schulgebäudes fallen und stoppt die Zeit bis zu seinem Auftreffen auf dem Schulhof. Wie hoch ist das Gebäude an dieser Stelle?

3 Arbeitet in einer Vierergruppe.
a) Ordnet den Zahlenrätseln eine passende Gleichung zu und überprüft, welche der angegeben Zahlen Lösungen der Gleichungen sind.
Tipp: Manche Lösungen passen bei verschiedenen Gleichungen.
b) Die Gleichungen in den rötlichen Kästchen nennt man **rein quadratische Gleichungen**. Wie viele Lösungen kann eine rein quadratische Gleichung haben? Unter welchen Bedingungen hat sie gar keine Lösung?

045-1
HINWEIS
Unter dem Webcode kannst du dir die Kärtchen zum Ausschneiden ausdrucken.

Subtrahiert man vom doppelten Quadrat einer Zahl 2, so erhält man 30.

$x^2 + 15 = 40$

Addiert man 15 zum Quadrat einer Zahl, so erhält man 40.

$2x^2 - 2 = 30$

$x = -5$

$x = -2$

$3(x^2 + 2) = 6$

Multipliziert man das Doppelte einer Zahl mit dem Dreifachen der Zahl, so erhält man 150.

$\frac{1}{2}x \cdot \frac{1}{3}x = 24$

$6x^2 = 150$

$x = 2$

$x = 12$

$x = 4$

$x = -4$

$x = -12$

Halbiert man eine Zahl und multipliziert sie mit ihrem dritten Teil, so erhält man erhält man 24.

$x = 5$

Multipliziert man die Summe aus dem Quadrat einer Zahl und 2 mit der Zahl 3, so erhält man 6.

$x = 0$

Lesen und Verstehen

Eins der Zahlenrätsel beschäftigte schon Leonhard Euler, einen bedeutenden Mathematiker. Im Jahr 1770 erschien die „Vollständige Anleitung zur Algebra." Darin stellte er u. a. das folgende Zahlenrätsel.

> Es wird eine Zahl gesucht, deren Hälfte mit ihrem 3. Theil muliplicirет 24 gebe.

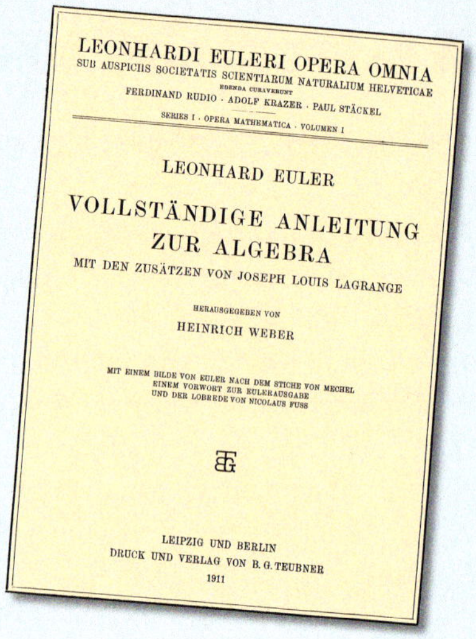
LEONHARDI EULERI OPERA OMNIA
SUB AUSPICIIS SOCIETATIS SCIENTIARUM NATURALIUM HELVETICAE
EDENDA CURAVERUNT
FERDINAND RUDIO · ADOLF KRAZER · PAUL STÄCKEL
SERIES I · OPERA MATHEMATICA · VOLUMEN I
LEONHARD EULER
VOLLSTÄNDIGE ANLEITUNG ZUR ALGEBRA
MIT DEN ZUSÄTZEN VON JOSEPH LOUIS LAGRANGE
HERAUSGEGEBEN VON
HEINRICH WEBER
MIT EINEM BILDE VON EULER NACH DEM STICHE VON MECHEL
EINEM VORWORT ZUR EULERAUSGABE
UND DER LOBREDE VON NICOLAUS FUSS
LEIPZIG UND BERLIN
DRUCK UND VERLAG VON B. G. TEUBNER
1911

Viele von Eulers Zahlenrätsel führen auf **quadratische Gleichungen**. Das sind Gleichungen, in denen die Variable in der zweiten Potenz („hoch 2") aber in keiner höheren Potenz vorkommt.

Im Beispiel handelt es sich um einen Spezialfall einer quadratischen Gleichung, eine **rein quadratische Gleichung**, da hier die Variable nur in der zweiten Potenz vorkommt und nicht noch in der ersten Potenz.

Rein quadratische Gleichungen lassen sich in folgende Form umformen:

$$x^2 = d$$

Es hängt von der Variable d ab, wie viele Lösungen eine rein quadratische Gleichung hat.

BEACHTE
Um die Probe zu machen, müssen nacheinander alle Lösungen in die erste, noch nicht umgeformte Gleichung eingesetzt werden. So wird verhindert, dass ein Fehler beim Umformen der Gleichung gemacht wird.

BEISPIEL 1

Das Zahlenrätsel kann man wie folgt lösen.
gesuchte Zahl: x
Hälfte der Zahl: $\frac{1}{2}x$
Dritter Teil der Zahl: $\frac{1}{3}x$

Quadratische Gleichung: $\frac{1}{2}x \cdot \frac{1}{3}x = 24$

$\frac{1}{6}x^2 = 24 \quad | \cdot 6$

$x^2 = 144$

Es gibt zwei Zahlen für x, deren Quadrat 144 ist: $x_1 = 12$ und $x_2 = -12$.

Probe:

$\frac{1}{2} \cdot 12 \cdot \frac{1}{3} \cdot 12 = 24$ $\qquad$ $\frac{1}{2} \cdot (-12) \cdot \frac{1}{3} \cdot (-12) = 24$

$6 \cdot 4 = 24$ $\qquad$ $(-6) \cdot (-4) = 24$

$24 = 24$ $\qquad$ $24 = 24$

> Gleichungen, bei denen die Variable nur in der zweiten Potenz vorkommt, heißen **rein quadratische Gleichungen**.
> Alle rein quadratischen Gleichungen lassen sich auf die Form $x^2 = d$ zurückführen.
> Wenn $d > 0$ ist, hat die Gleichung $x^2 = d$ **zwei Lösungen**: $x_1 = \sqrt{d}$ und $x_2 = -\sqrt{d}$.
> Wenn $d < 0$ ist, hat die Gleichung $x^2 = d$ **keine Lösung**.
> Wenn $d = 0$ ist, hat die Gleichung $x^2 = d$ **genau eine Lösung**: $x = 0$.

BEISPIEL 2

1) $x^2 - 64 = 0 \quad | +64$

$x^2 = 64 \quad |$ Wurzel ziehen

Es ist $d > 0$, die Gleichung hat zwei Lösungen:
$x_1 = 8$ und $x_2 = -8$

2) $4x^2 + 12 = 12 \quad | -12$

$4x^2 = 0 \quad | : 4$

$x^2 = 0 \quad |$ Wurzel z.

Es ist $d = 0$, die Gleichung hat genau eine Lösung:
$x = 0$

3) $-2x^2 = 128 \quad | : (-2)$

$x^2 = -64$

Es ist $d < 0$, die Gleichung hat keine Lösung, da das Quadrat einer Zahl immer positiv ist.

Üben und Anwenden

1 Gib ohne zu rechnen die Anzahl der Lösungen an.

a) $x^2 = 1$ b) $x^2 = -6$ c) $x^2 = 2{,}5$
d) $x^2 = 0$ e) $x^2 - 25 = 0$ f) $x^2 + 9 = 0$

2 Löse die quadratischen Gleichungen. Runde gegebenenfalls auf zwei Dezimalstellen.

a) $x^2 = 81$ b) $x^2 = 36$ c) $x^2 = 121$
d) $x^2 = 169$ e) $x^2 = -100$ f) $x^2 = 0{,}64$
g) $x^2 = 0{,}09$ h) $x^2 = 225$ i) $x^2 = -49$
j) $x^2 = 8$ k) $x^2 = 40$ l) $x^2 = 110$

3 Löse die Gleichungen.

a) $x^2 = \frac{4}{9}$ b) $x^2 = \frac{36}{49}$ c) $x^2 = \frac{256}{400}$
d) $x^2 = \frac{144}{169}$ e) $x^2 = \frac{225}{361}$ f) $x^2 = \frac{16}{81}$
g) $x^2 = \frac{289}{441}$ h) $x^2 = \frac{484}{676}$ i) $x^2 = \frac{64}{100}$
j) $x^2 = \frac{1156}{1225}$ k) $r^2 = \frac{25}{121}$ l) $z^2 = \frac{529}{784}$
m) $a^2 = \frac{196}{900}$ n) $s^2 = \frac{1296}{625}$ o) $y^2 = \frac{1936}{2025}$

4 Welche quadratische Gleichung hat zwei, eine bzw. keine Lösung?

a) $x^2 - 3 = 0$ b) $x^2 + 2 = 0$
c) $-x^2 + 8 = 0$ d) $x^2 + 6 = 0$
e) $-x^2 = 0$ f) $x^2 - 5 = 0$

5 Gib eine rein quadratische Gleichung an, die die Lösungen $x_1 = 0{,}8$ und $x_2 = -0{,}8$ hat.

6 Gib eine rein quadratische Gleichung an, die keine Lösung hat.

7 Löse die Gleichungen. Forme sie zuerst um.

a) $2x^2 = 50$ b) $3x^2 = 48$
c) $2{,}5x^2 = 302{,}5$ d) $4{,}7x^2 = 1057{,}5$
e) $12{,}9x^2 = 116{,}1$ f) $\frac{4}{9}x^2 = 16$
g) $\frac{3}{4}x^2 = 36{,}75$ h) $3x^2 = 27$
i) $5x^2 = 180$ j) $\frac{7}{6}x^2 = 42$

8 Berechne die Lösungen.

a) $x^2 + 18 = 99$ b) $x^2 + 252 = 877$
c) $x^2 - 24 = 172$ d) $x^2 + 145 = 266$
e) $x^2 - 66 = 295$ f) $x^2 - 321 = 208$

9 Addiert man 15 zum Quadrat einer Zahl, so erhält man 240.
Für welche Zahlen trifft das zu?

10 Multipliziert man eine Zahl mit sich selbst und addiert zu diesem Produkt 65, so erhält man 690.

11 Denk dir ein Zahlenrätsel aus, das zu der jeweiligen Gleichung passt und löse es.

a) $x^2 - 5 = 44$ b) $x^2 - 25 = 0$
c) $3x^2 - 4 = 14{,}75$ d) $2x^2 = 4{,}5$

12 Subtrahiert man 17 vom Vierfachen des Quadrats einer Zahl, so erhält man 239.

13 Wenn man einen Körper senkrecht nach unten fallen lässt, kann der Fallweg s ungefähr mit dem Term $5t^2$ berechnet werden. Die Fallzeit t wird dabei in Sekunden angegeben, der Fallweg in Metern.

a) Berechne die Fallwege für Fallzeiten von 1 s, 2 s, 3 s, 4 s und 5 s.
b) Pierre soll Fallwege bzw. Fallzeiten berechnen. Er hat die Gleichung $5t^2 = 720$ aufgestellt. Löse die Gleichung und erläutere, was dort berechnet wird.
c) Der **Burj Dubai**, der Turm von Dubai, ist mit 828 m das derzeit höchste Gebäude der Welt. Berechne die Fallzeit einer Kugel,die von der Spitze des Gebäudes nach unten fällt.
d) Recherchiere im Internet nach den zehn höchsten Gebäuden der Welt. Berechne jeweils die Fallzeiten von ihrer Spitze.

14 Ein quadratischer Tisch hat eine Tischfläche von $2{,}56\,m^2$. Welche Seitenlängen hat der Tisch?

15 Ein quadratisches Grundstück hat einen Flächeninhalt von $342{,}25\,m^2$. Wie lang sind seine Seiten?

TIPP
Fertige für die Aufgaben 16 bis 18 eine Zeichnung an und benutze den Satz des Pythagoras.

16 Die Diagonale eines Quadrats ist 162 cm lang. Wie lang sind seine Seiten?

17 Die Seite eines Quadrats ist 7 cm lang. Wie lang ist seine Diagonale?

18 In einem rechtwinkligen Dreieck ist die Hypotenuse 5,4 cm lang. Die beiden Katheten sind gleich lang. Welche Länge haben die Katheten?

19

> **Sonderangebot**
> 25 quadratische Terrassenplatten für 4 m^2 Fläche für nur 89 €.

a) Berechne die Seitenlänge der Platten.
b) Die Terrasse von Familie Kaya ist 4,80 m lang und 2,80 m breit. Berechne die Größe der Terrasse in m^2.
c) Eine einzelne Terrassenplatte kostet 4,95 €. Herr Kaya meint, dass es günstiger sei, vier Pakete mit 25 Platten zu kaufen, auch wenn man nicht alle Platten benötigt. Was meinst du?

ERINNERE DICH
*Beim Lösen dieser Sachaufgaben ist das **Sechs-Schritte-Verfahren** hilfreich:*
1. *Variable festlegen*
2. *Terme bilden*
3. *Gleichung aufstellen*
4. *Gleichung lösen*
5. *Ergebnis überprüfen*
6. *Antwort formulieren*

20 Die Länge eines rechteckigen Reitplatzes für Turnierpferde ist doppelt so lang wie die Breite. Der Flächeninhalt des Reitplatzes beträgt 242 m^2. Wie lang sind seine Seiten?

ERINNERE DICH
Mit welcher Formel wird der Flächeninhalt eines Kreises berechnet? Sieh in einer Formelsammlung nach.

21 In einem Park werden kreisförmige Blumenbeete angelegt.
a) Welchen Flächeninhalt hat ein Beet mit einem Radius von 3 m?
b) Welchen Radius hat ein Beet mit einem Flächeninhalt von 50 m^2?

22 In der Pizzeria Fabio wird eine kleine Pizza mit einem Durchmesser von 20 cm angeboten.

a) Berechne die Größe einer kleinen Pizza in cm^2.
b) Welchen Durchmesser müsste eine Pizza haben, die doppelt so groß sein soll?
c) Fabio bietet eine kleine Pizza mit Salami mit einem Durchmesser von 20 cm für 4,20 € an. Eine große Pizza Salami mit einem Durchmesser von 26 cm kostet 7,50 €. Welche Pizza ist im Vergleich zu ihrer Größe günstiger?

23 Sarah behauptet: Der Radius von einem kreisförmigen Tisch mit 2 m^2 Tischfläche ist doppelt so groß wie der Radius von einem Tisch mit 1 m^2 Tischfläche.
a) Überprüfe, ob Sarahs Behauptung stimmt.
b) Wie verändert sich die Fläche eines Kreises, wenn man den Radius verdoppelt (verdreifacht, vervierfacht)?

24 Das Wohnzimmer ist 50,75 m^2 groß.

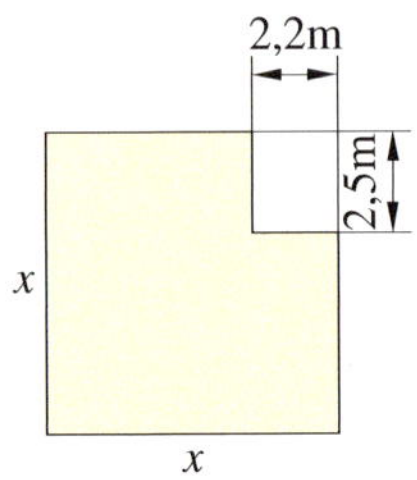

a) Berechne die Länge der Wand x.
Tipp: Berechne zunächst den Flächeninhalt der fehlenden rechten Ecke des quadratischen Zimmers.
b) Die Decke des Wohnzimmers soll mit Stuckleisten verziert werden. Wie viel Meter Stuckleisten werden mindestens benötigt?

25 Der Bremsweg eines Pkw wird nach der Faustformel $s = (0{,}1\ v)^2$ berechnet.
a) Erläutere die Bedeutung der Variablen s und v.
b) Mit welcher Geschwindigkeit darf man höchstens fahren, wenn der Bremsweg höchstens 10 m (30 m, 50 m, 80 m) betragen soll? Löse mit Hilfe einer quadratischen Gleichung.

Methode: Quadratische Gleichungen zeichnerisch lösen

Quadratische Gleichungen können auch durch eine Zeichnung gelöst werden.
Die Zeichnungen können per Hand oder mit einem Funktionenplotter angefertigt werden.

BEISPIEL Lösung der Gleichung $x^2 - 5 = 0$

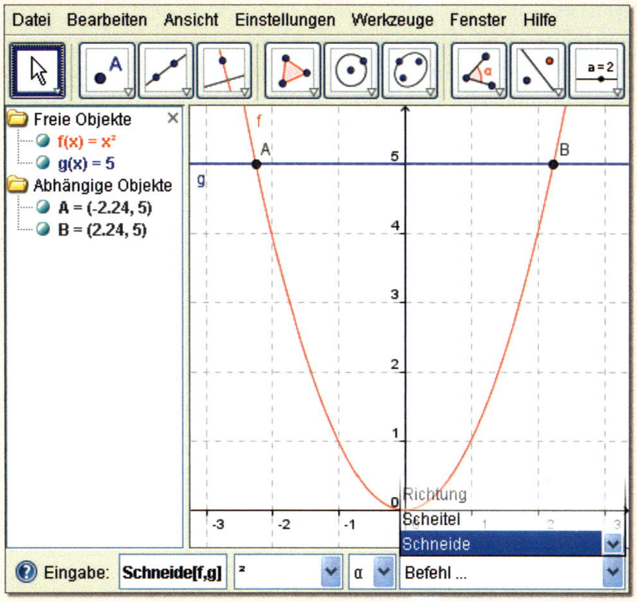

1. Umformen der Gleichung
Es soll erreicht werden, dass der Term x^2 allein auf einer Seite der Gleichung steht.

$x^2 - 5 = 0 \quad | +5$

$x^2 = 5$

2. Zeichnen von zwei Funktionsgraphen
Für die linke Seite der Gleichung wird eine Normalparabel mit $f(x) = x^2$ gezeichnet.
Die rechte Seite der Gleichung wird durch die lineare Funktion $g(x) = 5$ veranschaulicht.

3. Ablesen der Schnittpunkte der Graphen
Die x-Koordinaten der Schnittpunkte entsprechen den Lösungen der quadratischen Gleichung:
$x_1 \approx 2{,}24$ und $x_2 \approx -2{,}24$

Funktionenplotter können die Koordinaten der Schnittpunkte anzeigen. Wähle dazu das Werkzeug **Schneide zwei Objekte** und klicke nacheinander auf die beiden Graphen. Die Koordinaten der Schnittpunkte werden im Fenster links angezeigt. Die Schnittpunkte können auch über den Befehl **schneide[f,g]** berechnet werden.

26 Löse die Gleichungen wie oben dargestellt durch eine Zeichnung.
a) $x^2 - 2 = 0$ b) $x^2 - 1{,}5 = 0$
c) $-x^2 + 4 = 0$ d) $-x^2 - 3 = 0$

27 Bestimme mit Hilfe eines Funktionenplotters die Lösungen der Gleichungen.
a) $x^2 = 12{,}25$ b) $x^2 - 30{,}25 = 0$
c) $-x^2 - 5 = 0$ d) $-2x^2 = 20$
e) $-0{,}5x^2 + 6 = 0$ f) $0{,}25x^2 - 2 = 0$

28 Vervollständige die Aussagen.
a) Die Gleichung $x^2 = d$ hat genau dann zwei Lösungen, wenn die Normalparabel die Gerade $y = d$ … schneidet.
b) Die Gleichung $x^2 = d$ hat keine Lösung, wenn die Normalparabel die Gerade $y = d$ … schneidet.

29 Ordne den Gleichungen jeweils zwei grafische Lösungen zu. Vergleiche beide Lösungen und bewerte sie.

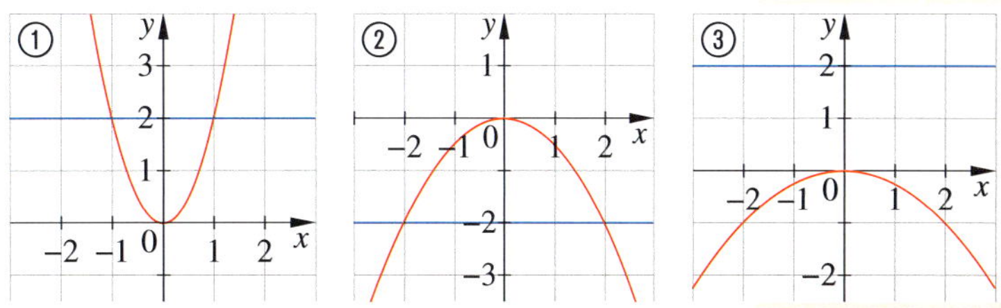

A) $-\frac{1}{4}x^2 - 2 = 0$ B) $-\frac{1}{2}x^2 + 2 = 0$ C) $2x^2 - 2 = 0$

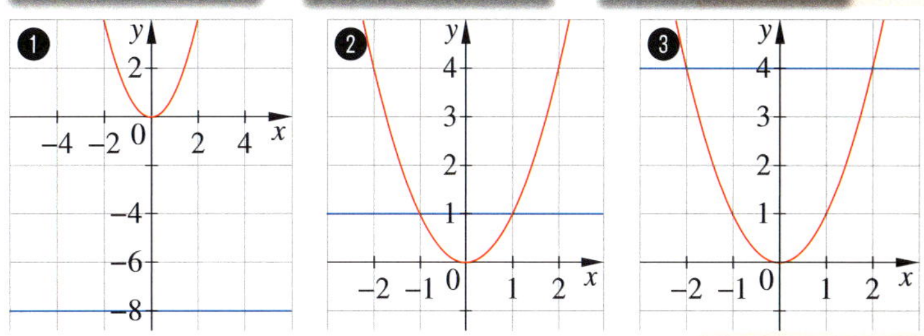

Rund ums Auto

Crashtests

Das Auto fährt immer schneller. 64 $\frac{km}{h}$ zeigt der Tacho jetzt an. Achtung, die Wand! Ungebremst prallt das Fahrzeug auf. Scheiben splittern, der Motorraum wird zusammengequetscht, ruckartig schleudern die Insassen nach vorn.
Aber der Aufprall war geplant, die Insassen sind Crashtest-Dummys, mit Sensoren ausgestattete Puppen. Der geplante Unfall wird mit Messelektronik und Kameras überwacht. Diese Crashtests müssen von Fahrzeugherstellern gemacht werden, damit sie die Sicherheitstechnik ihrer Autos überprüfen und verbessern können, bevor ein richtiger Unfall geschieht.

BEISPIEL
Wenn ein 65 kg schwerer Mensch mit einer Geschwindigkeit von 30 $\frac{km}{h}$ (≈ 8,3 $\frac{m}{s}$) auf ein Hindernis aufprallt, dann beträgt seine Aufprallenergie etwa 2257 Nm. Das entspricht einem Sturz aus ungefähr 3,5 m Höhe.

Zur Untersuchung der Auswirkungen auf Fahrgäste berechnet man die **Aufprallenergie**. Sie hängt ab von der Geschwindigkeit und der Masse des Fahrzeugs.

Man kann sie mit folgender Formel berechnen: $E = \frac{1}{2}m \cdot v^2$

E Aufprallenergie in Nm (Newtonmeter); m Masse des aufprallenden Teils in kg; v Geschwindigkeit beim Aufprall in $\frac{m}{s}$ (Meter pro Sekunde)
Die Energie, die beim Aufprall auf das Fahrzeug einwirkt, kann man mit einem Sturz aus großer Höhe vergleichen.
Zur Berechnung der **Fallhöhe** gilt die Formel: $h = v^2 : 19{,}62$

1 Ergänze die Tabelle, sodass man die Aufprallenergie ablesen kann.

	Kleinwagen; 1153 kg	Mittelklassewagen; 1505 kg	Kleintransporter; 7500 kg	Schulbus; 10 037 kg
30 $\frac{km}{h}$				
50 $\frac{km}{h}$				
100 $\frac{km}{h}$				
130 $\frac{km}{h}$				

2 Berechne die mit einem Aufprall vergleichbare Fallhöhe zu Geschwindigkeiten von 30 $\frac{km}{h}$, 50 $\frac{km}{h}$, 100 $\frac{km}{h}$ und 130 $\frac{km}{h}$ für deine Körpermasse (für einen Erwachsenen mit 75 kg).

3 Stelle den Zusammenhang zwischen Geschwindigkeit v und Fallhöhe h grafisch dar. Zeichne den Funktionsgraphen im Heft oder arbeite mit einem Funktionenplotter.

4 Es gibt zwei Organisationen, die Crashtests durchführen. Während die europäische Organisation Autos mit einer Geschwindigkeit von 64 $\frac{km}{h}$ gegen eine Wand krachen lässt, sind es bei der amerikanischen Organisation 56 $\frac{km}{h}$.
Berechne für die vier Fahrzeuge aus Aufgabe 1 den Unterschied in Newtonmetern, der sich zwischen einer Geschwindigkeit von 56 $\frac{km}{h}$ und 64 $\frac{km}{h}$ ergibt.

Halber Anhalteweg – 90 % mehr Sicherheit

Der Anhalteweg ist abhängig von der Geschwindigkeit des Fahrzeugs. Er setzt sich zusammen aus dem Reaktionsweg und dem Bremsweg.
Bremsweg und Anhalteweg sind bei einer Geschwindigkeit von 30 $\frac{km}{h}$ nur etwa halb so lang wie bei 50 $\frac{km}{h}$.

Wenn ein Kind 20 m vor einem Fahrzeug auf die Straße läuft, kann der Fahrer bei 30 $\frac{km}{h}$ noch rechtzeitig anhalten. Das Kind wird nicht einmal berührt. Mit Tempo 50 $\frac{km}{h}$ kommt es an dieser Stelle trotz sofortiger Vollbremsung zu einem Aufprall mit kaum verringerter Geschwindigkeit. Schwere oder sogar tödliche Unfallfolgen sind dann unvermeidlich.

Reaktionsweg: $s_r = 0{,}3\,v$
Bremsweg: $s_b = 0{,}01\,v^2$
Anhalteweg: $s_a = s_r + s_b = 0{,}3\,v + 0{,}01\,v^2$

Dabei wird v in $\frac{km}{h}$ angegeben und s in m.

Bei den Faustformeln der Fahrschulen geht man von trockenen und ebenen Fahrbahnen aus.

5 Zeige, dass der Anhalteweg nach der Faustformel bei einer Geschwindigkeit von 30 $\frac{km}{h}$ etwa halb so lang ist wie bei 50 $\frac{km}{h}$.

Der Bremsweg ist abhängig vom Untergrund. Wenn eine Straße nass oder vereist ist, dann verändert sich der Bremsweg. Dies wird in der Fahrschulenfaustformel nicht berücksichtigt. Eine genauere Formel lautet $s_b = \frac{1}{2 \cdot b} \cdot v^2$.

Untergrund	b für PKW in $\frac{m}{s}$
Glatteis	1,0–1,5
Neuschnee	2,5–3,0
Asphalt, nass	5,0–6,5
Asphalt, trocken	6,5–7,0

Die Bremsverzögerung b gibt an, wie stark ein Fahrzeug durch den Untergrund abgebremst wird. Die Geschwindigkeit muss in dieser Formel in $\frac{m}{s}$ angegeben werden, der Bremsweg wird dann in m berechnet.

BEISPIEL Berechnung des Bremsweges auf vereister Straße bei 70 $\frac{km}{h}$

1. Umrechnung der Geschwindigkeit: $v = 70\,\frac{km}{h} = 70 \cdot \frac{1000\,m}{3600\,s} \approx 19{,}4\,\frac{m}{s}$
2. Einsetzen der Bremsverzögerung b und der Geschwindigkeit in die Faustformel
   Für $b = 1{,}5$ gilt $s_b = \frac{1}{2 \cdot 1{,}5} \cdot 19{,}4^2 \approx 125{,}5$

Der Bremsweg auf einer vereisten Straße beträgt bei 70 $\frac{km}{h}$ etwa 125,5 m.

6 Ergänze die Tabelle für verschiedene Untergründe und Geschwindigkeiten.

	b	30 km/h	50 km/h	70 km/h	100 km/h
Glatteis	1,5			125 m	
Neuschneee	3,0				
Asphalt nass	6,5				
Asphalt trocken	7,0				

Vermischte Übungen

052-1
HINWEIS
Unter dem Webcode befindet sich Übungsmaterial zur Bearbeitung in Vierergruppen.

1 Welche dieser Funktionen sind linear, welche sind quadratisch? Erkläre jeweils, woran man das erkennen kann.

$f(x) = 9x$ | $f(x) = 4x^2 + 3$ | $f(x) = 0{,}8$ | $f(x) = 4x^3$ | $f(x) = 5x + 3$ | $f(x) = -x^2$

2 Ergänze im Heft die Wertetabellen für die angegebenen Funktionen.

a) $f(x) = 7x^2$

x	−3	−2	−1	0	1	2	3
f(x)	63			0			

b) $f(x) = -0{,}5x^2$

x	−1,5	−1	−0,5	0	0,5	1	1,5
f(x)		−0,5					

c) $f(x) = -3x^2$

x	−1,5	−1	−0,5	0	0,5	1	1,5
f(x)							

d) $f(x) = 100x^2$

x	−1,5	−1	−0,5	0	0,5	1	1,5
f(x)							

e) $f(x) = -0{,}2x^2$

x	−15	−10	−5	0	5	10	15
f(x)							

3 Welcher Graph gehört zu welcher Funktionsgleichung? Begründe.

$f(x) = x + 2$
$g(x) = x^2$
$h(x) = 3x^2$
$i(x) = -2x - 2$
$j(x) = -0{,}5x^2$
$k(x) = -2x^2$

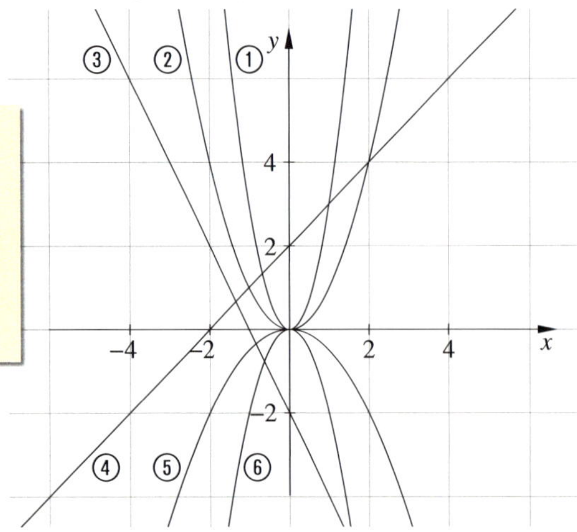

4 Für vier Funktionen wurden jeweils eine Funktionsgleichung, ein Punkt des Graphen und eine Beschreibung notiert. Arbeitet in einer Vierergruppe und beantwortet die Fragen.

a) Welche Karten gehören zusammen? Begründet.

b) Zeichnet jede der Funktionen.

Eine Zahl wird mit sich selbst multipliziert. Das Produkt wird halbiert.

$R(4|8)$

$f(x) = 3x + 2$

Der Flächeninhalt eines Quadrats wird verdoppelt.

$Q(3|11)$

$P(4{,}8|5)$

$f(x) = 1{,}5x + 2{,}5$

Für eine Taxifahrt zahlt man 2,50 € Grundgebühr und 1,50 € pro km.

$f(x) = 2x^2$

$S(2{,}5|12{,}5)$

Das Dreifache der Zahl wird um 2 erhöht.

$f(x) = 0{,}5x^2$

c) Erstellt nun selbst solche Karten für lineare oder quadratische Funktionen. Denkt euch eine Funktionsgleichung aus, findet eine Wortvorschrift, gebt einen Punkt des Graphen an und erstellt eine kleine Wertetabelle.

5 Stelle zu den Funktionen $f_1(x) = x^2$, $f_2(x) = 0{,}5x^2$, $f_3(x) = 2x^2$ und $f_4(x) = -1{,}5x^2$ jeweils Wertetabellen für die Werte von −3 bis 3 auf. Zeichne dann die drei Funktionen in dasselbe Koordinatensystem und vergleiche den Verlauf ihrer Graphen.

6 Gib an, ob die Parabeln gestaucht oder gestreckt sind und in welche Richtung sie geöffnet sind.

a) $f(x) = 1{,}2x^2$
b) $f(x) = -0{,}75x^2$
c) $f(x) = -1{,}5x^2$
d) $f(x) = \frac{3}{5}x^2$

7 Zum Zeichnen von quadratischen Funktionen kann man auch eine Parabelschablone verwenden.

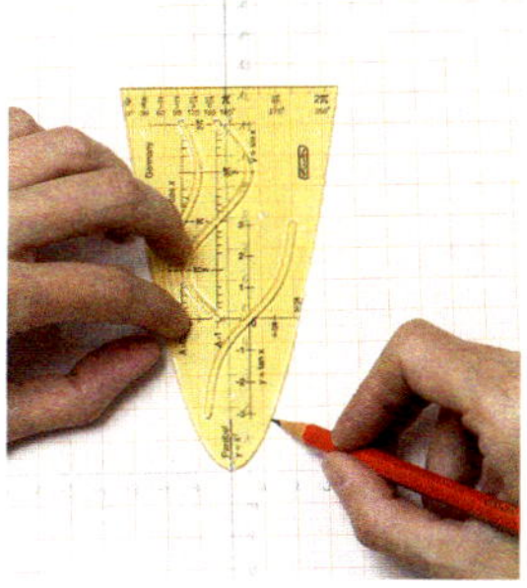

a) Welche Funktion kann man mit der abgebildeten Schablone zeichnen?

b) Wie muss das Koordinatensystem gezeichnet werden, damit die Schablone eingesetzt werden kann?

8 Lutz erklärt einem Mitschüler, wie er schnell den Graphen jeder quadratischen Funktion $f(x) = ax^2$ mit Hilfe seiner 5-Punkte-Methode skizzieren kann.

① Zeichne den Scheitelpunkt bei $(0|0)$ ein.

② Gehe eine Einheit nach rechts und a Einheiten nach oben. (z. B. 3 Einheiten bei der Funktion $f(x) = 3x^2$.)

③ Gehe vom Scheitelpunkt aus 2 Einheiten nach rechts und $(4 \cdot a)$ Einheiten nach oben (z. B. $4 \cdot 3 = 12$ Einheiten bei der Funktion $f(x) = 3x^2$.)

④ Spiegle die beiden Punkte, die du so erhalten hast an der y-Achse.

⑤ Verbinde die fünf Punkte zu einer Parabel.

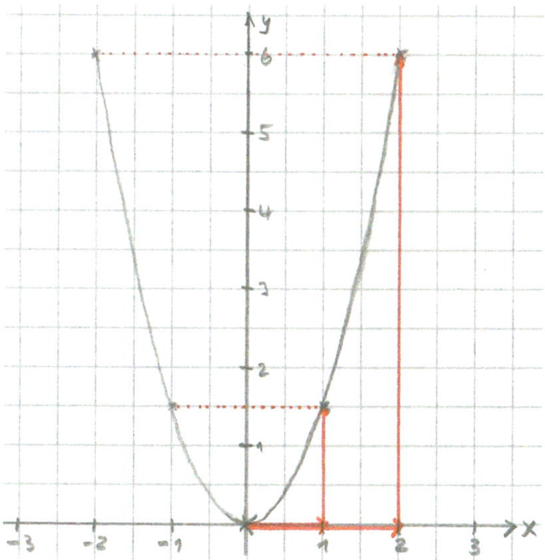

a) Welche Funktion wurde hier skizziert?

b) Beschreibe, wie die Funktion $f(x) = 2x^2$ mit dieser Methode skizziert werden kann.

9 Skizziere die Graphen der Funktionen, ohne eine Wertetabelle anzulegen.

a) $f(x) = 0{,}5x^2$ b) $f(x) = 4x^2$

c) $f(x) = 2{,}5x^2$ d) $f(x) = 0{,}2x^2$

10 Erkläre, was bei der 5-Punkte-Methode zu beachten ist, wenn man Graphen von Funktionen mit einem negativen Wert a zeichnet.

11 Skizziere die Graphen der Funktionen, ohne eine Wertetabelle anzulegen.

a) $f(x) = -1{,}5x^2$ b) $f(x) = -3x^2$

c) $f(x) = -1{,}75x^2$ d) $f(x) = -2{,}2x^2$

12 Zeichne die Parabeln und gib jeweils die Koordinaten von drei Punkten an, die auf der Parabel liegen.

a) $f(x) = 1{,}3x^2$ b) $f(x) = -0{,}5x^2$

c) $f(x) = -\frac{3}{4}x^2$ d) $f(x) = 2\frac{1}{2}x^2$

13 Leon und Lara sollten die Funktion $f(x) = 0{,}5x^2$ zeichnen.

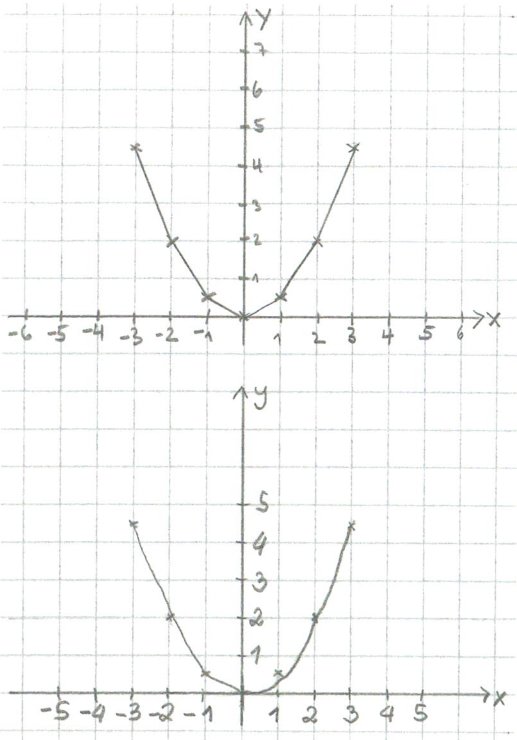

Der Mathematiklehrer ist mit beiden Zeichnungen nicht zufrieden. Erkläre, welche Fehler sie beim Zeichnen gemacht haben.

053-1

BEACHTE
Unter dem Webcode findest du eine Vorlage für eine Parabelschablone.

14 Nach der Fahrschulen-Faustformel kann der Bremsweg mit einer Funktionsgleichung der Form $f(x) = ax^2$ berechnet werden, wobei x die Geschwindigkeit des Autos, $f(x)$ den Bremsweg und a einen Bremsfaktor angibt. Bei der Faustformel für trockene Straßen wird der Bremsfaktor $a = 0{,}01$ benutzt.

a) Bei sicheren Fahrern und optimalen Straßenverhältnissen ist $a = 0{,}005$. Bei einer verschneiten Straße ist $a = 0{,}019$. Wird der Bremsweg jeweils länger oder kürzer?

b) Zeichne die beiden Funktionsgraphen mit $a = 0{,}005$ und $a = 0{,}019$ in ein Koordinatensystem. Vergleiche den Verlauf der beiden Funktionen. Wie verändert sich der Bremsweg bei verschneiten Straßen?

c) Zeichne nun noch die Graphen für $a = 0{,}025$ und $a = 0{,}008$ ein. Welcher der beiden Graphen könnte den Bremsweg für eine nasse Straße beschreiben? Begründe.

15 Der Bremsweg in Metern für einen unbeladenen Lkw kann mit der Gleichung $f(x) = 0{,}0072x^2$ berechnet werden. Dabei ist x die Geschwindigkeit in $\frac{\text{km}}{\text{h}}$.

a) Berechne die Länge des Bremswegs, wenn der Lkw mit $80\,\frac{\text{km}}{\text{h}}$ ($100\,\frac{\text{km}}{\text{h}}$) fährt.

b) Bei Nässe beträgt der Bremsweg bei $80\,\frac{\text{km}}{\text{h}}$ jedoch 82 m. Bestimme den Bremsfaktor a in der Gleichung $f(x) = ax^2$ für eine nasse Fahrbahn.

16 Eine Bogenbrücke wurde nach der Funktionsgleichung $f(x) = -0{,}2x^2$ konstruiert.

a) Zeichne die Brücke im Bereich von −6 bis 6 in ein Koordinatensystem.

b) Wie hoch ist die Brücke, wenn ihre Spannweite 12 m beträgt?

17 Eine Bogenbrücke soll eine Spannweite von 20 m und eine Höhe von 12 m haben.

a) Skizziere die Brücke in einem geeigneten Koordinatensystem.

b) Überprüfe, durch welche der drei Gleichungen die Brücke beschrieben werden kann. Begründe.

18 Theo soll die Funktionsgleichung für eine Hängebrücke mit einer Spannweite von 10 m und einer Höhe von 6 m bestimmen. Erläutere seinen Lösungsweg.

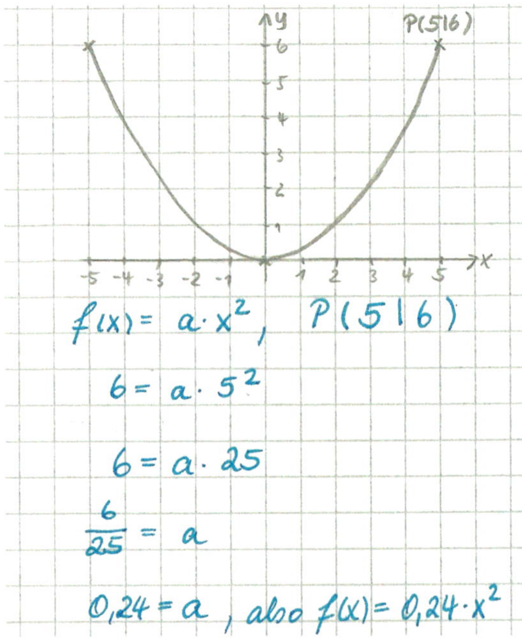

19 Bestimme die Funktionsgleichungen für die folgenden Hängebrücken.

a) Spannweite 14 m, Höhe 8 m

b) Spannweite 8 m, Höhe 4 m

c) Spannweite 12 m, Höhe 6 m

20 Die Storebælt-Brücke in Dänemark verbindet die beiden großen Inseln Seeland und Fünen. Gemessen an ihrer Spannweite von 1624 m ist sie die größte Brücke Europas.

Die Tragseile der Hängebrücke bilden eine Parabel. Die Stahlbetonpfeiler ragen 254 m aus dem Wasser heraus. Der tiefste Punkt des Tragseils befindet sich 77 m über dem Wasserspiegel. Fertige eine Skizze an und bestimme die Gleichung der quadratischen Funktion $f(x) = ax^2$, die den Verlauf des Tragseils beschreibt.

21 Löse die quadratischen Gleichungen. Begründe, wenn die Gleichung keine Lösung hat.

a) $x^2 = 9801$
b) $x^2 - 157 = 932$
c) $x^2 + 2025 = 0$
d) $2x^2 + 34 = 1492$
e) $3x^2 = 2028$
f) $x^2 + 27 = 556$
g) $x^2 - 4{,}25 = 2$
h) $-x^2 + 16 = 0$
i) $-2x^2 + 288 = 0$
j) $6x^2 = 3x^2 + 75$

22 Lena und Paul sollten überprüfen, ob die Gleichung $3x^2 - 16 = -18$ lösbar ist. Vergleiche und bewerte beide Lösungswege.

Lena

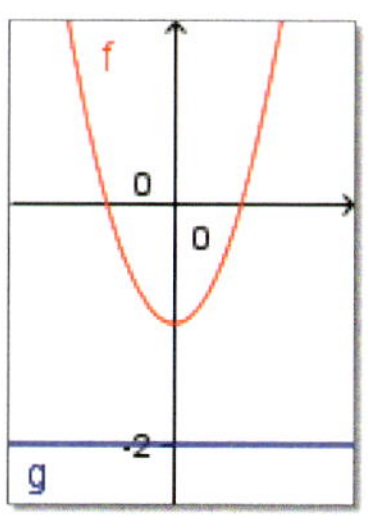

Paul

$3x^2 - 16 = -18 \quad | + 16$

$3x^2 = -2 \quad | : 3$

$x^2 = -\frac{2}{3}$

Die Gleichung hat keine Lösung.

23 Simon hat noch Probleme beim Lösen von quadratischen Gleichungen. Korrigiere seine Fehler.

$2x \cdot 3x = 180$	$\frac{1}{4}x^2 - 100 = 0 \quad | + 100$
$5x^2 = 180 \quad | : 5$	$\frac{1}{4}x^2 = 100 \quad | : 4$
$x^2 = 36$	$x^2 = 25$
$x_1 = 6$ und $x_2 = -6$	$x_1 = 5$ und $x_2 = -5$

24 Ergänze die Gleichung so, dass die Aussage stimmt. Findest du mehrere Möglichkeiten?

a) $x^2 =$ ☐ hat genau eine Lösung.
b) $x^2 +$ ☐ $= 3$ hat genau zwei Lösungen.
c) $x^2 -$ ☐ $= -5$ hat keine Lösung.
d) $2x^2 - 4 =$ ☐ hat genau eine Lösung.
e) $0{,}5x^2 -$ ☐ $= 1$ hat genau zwei Lösungen.
f) $-x^2 + 6 =$ ☐ hat keine Lösung.

25 Multipliziert man die Hälfte einer Zahl mit ihrem dritten Teil, so erhält man 54. Wie lautet die natürliche Zahl?

26 Das Produkt aus einer Zahl und ihrem Doppelten ist 72. Wie lautet die Zahl?

27 Betrachte die folgenden Kästchenmuster.

a) Zeichne die Kästchenmuster ab. Zeichne je zwei weitere Figuren in die Kästchenreihen.
b) Aus wie vielen Kästchen bestehen jeweils die 5., 6. und 7. Figur?
c) Carina behauptet, dass man die Anzahl der Kästchen auch berechnen kann. Überprüfe, mit welcher Rechenvorschrift man jeweils die Anzahl der Kästchen der Figur, die an der Stelle x steht, berechnen kann?

$2x^2$ $\quad$ $0{,}5x^2$ $\quad$ x^2 $\quad$ $4x^2$ $\quad$ $3x^2$

TIPP
Für die Bearbeitung der Aufgaben auf dieser Seite benötigst du viele Formeln zur Flächen oder Volumenberechnung. Suche die benötigten Formeln aus einer Formelsammlung heraus und lege dir selbst eine kleine Formelsammlung an.

28 Verdoppelt man das Quadrat einer Zahl und addiert 15, so erhält man 136.
Wie lautet die Zahl?

29 Eine quadratischer Platz hat einen Flächeninhalt von $306{,}25\,m^2$.
a) Wie lang sind die Seitenlängen des Platzes?
b) Wie verändert sich der Flächeninhalt des Platzes, wenn die Seitenlängen verdoppelt werden?

30 Ein rechteckiges Grundstück ist viermal so lang wie breit. Sein Flächeninhalt beträgt $1296\,m^2$.
Berechne die Länge und die Breite des Grundstücks.

31 Paul läuft von der Ecke einer Wiese zur diagonal gegenüberliegenden Ecke. Er legt dabei 115 m zurück. Wie lang ist die Wiese, wenn sie 69 m breit ist?

32 Ein Würfel hat eine Oberfläche von $37{,}5\,cm^2$.
a) Welche Kantenlänge hat der Würfel?
b) Berechne das Volumen des Würfels.

33 Ein Quadrat und ein Kreis haben jeweils einen Flächeninhalt von $1225\,mm^2$.

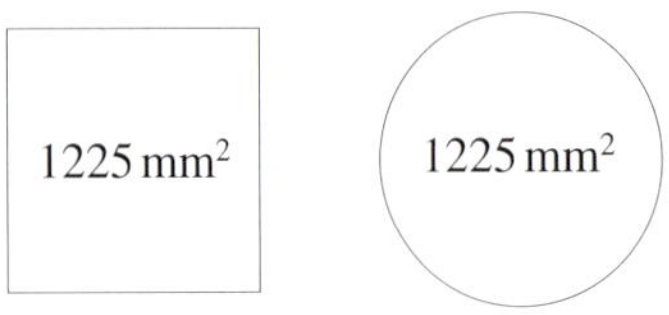

a) Berechne die Seitenlänge des Quadrats.
b) Berechne den Radius des Kreises.
c) Welchen Flächeninhalt hat ein Quadrat, mit dem man den Kreis vollständig bedecken kann?

34 Ein kreisförmiger Spiegel hat eine Fläche von $0{,}8\,m^2$.
a) Gib den Durchmesser des Spiegels an.
b) Wie groß ist der Durchmesser eines Spiegels, der eine doppelt so große Fläche hat?
c) Welchen Umfang hat der kreisförmige Spiegel?

35 Wenn Salz durch ein Förderband aufgeschüttet wird, entsteht ein kegelförmiger Schütthaufen.
a) Der Kegel hat eine Höhe von ca. 2,2 m, der Radius seiner Grundfläche hat eine Länge von ca. 3,4 m. Wie groß ist sein Volumen?
b) Welchen Radius hat ein Salzkegel, wenn $1000\,m^3$ Salz bis auf 8 m Höhe aufgeschüttet werden?

36 Bei zylinderförmigen Verpackungen wird das Volumen mit der Formel $V = \pi \cdot r^2 \cdot h$ berechnet.
Welches Volumen hat eine zylinderförmige Verpackung, wenn der Radius der Grundfläche 5 cm groß ist und die Packung eine Höhe von 25 cm hat?

37 Eine Konservendose hat ein Fassungsvermögen von $1140\,cm^3$. Die Dose ist 12 cm hoch.

a) Welchen Durchmesser hat der Boden der Dose?
b) Wie viel cm^2 Blech werden für die Herstellung der Dose mindestens benötigt?

38 Eine Konservendose soll ein Fassungsvermögen von 1 ℓ haben.
a) Gib drei verschiedene Maße für die Höhe der Dose und den zugehörigen Radius an.
b) Welche Kantenlänge hätte ein Würfel mit einem Fassungsvermögen von 1 ℓ?
c) Gib mögliche Maße für zwei verschiedene Kegel mit demselben Volumen an.

Teste dich!

a

1 Lege jeweils eine Wertetabelle an und zeichne die Funktionen im Bereich von −3 bis 3.

a) $f(x) = 1{,}2x^2$ b) $g(x) = -0{,}5x^2$ c) $h(x) = \frac{3}{4}x^2$

2 Welcher Graph gehört zu welcher Funktion? Ordne zu und Begründe.

$f(x) = 2x^2$ $g(x) = -x^2$

$h(x) = \frac{1}{2}x^2$ $i(x) = \frac{1}{2}x + 1$

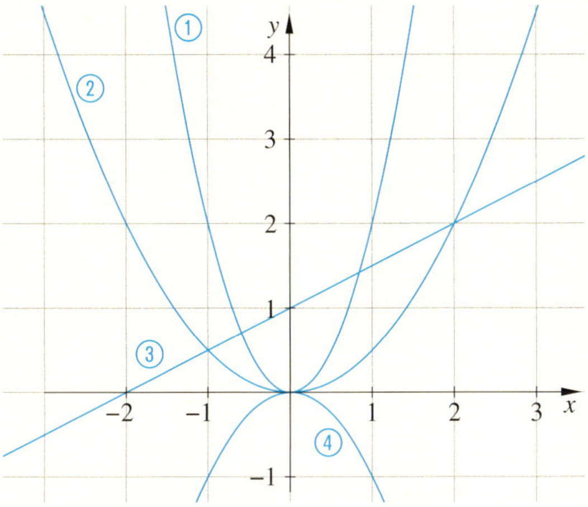

3 Der Verlauf einer Bogenbrücke lässt sich durch die Funktionsgleichung $f(x) = -0{,}2x^2$ beschreiben.

a) Lege eine Wertetabelle an und zeichne die Brücke im Bereich von −5 bis 5.

b) Wie hoch ist die Brücke, wenn ihre Spannweite 10 m beträgt?

4 Löse die quadratischen Gleichungen.

a) $x^2 - 36 = 0$ b) $2x^2 = 162$

c) $5x^2 + 20 = 200$ d) $x^2 + 1{,}75 = 14$

5 Geometrische Berechnungen

a) Die Diagonale in einem Quadrat ist 128 cm lang. Wie lang ist eine Seite des Quadrats?

b) Der Oberflächeninhalt eines Würfels beträgt 121,5 cm². Wie lang sind seine Kanten?

b

2 Gib die Funktionsgleichungen der abgebildeten Funktionen an.

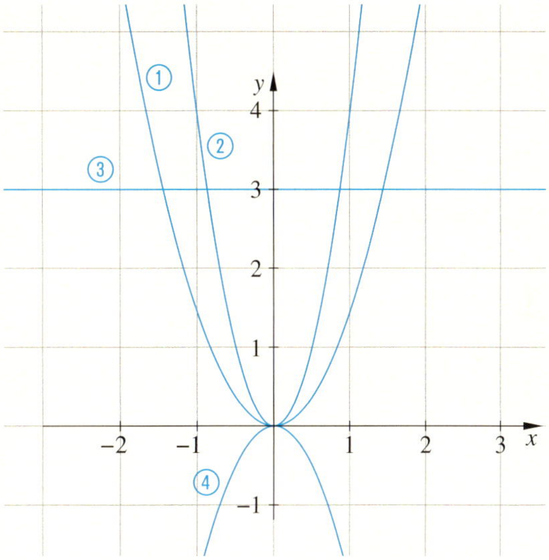

3 Eine Hängebrücke hat eine Spannweite von 10 m und eine Höhe von 5,5 m.

a) Skizziere die Brücke.

b) Bestimme die Funktionsgleichung des Hängeseils.

4 Löse die quadratischen Gleichungen.

a) $4x^2 - 7 = 2$ b) $\frac{1}{2}x^2 - \frac{1}{2} = 40$

c) $\frac{3}{4}x^2 = 48$ d) $12{,}5x^2 - 38{,}5 = 161{,}5$

5 Eine Verpackung hat ein Volumen von 850 cm³ und eine Höhe von 8 cm.

a) Die Verpackung soll ein Quader mit einer quadratischen Grundfläche sein. Welche Seitenlänge muss die Grundfläche haben?

b) Wie groß muss der Radius der Grundfläche bei einer zylinderförmigen Verpackung sein?

HINWEIS

Brauchst du noch Hilfe, so findest du auf den angegebenen Seiten ein Beispiel oder eine Anregung zum Lösen der Aufgaben. Überprüfe deine Ergebnisse mit den Lösungen ab Seite 158.

Aufgabe	Seite
1	42
2	42
3	42
4	46
5	46

Zusammenfassung

→ Seite 38

Lineare und quadratische Funktionen

Eine Funktion, in der eine Variable mit dem Exponenten 2 vorkommt und bei der keine höhere Potenz der Variablen vorhanden ist, nennt man **quadratische Funktion**.
Der Graph einer quadratischen Funktion ist eine **Parabel** mit dem Scheitelpunkt S.

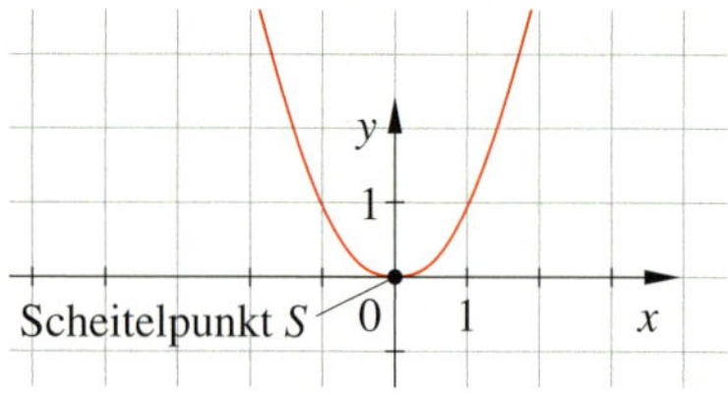

→ Seite 42

Graph der quadratischen Funktion $f(x) = ax^2$

Der Graph einer quadratischen Funktion $f(x) = ax^2$ ist eine zur y-Achse symmetrische Parabel mit dem Scheitelpunkt $S(0|0)$. Der Faktor a bestimmt die Form und die Öffnungsrichtung der Parabel.

Für $a = 1$ entsteht die Normalparabel.

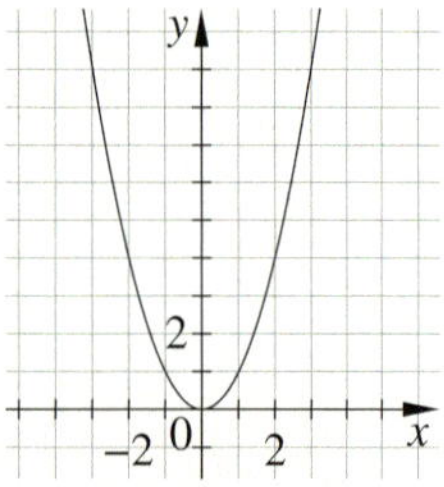

Ist a negativ, so ist die Parabel nach unten geöffnet.

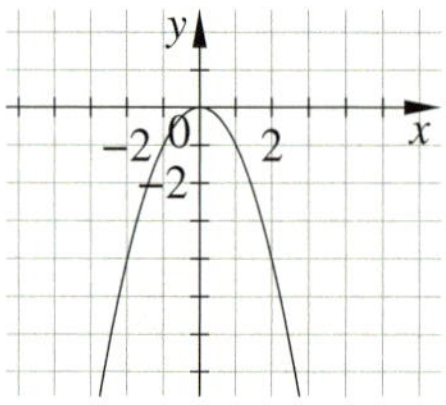

Für $|a| > 1$ entsteht eine gestreckte Parabel.

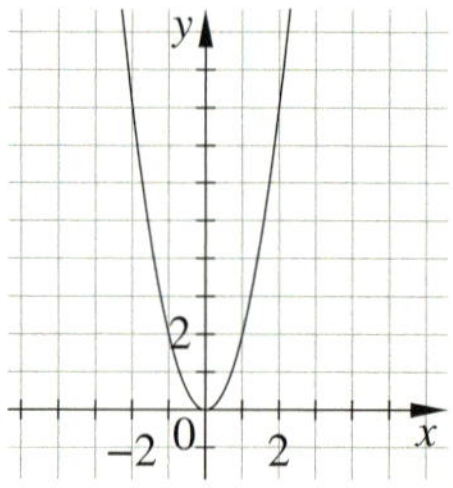

Für $|a| < 1$ entsteht eine gestauchte Parabel

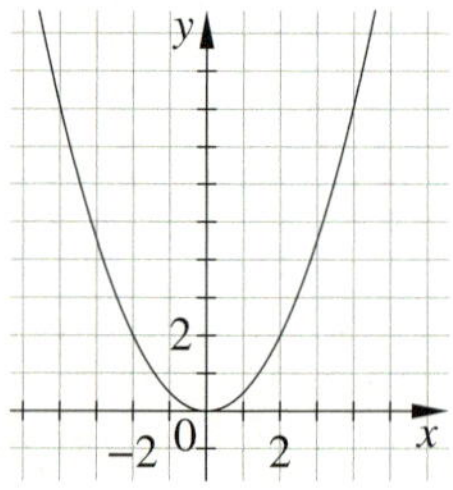

→ Seite 46

Rein quadratische Gleichungen lösen

Gleichungen, bei denen die Variable nur mit dem Exponenten 2 vorkommt, heißen **rein quadratische Gleichungen**.
Alle rein quadratischen Gleichungen lassen sich auf die Form $\boldsymbol{x^2 = d}$ zurückführen.
Für die Anzahl der Lösungen gilt:

- Ist $\boldsymbol{d > 0}$, dann hat die Gleichung $x^2 = d$ **zwei Lösungen**, und zwar $x_1 = \sqrt{d}$ und $x_2 = -\sqrt{d}$.

$5x^2 - 20 = 0 \quad | :5$
$x^2 - 4 = 0 \quad | +4$
$x^2 = 4 \quad |$ Wurzel ziehen
$d > 0$, somit gibt es zwei Lösungen:
$x_1 = 2$ und $x_2 = -2$

- Ist $\boldsymbol{d = 0}$, dann hat die Gleichung $x^2 = d$ **genau eine Lösung**, und zwar $x = 0$.

$-9x^2 = 0 \quad | :(-9)$
$x^2 = 0 \quad |$ Wurzel ziehen
$x = 0$

- Ist $\boldsymbol{d < 0}$, dann hat die Gleichung $x^2 = d$ **keine Lösung**.

$8x^2 = -24 \quad | :8$
$x^2 = -3$, $d < 0$, es gibt keine Lösung.

Datenerhebungen hinterfragen

In Deutschland gibt es etwa 350 Tageszeitungen, dazu kommen viele Wochenzeitungen und unzählige Zeitschriften für jede Altersgruppe und für jedes Thema. Diese Medien informieren über aktuelles Geschehen. Die Informationen werden aber nicht immer neutral präsentiert. Gerade in Diagrammen und statistischen Auswertungen gibt es die Möglichkeit, Ergebnisse gezielt hervorzuheben und falsche Eindrücke zu erwecken.

Noch fit?

1 Die 30 Schülerinnen und Schüler der Klasse 10 b kommen mit unterschiedlichen Verkehrsmitteln zur Schule: drei von ihnen werden täglich mit dem Auto gefahren, elf kommen zu Fuß, sieben benutzen ihr Fahrrad, acht fahren mit dem Bus und ein Schüler reist täglich mit dem Zug an.

a) Erstelle aus diesen Daten ein Säulendiagramm und ein Kreisdiagramm.
b) Worauf muss bei den einzelnen Diagrammtypen geachtet werden?
c) Was ist der Vorteil eines Diagramms gegenüber einem Text oder einer Tabelle?

2 Stelle die Werte aus den abgebildeten Tabellen jeweils in einem Koordinatensystem dar.

①

Monat	J	F	M	A	M	J	J	A	S	O	N	D
Durchschnittstemperatur (in °C)	7	8	10	10	16	22	21	23	18	12	11	4

②

Note	1	2	3	4	5	6
Anzahl	3	7	8	6	4	1

③

Handykosten (in €/Monat)	12	15	8	11	17	9
Schüler	Henrik	Lale	Katja	Sergej	Jan	Nina

④

Anzahl der Minuten	10	30	60	90	120	150
Kosten (in €)	7,50	12,10	19,00	25,90	32,80	39,70

a) In welchen Fällen ist es inhaltlich sinnvoll, die Punkte zu einer Kurve zu verbinden?
b) Begründe, warum sich die Punkte aus einigen Koordinatensystemen nicht verbinden lassen.

3 Fasse die Diagramme zur Bundestagswahl 2009 in Worte.

NACHGEDACHT
Nach der Bundestagswahl 2009 hat sich eine Regierungskoalition aus den Parteien CDU/CSU und FDP gebildet. Sie verfügen zusammen über mehr als 50 % der Sitze im Parlament. Welche anderen Koalitionen wären rein rechnerisch möglich gewesen? Es können auch Koalitionen aus mehr als zwei Parteien gebildet werden. Warum sollte eine Regierungskoalition über mindestens 50 % der Sitze im Parlament verfügen?

Sitzverteilung im Deutschen Bundestag

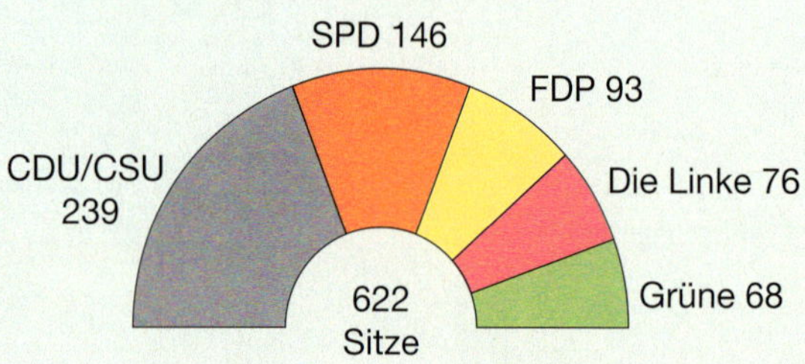

Gewinne und Verluste der Stimmenanteile

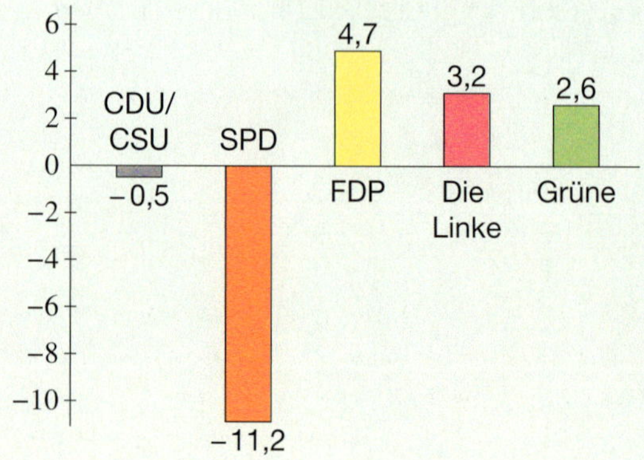

Kurz und knapp

1. Ergänze den Satz: Diagramme dienen dazu, …
2. Welche Eigenschaften hat ein Rechteck?
3. Ergänze den Satz: In einem Dreieck beträgt die Summe der Innenwinkel …
4. Notiere das Distributivgesetz.
5. Welchen Flächeninhalt hat ein Quadrat mit der Seitenlänge $a = 5{,}2\,\text{cm}$? Wie verändert sich der Flächeninhalt, wenn die Seitenlänge verdoppelt (verdreifacht) wird?
6. Wie verändert sich das Volumen eines Würfels, wenn die Kantenlänge verdoppelt (verdreifacht) wird?

Statistische Darstellungen kritisch analysieren

Erforschen und Entdecken

1 Die abgebildeten Diagramme sind alle fehlerhaft.
a) Erläutere die Fehler und berichtige sie.
b) Denke dir zu jedem Diagramm eine Überschrift aus.

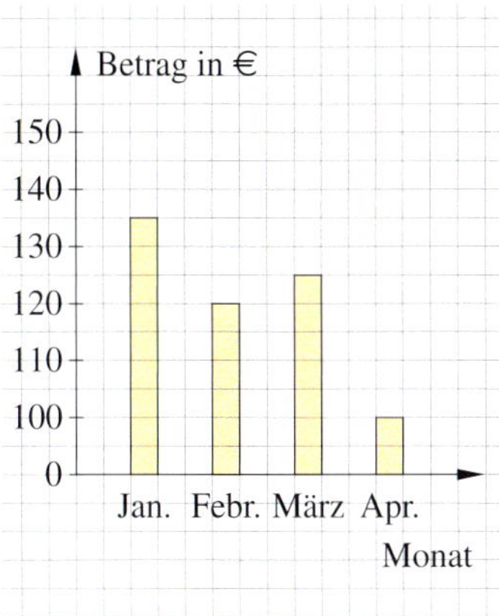

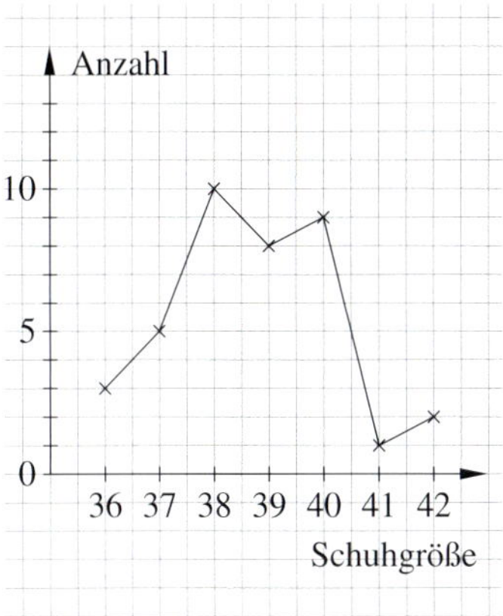

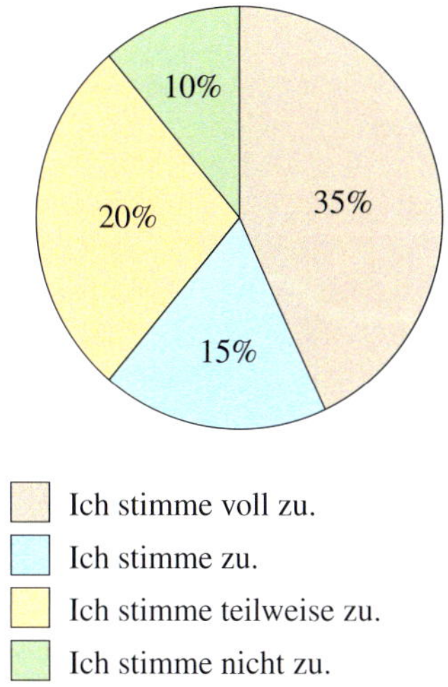

2 Das abgebildete Diagramm zeigt die Schulden, die Claudia jeden Monat neu auf sich nimmt, um ihre Handyrechnung zu bezahlen. Sie zeigt das Diagramm ihren Eltern.
a) Ist der Verlauf des Diagramms positiv oder negativ zu bewerten?
b) Wie würdest du an Stelle der Eltern auf dieses Diagramm reagieren? Tauscht euch darüber aus.
c) Claudia war im Dezember des vorigen Jahres bereits mit 120 Euro verschuldet. Wie muss das Diagramm verändert werden, damit es ihre Schulden korrekt wiedergibt?
Zeichne das Diagramm.

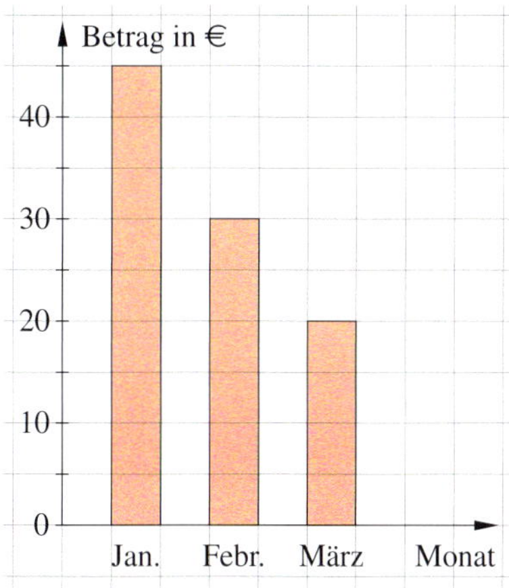

ZUM WEITERARBEITEN
Informiere dich bei Verbraucherberatungsstellen oder im Internet über die Schuldensituation bei Jugendlichen.

3 Maxi fühlt sich gegenüber seinen Freunden benachteiligt. Er meint, er habe weniger Geld als seine Freunde zur Verfügung. Um diese Ungerechtigkeit zu veranschaulichen, zeichnet er das unten abgebildete Piktogramm.

Maxi Bernd Colin

a) Mit welchem Trick stellt Maxi den Sachverhalt übertrieben dar?
b) Wie könnte ein korrektes Piktogramm aussehen? Zeichne es.
c) Wie könnte ein Piktogramm aussehen, das diese Ungerechtigkeit noch stärker in den Vordergrund rückt? Zeichne auch dieses.
d) Welches Piktogramm wird Maxi vermutlich verwenden, wenn er mit seinen Eltern über höheres Taschengeld verhandelt?

HINWEIS
Ein Piktogramm ist ein Figurendiagramm. Die Zahlen werden durch die Anzahl oder Größe von Figuren veranschaulicht.

Lesen und Verstehen

HINWEIS
Im Jahr 2005 gab es 3912 Grundschulen mit Ganztagsschulbetrieb. Im Jahr 2006 waren es 4878 und im Jahr 2007 schon 5822 Schulen. Diese Zahlen wurden von der Kultusministerkonferenz erhoben.

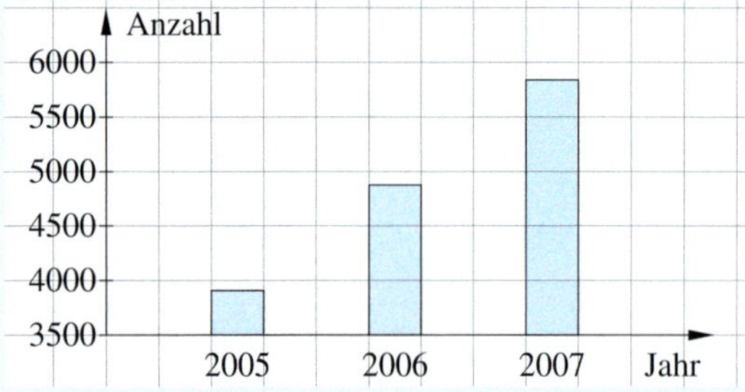

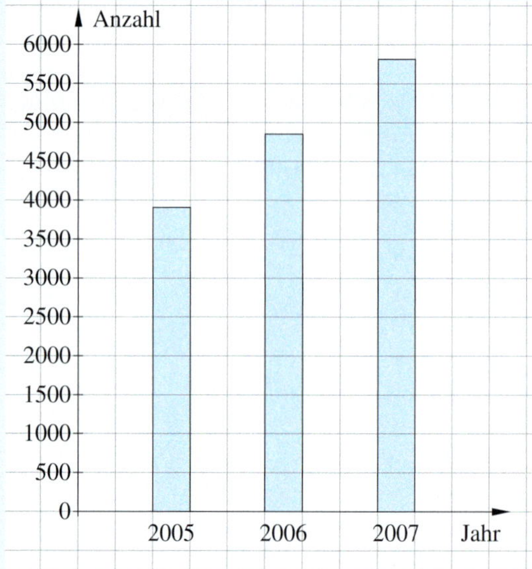

Die beiden Diagramme zeigen den gleichen Sachverhalt: die Anzahl deutscher Grundschulen mit Ganztagsbetrieb in verschiedenen Jahren. Der gleiche Sachverhalt – aber ein anderer Eindruck.
Die Darstellung von Daten ist nicht immer genau und neutral: manchmal werden Daten gewollt manipuliert dargestellt.

Häufig vorkommende Manipulationen sind:

- Das **Koordinatensystem** ist **fehlerhaft**. Der Schnittpunkt von x- und y-Achse liegt nicht bei $(0|0)$ (s. Eingangsbeispiel) oder die Abstände auf jeweils einer Achse sind nicht gleich groß.

- Bei einem Piktogramm wird die **Veränderung in der Höhe und in der Breite** abgetragen. So entsteht ein Missverhältnis zwischen Wert und Fläche, z. B. führt eine Verdopplung des Wertes zu einer Vervierfachung der Fläche.

- Aus wenigen Daten wird der zukünftige Verlauf **hochgerechnet** und im Diagramm mit eingezeichnet.

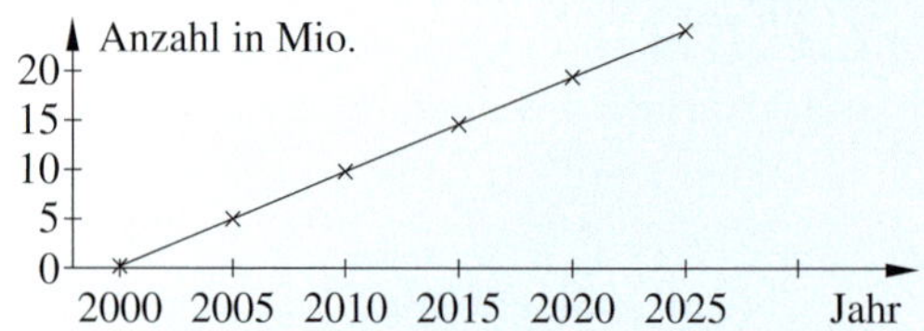

- Ein Sachverhalt wird so dargestellt, dass er in der Darstellung **positiv** aussieht, **obwohl der Verlauf negativ** ist.

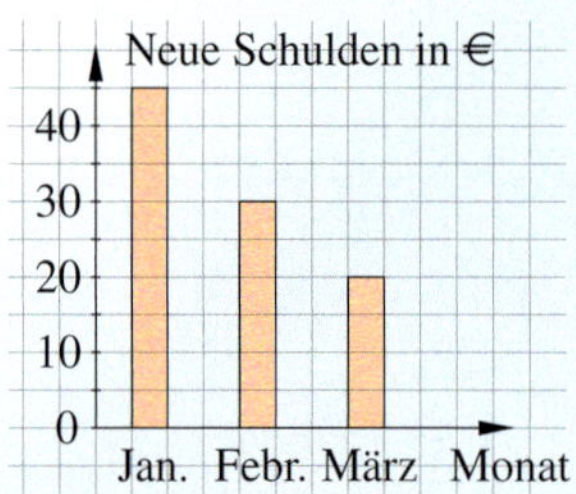

- Bei einem **Kreisdiagramm** werden die Anteile zu „keine Angabe“ oder „Sonstiges“ **nicht dargestellt**.

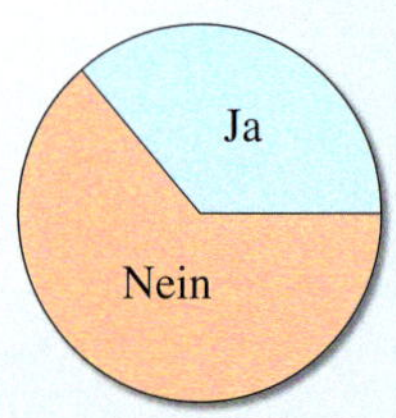

Diagramme können **manipuliert** werden. Durch verschiedene Methoden wird ein Eindruck erzeugt, der durch eine neutrale Darstellung nicht entstanden wäre.

Üben und Anwenden

1 Viele Menschen können z. B. die Raten für einen Kredit oder ihre Handyrechnung nicht bezahlen. Die beiden Piktogramme zeigen den prozentualen Anteil der Verträge, bei denen es Zahlungsschwierigkeiten gibt. Es werden zwei Altersgruppen unterschieden.

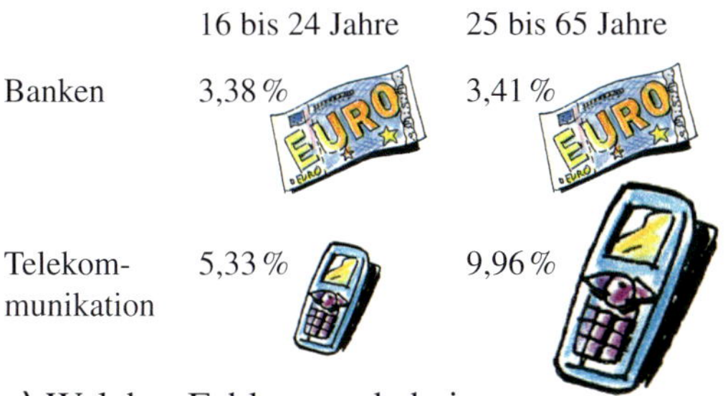

a) Welcher Fehler wurde bei dem Piktogramm gemacht? Beschreibe.
b) Zeichne ein Säulendiagramm, welches die Daten korrekt darstellt.
c) Beschreibe die unterschiedliche Wirkung von Piktogramm und Säulendiagramm.

2 Das Thema Klimawandel führt zu hitzigen Debatten. Deshalb finden sich gerade dazu viele manipulierte Diagramme.

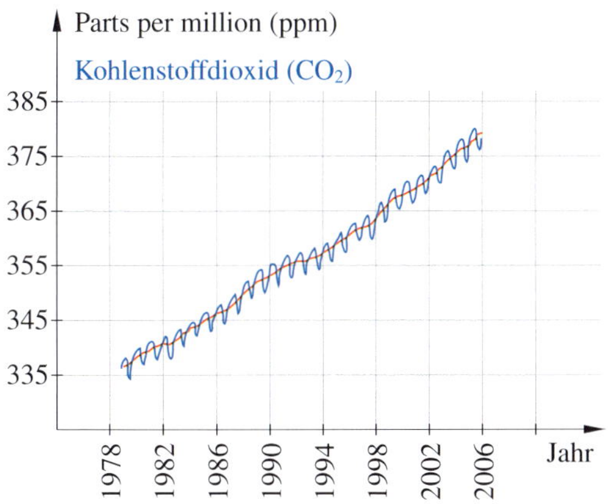

a) Erläutere den Inhalt des Diagramms.
b) Welche Manipulation steckt in dieser Abbildung? Zeichne das Diagramm richtig und vergleiche die Wirkung.
c) Recherchiere im Internet weitere manipulierte Diagramme zu diesem Thema und stelle sie deinem Kurs vor, indem du sie inhaltlich wiedergibst und die Manipulation erläuterst.

3 Der Bund hat auf dem Kreditmarkt Schulden. Alle drei Abbildungen geben diesen Sachverhalt wieder.

Stichtag	Schulden (in Mrd. Euro)
31. 12. 2002	719,397
31. 12. 2003	760,453
31. 12. 2004	802,994
31. 12. 2005	872,653
31. 12. 2006	902,054

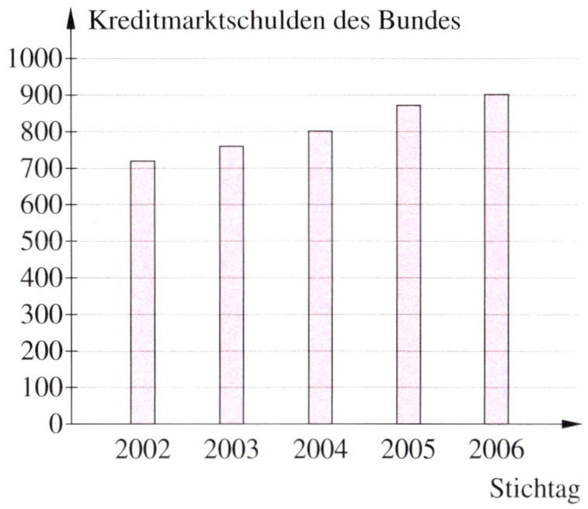

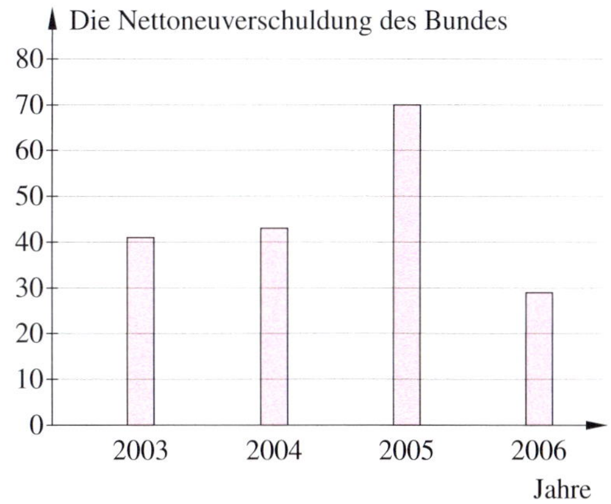

a) Vergleiche die Werte aus der Tabelle mit den Diagrammen.
b) Klärt den Begriff „Nettoneuverschuldung" gemeinsam.
c) Wer hat ein Interesse daran, die Verschuldung des Bundes wie in der untersten Abbildung darzustellen?
d) Ist der Verlauf der Verschuldung von 2005 auf 2006 positiv oder negativ zu bewerten? Diskutiert im Plenum und begründet.

WWW 063-1

ZUR INFORMATION

Unter dem Webcode findest du einen Link zu einer Interetseite der Landesanstalt für Medien NRW mit vielen Informationen rund ums Handy, z. B. zu den Themen Kostenfalle, Mobbing per Handy und Datenschutz.

WWW 063-2

HINWEIS

Der Mediencode führt zu einer Linkliste mit weiteren Diagrammen zum Thema Klimawandel.

SCHON GEWUSST?
IPTV steht für Internet Protocol Television.

4 Im Jahr 2007 stellte eine Firma eine Prognose über die Anzahl der Haushalte mit IPTV bis zum Jahr 2012. Beim IPTV wird das Fernsehprogramm statt über Kabel, Satellit oder Antenne über das Internet übertragen.

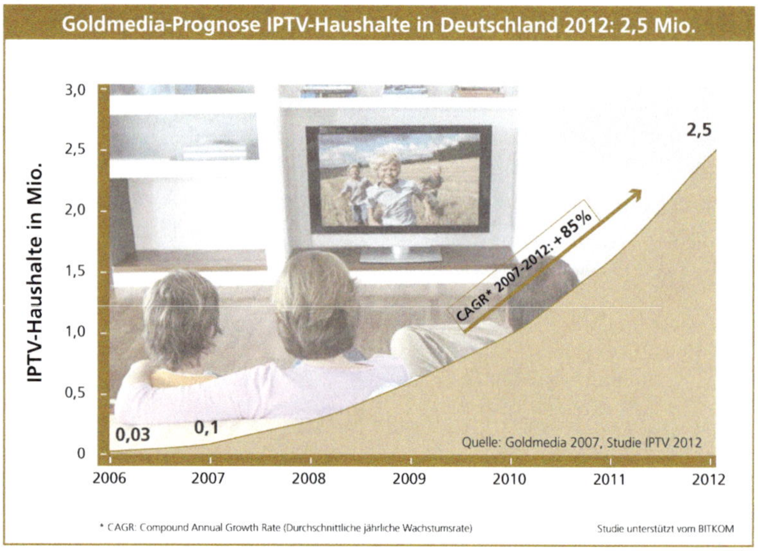

a) Welche Werte lagen der Prognose zugrunde?
b) Berechne den Wert für 2012 mit der angegebenen Wachstumsrate ausgehend von dem Wert aus dem Jahr 2007 und vergleiche mit den Angaben.
c) Welche Faktoren könnten den tatsächlichen Verlauf der Kurve so beeinflussen, dass 2012 nur 0,5 Mio. Haushalte internetbasiertes Fernsehen zur Verfügung hätten? Denke dir dazu Beispiele aus.
d) Bewerte die abgebildete Prognose. Glaubst du, dass sie zutreffend ist? Ist die Methode korrekt?
e) Wer hat ein Interesse daran, diese Prognose zu erstellen?

5 Die Abbildung zeigt den Kursverlauf des Deutschen Aktienindex (DAX) vom 9. 10. 2009.

a) Informiert euch über den Börsenhandel in Frankfurt und klärt den Begriff „Deutscher Aktienindex".
b) Erläutert den Verlauf des Graphen und den Aufbau des Diagramms.
c) Vergleicht mit der Abbildung aus Aufgabe 1 und diskutiert im Plenum, ob auch hier eine Manipulation in der Darstellung vorliegt. Begründet eure Meinung.

6 Die Aktie von Adidas ist eine von 30 verschiedenen Aktien, aus denen der DAX berechnet wird. Dargestellt ist der Kursverlauf der Aktie am 9. 10. 2009.
Erläutere anhand dieses Beispiels, dass es durchaus sinnvoll sein kann, nur einen Ausschnitt aus einem Diagramm zu zeigen. Grenze diese Fälle von den gewollten Manipulationen ab.

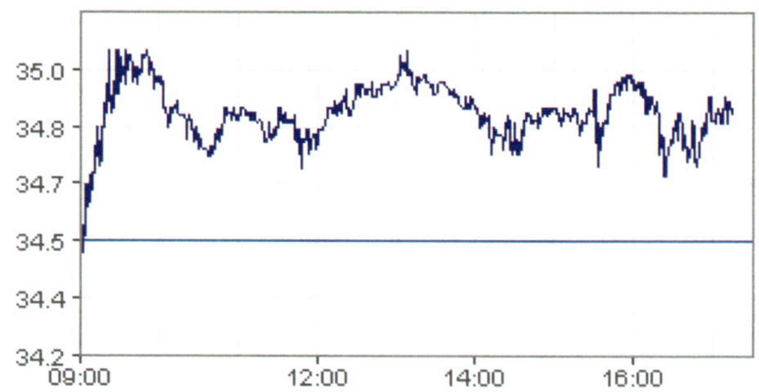

Befragungen und Darstellungen manipulieren

Erforschen und Entdecken

1 Organisiert in eurem Kurs eine Befragung zum Thema „Gerechtigkeit bei der Notenvergabe“. Führt die Befragung mit dem parallelen Kurs durch oder teilt dazu den Kurs in zwei Hälften. Gebt der ersten Gruppe den linken, der zweiten Gruppe den rechten Fragebogen.

Wie gerecht fühlst du dich in den mündlichen Fächern bewertet?

- ❑ gerecht
- ❑ nicht gerecht

Wie gerecht fühlst du dich in den mündlichen Fächern bewertet?

- ❑ immer gerecht
- ❑ fast immer gerecht
- ❑ meistens gerecht
- ❑ häufig nicht gerecht
- ❑ nie gerecht

Diese Fragebögen und die Auswertung sollten bei euch im Kurs bleiben.

a) Wie viele positive Antworten bekommt ihr mit dem linken beziehungsweise mit dem rechten Fragebogen?

b) Welche Erklärungen gibt es dafür?

c) Lasst euch jetzt von eurem Lehrer oder eurer Lehrerin erläutern, wie schwierig die Notenvergabe in den mündlichen Fächern ist und wie viel Mühe sich die Kollegen dabei geben. Führt anschließend in eurem Kurs erneut die oben angegebene Befragung mit dem rechten Fragebogen durch.
Kommt ihr nun zu anderen Ergebnissen? Erläutert den Ausgang dieser Befragung.

d) Entwickelt eigene Fragebögen zu anderen Themen nach dem gleichen Muster.

2 Zeichnet jeweils zwei bzw. drei Linien, Flächen und Körper in den angegebenen Größenverhältnissen. Bei den Flächen und Körpern sollen die Längen von sich entsprechenden Seiten bzw. Kanten in den verschiedenen Verhältnissen gezeichnet werden.
Beschreibe die Wirkung der einzelnen Darstellungen. Worin unterscheiden sich die Darstellungen mit Linien von denen mit Flächen oder Körpern?

a) 1 : 3 b) 1 : 1,5 c) 1 : 2 : 5

3 Die Tabelle zeigt die Wahlbeteiligung bei den Bundestagswahlen zwischen 1949 und 2005.

Bundestagswahl	1949	1953	1957	1961	1965	1969	1972	1976
Wahlbeteiligung in %	78,5	86,0	87,8	87,7	86,8	86,7	91,1	90,7

Bundestagswahl	1980	1983	1987	1990	1994	1998	2002	2005
Wahlbeteiligung in %	88,6	89,1	84,3	77,8	79,0	82,2	79,1	77,7

a) Zeichne ein Diagramm so, dass zum Ausdruck kommt, dass die Wahlbeteiligung dramatisch sinkt.

b) Zeichne ein Diagramm so, dass zum Ausdruck kommt, dass es über die Jahre immer wieder Schwankungen gegeben hat.

c) Stellt eure Ergebnisse in der Klasse vor und tauscht euch darüber aus. Welche Möglichkeiten habt ihr gefunden, um den Betrachter zu manipulieren?

ZUM WEITERARBEITEN
Suche in Zeitschriften und Tageszeitungen Diagramme und Darstellungen, die Flächen und Körper verwenden. Welche Größenverhältnisse werden eingesetzt? Welchen Effekt hat das?

Lesen und Verstehen

Einige Schülerinnen und Schüler wünschen sich, dass einer der Pausenhöfe ihrer Schule für Ballspiele gesperrt wird, damit man sich dort in Ruhe aufhalten kann. Sie möchten ihr Anliegen durch eine Befragung untermauern. Allerdings befürchten sie, dass die Befragung nicht in ihrem Sinne verläuft. Deshalb versuchen sie, durch die Gestaltung des Fragebogens ihre Mitschüler zu beeinflussen.

Dazu gibt es unterschiedliche Möglichkeiten:

Die Befragung wird mit einem Text eingeleitet, der die Befragten einseitig informiert.

Mit den vorgegebenen Antwortmöglichkeiten kann man in die gewünschte Richtung beeinflussen.

Umfrage: Pausenhof zum Chillen

Ein ruhiger Hof bietet entspannte Pausen, ohne dass uns Bälle um die Ohren fliegen.

Willst du auch einen Pausenhof zum Chillen?

- ❑ ja, unbedingt
- ❑ eher ja
- ❑ weiß nicht
- ❑ nein, die lauten Ballspiele stören mich nicht

Das **Ergebnis einer Befragung** kann man **beeinflussen**, zum Beispiel durch einseitige Informationen oder eine eingeschränkte Auswahl an Antwortmöglichkeiten.

Ist die Befragung abgeschlossen, hat man noch die Möglichkeit, das wünschenswerte Ergebnis hervorzuheben, wie auf Seite 88 erläutert.

Üben und Anwenden

1 Lies den Fragebogen.

Wahlalter auf nur 16 Jahre senken?

Sollte man unreife Jugendliche schon wählen lassen? Haben sie sich mit politischen Themen genug auseinandergesetzt, um eine begründete Wahl treffen zu können?

Sollte das Wahlalter auf nur 16 Jahre herabgesetzt werden?

- ❑ eher ja
- ❑ weiß nicht
- ❑ eher nein
- ❑ nein

a) Was genau ist an diesem Fragebogen manipulativ? Erkläre und begründe deine Antwort.

b) Erstelle zu dem gleichen Thema einen fairen Fragebogen.

HINWEIS
Mit Wahlalter bezeichnet man das Alter, in dem man zum ersten Mal bei politischen Wahlen die Stimme abgeben darf. Bei Bundestagswahlen ist das Wahlalter auf 18 Jahre festgelegt.

2 Entscheidet euch zu zweit oder in kleinen Gruppen für eines dieser Themen:

- Verkauf von Süßigkeiten in der Mensa
- Vegetarisches Essen in der Mensa
- Schuluniformen

Entwickelt dazu zwei unterschiedliche Fragebögen. Der erste Bogen hat nur die Antwortmöglichkeiten „dafür“ oder „dagegen“. Der zweite Bogen bekommt einen Text, in dem ihr einseitig über das Thema informiert. Stellt dann auf beiden Fragebögen exakt die gleiche Frage.

a) Führt die Befragung in zwei getrennten Gruppen durch.

b) Notiert die Ergebnisse eurer Befragungen getrennt nach den beiden Gruppen.

c) Vergleicht die Ergebnisse und bewertet diese. Entspricht das Ergebnis euren Erwartungen?

3 Arbeitet in Kleingruppen. Wählt ein Thema, zu dem ihr gerne eine Befragung durchführen möchtet, aus. Legt fest, welches Ergebnis ihr erzielen möchtet. Plant nun einen Fragebogen, der euer gewünschtes Ergebnis unterstützt, und führt die Befragung durch.

a) Stellt euer Ergebnis dem Kurs vor und erläutert, wie ihr den Fragebogen aufgebaut habt und ob ihr euer Ziel erreicht habt. Nennt mögliche Verbesserungen.

b) Was lässt sich mit diesen Erkenntnissen generell über Fragebögen aussagen?

4 Diskutiert die folgenden Zitate.

a) „Wir benutzen die Statistik wie ein Betrunkener einen Laternenpfahl: Vor allem zur Stütze unseres Standpunktes und weniger zum Beleuchten eines Sachverhalts.“ (Andrew Lang zugeschrieben)

b) „Ich stehe Statistiken etwas skeptisch gegenüber. Denn laut Statistik haben ein Millionär und ein armer Kerl jeder eine halbe Million.“ (Franklin D. Roosevelt)

c) „Eine Pharmafirma traut keiner Statistik, die sie nicht selbst bezahlt hat.“ (Gerhard Kocher)

d) „Statistik: Wenn der Jäger am Hasen einmal links und einmal rechts vorbeischießt, dann ist der Hase im Durchschnitt tot.“ (Unbekannter Autor)

e) „96,37 Prozent aller Statistiken sind erfunden.“ (Kevin D. Quitt)

5 Das Internet bietet viele Möglichkeiten, Befragungen durchzuführen.

a) Durchsucht das Internet nach Online-Befragungen oder Fragebögen und stellt sie auf Plakaten oder per Computerpräsentation zusammen.

b) Überprüft, ob die Fragebögen manipuliert sind, und erklärt für ausgewählte Fragebögen, worin genau die Manipulation besteht.

c) Sollte man Fragebögen im Internet beantworten? Diskutiert in der Klasse über die Gefahren sowie Vor- und Nachteile.

6 Zu dem Thema „Wirkung von Alkohol“ sind von Jugendlichen folgende Angaben gemacht worden:

Ich fühle mich lockerer, wenn ich Alkohol getrunken habe.	41 %
Bei mir hat der Alkohol keine besondere Wirkung.	21 %
Alkohol lässt mich schneller ermüden.	15 %
Keine Angabe	23 %

a) Zeichne ein korrektes Kreisdiagramm und ein manipuliertes, welches den Bereich „keine Angaben“ nicht mit abbildet. Beschreibe die Wirkung.

b) Fällt dir noch eine weitere Darstellungsmöglichkeit ein, die den jugendgefährdenden Aspekt besonders hervorhebt? Setze diese um und stelle sie deinem Kurs vor.

7 Gaben 2005 noch 35 % der befragten Jugendlichen an, mindestens einmal wöchentlich ein Fastfood-Restaurant zu besuchen, so waren es 2006 schon 42 %. Im Jahr darauf waren es bereits 47 % und 2008 erhöhte sich die Zahl noch einmal um 3 Prozentpunkte.

a) Stelle die Daten aus dieser Erhebung in einem korrekten Säulendiagramm dar.

b) Zeichne ein Säulendiagramm, das nur die Differenz der einzelnen Werte verzeichnet.

c) Zeichne ein Diagramm, das ausdrückt, wie erschreckend diese Entwicklung ist – eventuell mit einer noch anschließenden Prognose.

d) Vergleiche alle drei Darstellungen und überlege, wer ein Interesse daran haben könnte, dass das eine oder andere Diagramm so veröffentlicht wird.

ZUM WEITERARBEITEN
Informiere dich z. B. im Internet über die zitierten Personen aus Aufgabe 4.

BEACHTE
Zu Aufgabe 5: Für die Computerpräsentation siehe auch S. 70/71.

Mathematik und Kunst

Die rechts abgebildete Illustration heißt „Lebenszeit“. Sie ist von Felix Scheinberger (geboren 1969) für einen Kalender gemalt worden. In dieser Illustration setzt er sich mit Statistik und der Darstellung von Zahlen auseinander. An seinem Stil fallen die fast karikaturhafte Überzeichnung von Personen und das Einfügen von Collageelementen auf.

Das Bild unten ist von Florian, einem Schüler des 10. Schuljahres. Es zeigt ein gestaltetes Säulendiagramm zum Thema „Metropolen“. Nicht nur die reine Einwohnerzahl ist ablesbar. Es ist auch die Wirkung auf den Menschen dargestellt, der in so einer Metropole lebt.

1 Betrachte die Illustration „Lebenszeit“ von Felix Scheinberger.

a) Auf welche Art werden Daten dargestellt?

b) Gibt es einen Zusammenhang zwischen diesem Bild und einem Säulendiagramm?

c) Ist an der Darstellung etwas unstimmig? Wenn ja, ist es eine gezielte Manipulation?

2 Gestalte ein Säulendiagramm zu einem Thema, das dich interessiert und zu dem du eine Meinung hast, die du dann gestalterisch umsetzen kannst. Eine Anregung ist das Bild links.

3 Sammle Daten zu einem Thema und stelle diese als Collage zusammen.

4 Nutze die Impulse dieser Seite und setze sie in einem eigenen Bild um, das im weitesten Sinne mit Mathematik zu tun hat.

In einer Gesamtschule in Nordrhein-Westfalen wurden Informationen zum Schulalltag gesammelt – zum Beispiel über die Altersverteilung im Kollegium, den Stadtteil und das Geburtsland der Schülerinnen und Schüler.
Am Tag der offenen Tür haben die Schüler die Informationen auf ungewöhnliche Art präsentiert: als große, schön gestaltete Skulpturen.

5 Was kannst du aus dem Foto über die Altersverteilung im Kollegium ablesen?
Welche Informationen fehlen?
Notiere mindestens drei Sätze dazu.

6 Umfrageergebnisse können als Skulptur dargestellt werden.

a) Eine 6. Klasse hat in einer Umfrage nach der Art und Anzahl der Haustiere gefragt. Aus Pappmaschee haben sie einen Hund, eine Katze, ein Kaninchen und einen Hamster in der Größe geformt, die der Anzahl der Haustiere entspricht. Welche Probleme gibt es bei dieser Art der Darstellung?
b) Arbeitet in Kleingruppen von drei bis fünf Personen. Einigt euch auf eine Frage und stellt die Ergebnisse als Skulptur dar. Vielleicht fällt euch eine Möglichkeit ein, die Skulptur passend zum Thema der Frage zu gestalten?

7 Auf der Webseite einer Kunstgalerie wurde eine Umfrage zum Thema „Kunst" durchgeführt. Der Fragebogen sah wie folgt aus:

Interessieren Sie sich für Kunst?

(Mehrfachnennung möglich)

❑ Ja, …
- ❑ ich interessiere mich privat für Kunst
- ❑ ich bilde mich im Kunstbereich aus
- ❑ ich male, zeichne, gestalte selber gerne
- ❑ ich bin Künstler/in
- ❑ ich arbeite im Kulturbereich
- ❑ ich handle oder sammle Kunst

❑ Nein, …
- ❑ ich verstehe nichts von Kunst

a) Ist der Fragebogen fair oder lenkt er die Antworten in eine bestimmte Richtung? Erkläre, woran du das erkennst.
b) Welche Umstände führen dazu, dass das Ergebnis beeinflusst wird?
c) Entwirf eine faire Umfrage zum Thema „Interesse an Kunst". Worin unterscheidet sie sich von der abgebildeten Umfrage?

Methode: Präsentationsprogramme

HINWEIS
Die Anleitung bezieht sich auf das Präsentationsprogramm PowerPoint von Microsoft. Gebräuchlich ist z. B. auch Impress von OpenOffice.

Manchmal möchte man Ergebnisse oder Methoden in der Klasse präsentieren. Dazu gibt es verschiedene Möglichkeiten, zum Beispiel Tafelbilder, Folien auf dem Overhead-Projektor oder eine Präsentation mit dem Computer. Es gibt eine Vielzahl an Computer-Präsentationsprogrammen. An einem Beispiel wird gezeigt, wie man eine Präsentation mit solch einem Programm erstellt.

Öffnet man das Programm, so erscheint die erste Folie.
Sie ist automatisch die erste Folie der Präsentation. In den Kasten „Titel durch Klicken hinzufügen" kann nun durch einfaches Anklicken der Titel der Präsentation geschrieben werden. Auch ein Untertitel ist hier möglich.

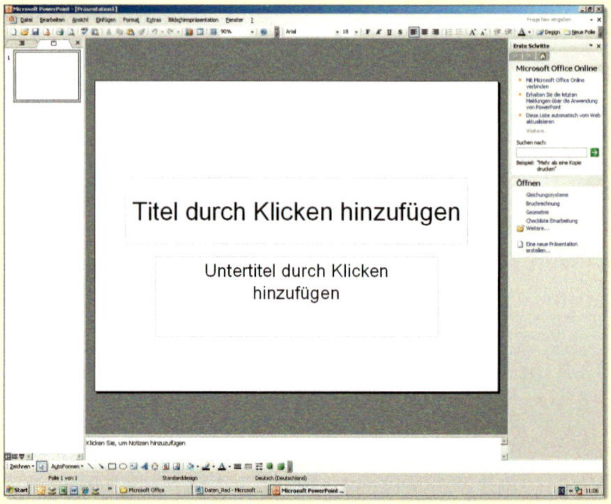

HINWEIS
Der Hintergrund lässt sich im Laufe des Erstellens der Präsentation immer wieder ändern, und zwar für die gesamte Präsentation oder auch für einzelne Folien, sodass man in Ruhe alle möglichen Hintergründe ausprobieren kann.

Der nächste Schritt ist das Auswählen des Hintergrundes unter **Format → Foliendesign**. Eine Vielzahl an Vorschlägen ist bereits hinterlegt.
Durch Anklicken eines Hintergrundes wird die erste Folie mit dem gewählten Hintergrund umgesetzt und auch alle weiteren Folien werden mit diesem Hintergrund erscheinen.

Im Farbschema sind bereits zum Hintergrund passende Schriftfarben ausgewählt und zusammengestellt.

Über **Einfügen → Neue Folie** kann man beliebig viele Folien hinzufügen.
Das Folienlayout kann im rechten Menü ausgewählt werden. So ist es beispielsweise möglich, eine Folie für Foto und Text, eine alleinige Fotoseite oder eine Tabelle auszuwählen.
Ein Bild oder ein Foto fügt man z. B. über **Einfügen → Grafik → Aus Datei** ein.

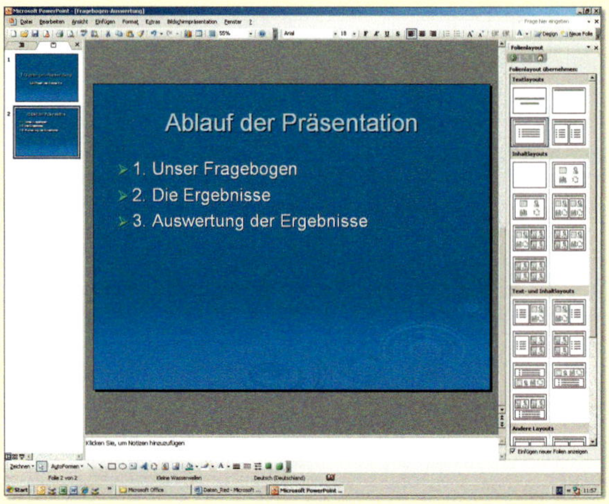

Der Medieneinsatz dient der Unterstützung der Präsentation. Die gedankliche Reihenfolge bei der Vorbereitung muss wie folgt sein:

1. **Was** will ich präsentieren? – *Inhalt*
2. **Wie** kann ich das am besten präsentieren? – *Struktur*
3. **Womit** kann ich die Inhalte unterstützen? – *Medieneinsatz*

Die hier abgebildete Präsentation umfasst bisher drei Folien. Diese sind in der Seitenspalte immer wieder auswählbar, veränderbar und vertauschbar. Soll eine Folie herausgenommen werden, so kann sie ausgewählt und unter **Bearbeiten → Folie löschen** gelöscht werden.

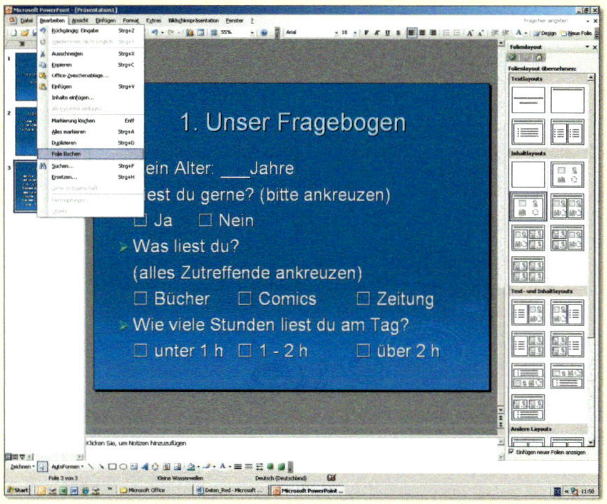

AUFGEPASST
Zwischendurch das Speichern nicht vergessen.

Die fertige Präsentation kann man sich über **Bildschirmpräsentation → Bildschirmpräsentationen vorführen** anschauen und so auch präsentieren. Zur nächsten Folie gelangt man durch einen Klick mit der Maus oder mit den Pfeiltasten der Tastatur (→ „vorwärts", ← „rückwärts"). Möchte man nun besondere Folienübergänge haben, so kann man unterschiedliche Effekte unter **Bildschirmpräsentation → Folienübergang** auswählen. Anschließend im Auswahlmenü unten „Für alle Folien übernehmen" klicken.

Achte darauf, dass der Inhalt der Präsentation klar und verständlich bleibt.
Dabei helfen:

- eine gute Struktur der Abfolge der Folien
- knappe, verständliche Texte
- ein schlichtes Layout
  Es soll den Inhalt transportieren, nicht überdecken (nicht zu viele „Spielereien", Beschränkung auf wenige Farben und Schriftarten).

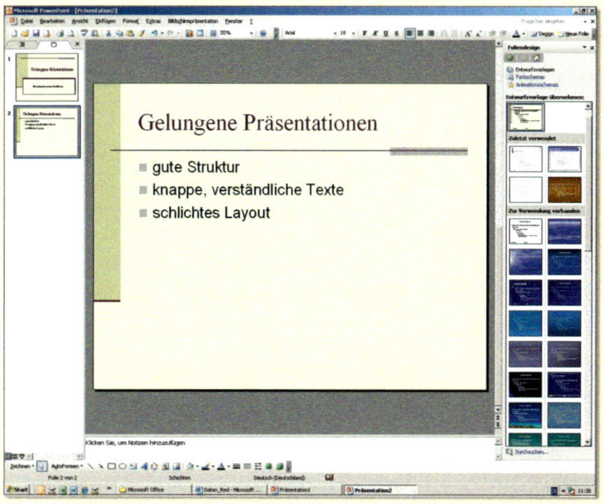

BEACHTE
Eine Präsentation oder eine Folie dürfen nicht zu überladen sein. Sie dienen nur zur Unterstützung der Inhalte der Präsentation.

Vermischte Übungen

1 Das Piktogramm zeigt die Einwohnerzahlen von China, Russland, den USA und Europa.

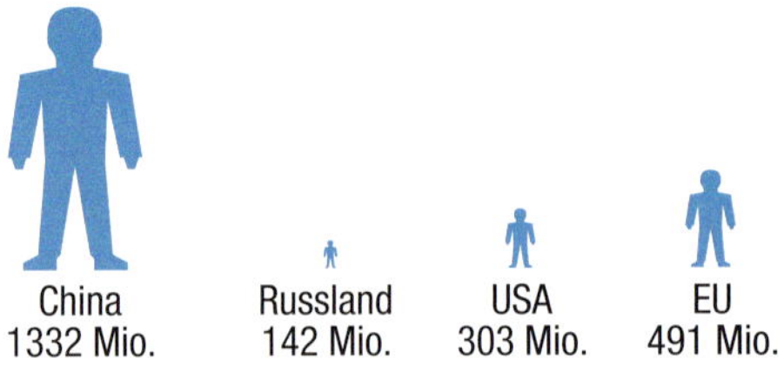

a) Bewerte das Piktogramm. Mit welchem Mittel wird der Betrachter manipuliert?
b) Wer könnte Auftraggeber der Darstellung sein und was will er damit bezwecken?

2 Das Diagramm zeigt die Wahlbeteiligung bei den Wahlen zum deutschen Bundestag.

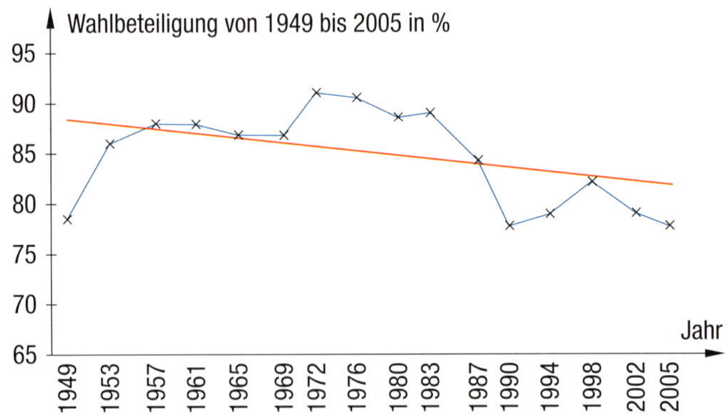

NACHGEDACHT
Warum sind die Kreuze im Diagramm zu Aufgabe 15 so ungleichmäßig verteilt?

a) Nimm kritisch dazu Stellung.
b) Welche Bedeutung hat die rote Linie? Auf welche Daten stützt sie sich? Diskutiert Wirkung und Zulässigkeit.

3 Denk dir ein neues Produkt aus, das du vermarkten möchtest. Vor der Markteinführung muss getestet werden, wie und ob dieses Produkt bei den Verbrauchern ankommt. Führe eine Testbefragung durch.
Anmerkung: Deine Befragungsergebnisse dürfen in diesem Fall frei erfunden sein.
a) Erstelle ein Diagramm zu den Ergebnissen.
b) Bewerte anhand der Befragungsergebnisse die Verkaufsmöglichkeit des Produkts.
c) Präsentiere dein Produkt und deine Befragungsergebnisse einem möglichen Händler, der dein Produkt kaufen soll. Nutze dazu ein Präsentationsprogramm.

4 Die Abbildung zeigt eine Umsatzprognose vom Jahr 2007 ausgehend für das Jahr 2010.

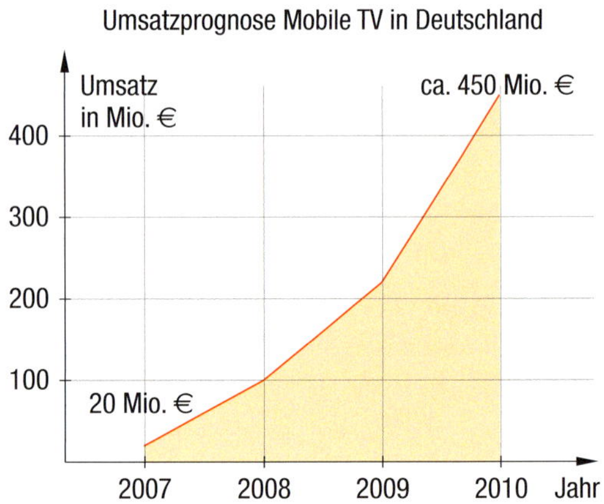

a) Beschreibe, wie im Jahr 2007 Werte für die Zukunft ermittelt wurden.
b) Nenne Faktoren, die den dargestellten Verlauf beeinflussen können.
c) Hältst du die Prognose für seriös? Begründe.

5 Es gab eine Befragung 12- bis 19-Jähriger zum Thema: „Welche Internetkommunikationsart ist dir am wichtigsten?“
Zeichne zu der Tabelle ein manipuliertes Diagramm, bei dem der Messenger besonders vorteilhaft aussieht.

Art	Messenger	Chat	E-Mail	Sonstiges
Anteil	43 %	19 %	18 %	20 %

6 Sucht man im Internet Diagramme zum Thema „Alkoholkonsum bei Jugendlichen“, so trifft man nur auf korrekte Diagramme.
a) Überprüfe, ob diese Aussage noch immer stimmt und gib an, wer solche Diagramme veröffentlicht.
b) Warum gibt es zu so einem Thema keine oder kaum manipulierte Diagramme? Begründe.

7 Fasse in deinen Worten zusammen, wie du künftig Diagramme in Zeitungen oder im Internet betrachtest. Nenne Kriterien, mit denen du ihre Richtigkeit überprüfen kannst.

Teste dich!

a | b

1 Eine Befragung zum Thema „Computernutzung“ kam zu folgendem Ergebnis.

Welche Zeit verbringst du im Durchschnitt täglich vor dem Computer?	
unter $\frac{1}{2}$ Stunde	5%
$\frac{1}{2}$ Stunde bis 1 Stunde	11%
1 Stunde bis 2 Stunden	23%
mehr als 2 Stunden	40%
keine Angabe	21%

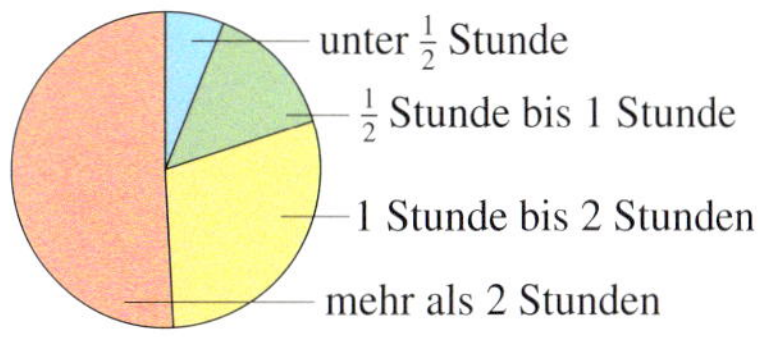

a) Betrachte das abgebildete Kreisdiagramm und benenne den Fehler, der gemacht wurde.
b) Zeichne ein korrektes Kreisdiagramm zu den Daten mit dem Radius $r = 5$ cm.
c) Vergleiche die beiden Kreisdiagramme und beschreibe die Wirkung des fehlerhaften Diagramms. Wer ist daran interessiert, solch ein fehlerhaftes Diagramm zu veröffentlichen?

2 Die Grafik „Böse Briefe“ möchte die Gefahr darstellen, die von infizierten E-Mails ausgeht.
a) Beschreibe die Wirkung, die die Grafik auf dich hat.
b) Wie muss die Grafik verändert werden, damit der Sachverhalt richtig dargestellt wird? Zeichne ein verändertes Diagramm ins Heft.

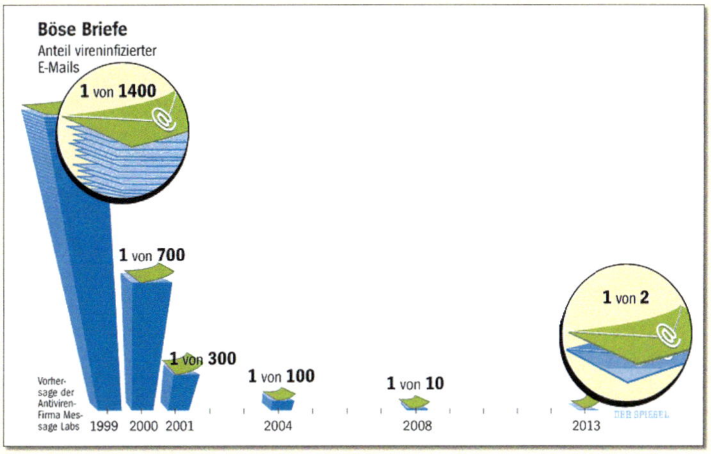

3 In den Piktogrammen ist der folgende Sachverhalt dargestellt:
Dirk bekommt von seinen Eltern für den Führerschein 1000 €, sein Freund Kai bekommt von seinen Eltern 1200 €.

a) Was unterscheidet die beiden Darstellungsarten? Beschreibe.
b) Welche Darstellung ist korrekt?
c) Welche Darstellung sollte Dirk zu seinen Großeltern mitnehmen, in der Hoffnung, dass sie ihn auch mit Geld unterstützen?

3 In einem Piktogramm soll das Verhältnis 100 Euro zu 150 Euro dargestellt werden. Zeichne dazu:
- zwei Säulen aus Münzen, deren Höhen im Verhältnis 1 : 1,5 stehen
- zwei Geldscheine, deren jeweiliges Seitenverhältnis 1 : 1,5 ist
- zwei Goldbarren, deren Kanten jeweils im Verhältnis 1 : 1,5 stehen

a) Welche dieser Darstellungen gibt das oben genannte Verhältnis korrekt wieder?
b) Welche Darstellung ist am eindrucksvollsten? Begründe.
c) Wo würdest du die Geldschein- bzw. Goldbarrendarstellung einsetzen?

4 Nenne Möglichkeiten, bereits bei einer Befragung Einfluss auf das Ergebnis zu nehmen.

HINWEIS
Brauchst du noch Hilfe, so findest du auf den angegebenen Seiten ein Beispiel oder eine Anregung zum Lösen der Aufgaben. Überprüfe deine Ergebnisse mit den Lösungen ab Seite 158.

Aufgabe	Seite
1	62
2	62
3	62
4	66

Zusammenfassung

→ Seite 62

Statistische Darstellungen kritisch analysieren

Diagramme können **manipuliert** werden. Durch verschiedene Methoden wird ein Eindruck erzeugt, der durch eine neutrale Darstellung nicht entstanden wäre.

Mögliche Manipulationen sind z. B.:

- fehlerhaftes Koordinatensystem

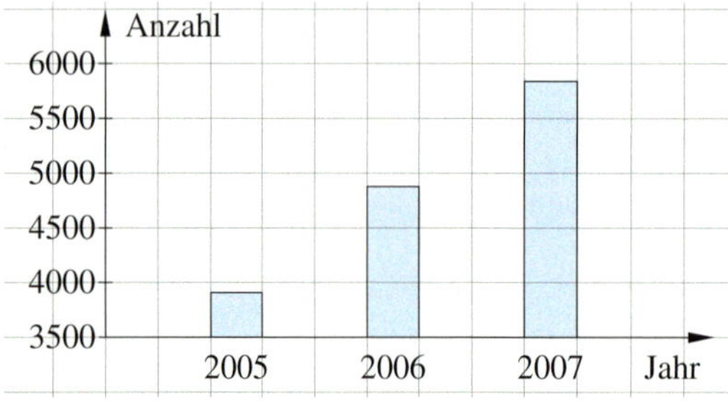

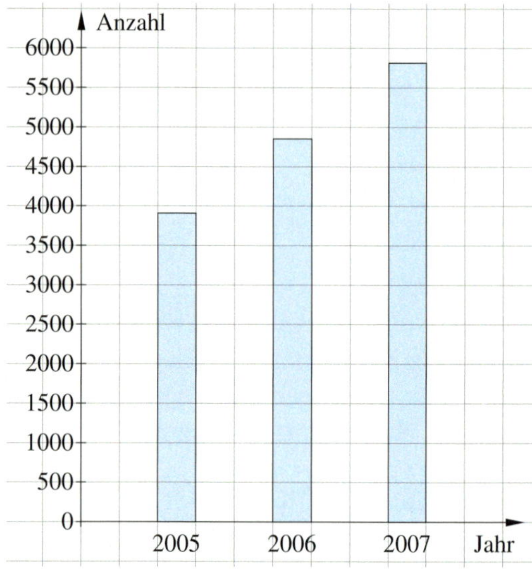

- Missverhältnis zwischen Wert und Piktogramm

- Prognose auf dünner Datenbasis

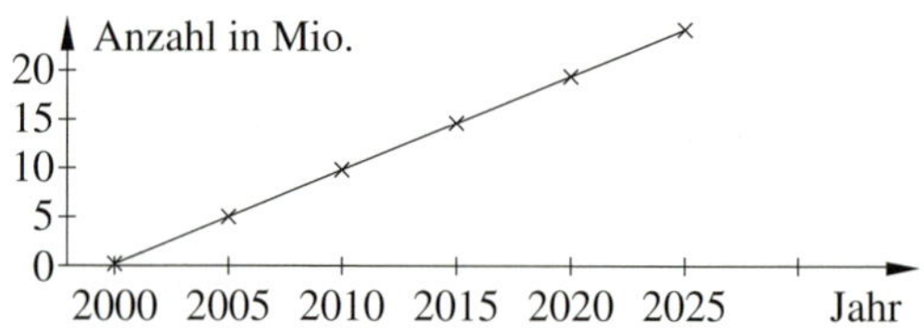

- positiver statt negativer Verlauf

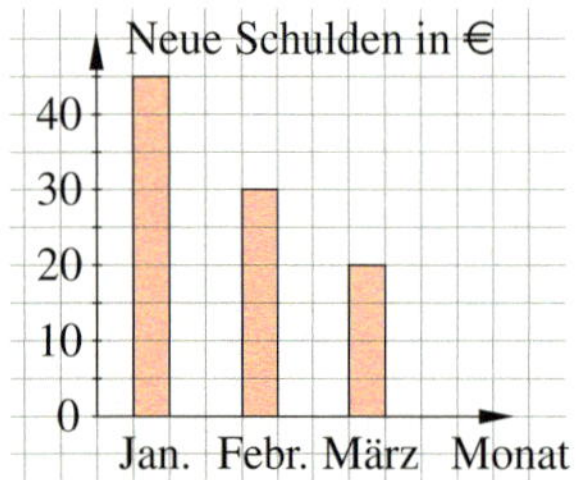

- unvollständige Darstellung der Daten

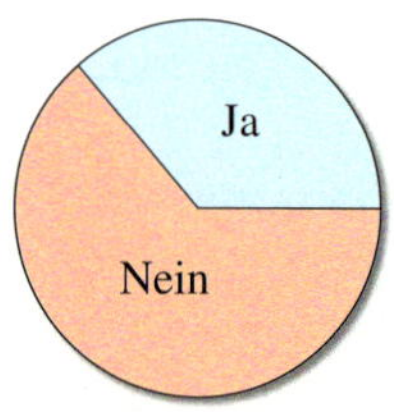

→ Seite 66

Befragungen und Darstellungen manipulieren

Das **Ergebnis** einer Befragung kann man **beeinflussen**, zum Beispiel durch einseitige Informationen oder eine eingeschränkte Auswahl an Antwortmöglichkeiten.

Sollte man unreife Jugendliche schon ab 16 Jahren wählen lassen?

❑ eher ja ❑ weiß nicht
❑ eher nein ❑ nein

Potenzen und Zehnerpotenzen

Betrachtet man Sand unter einem Mikroskop, so erkennt man filigrane Gebilde. Sand besteht aus den Gehäusen von einzelligen Meeresbewohnern, den Foraminiferen. Seit ca. 56 Millionen Jahren besiedeln diese Lebewesen den Meeresboden.
Das sind $5{,}6 \cdot 10^7$ Jahre.
Die kleinsten dieser Tiere haben eine Größe von etwa 40 Mikrometer.
Das sind $4 \cdot 10^{-5}$ m.

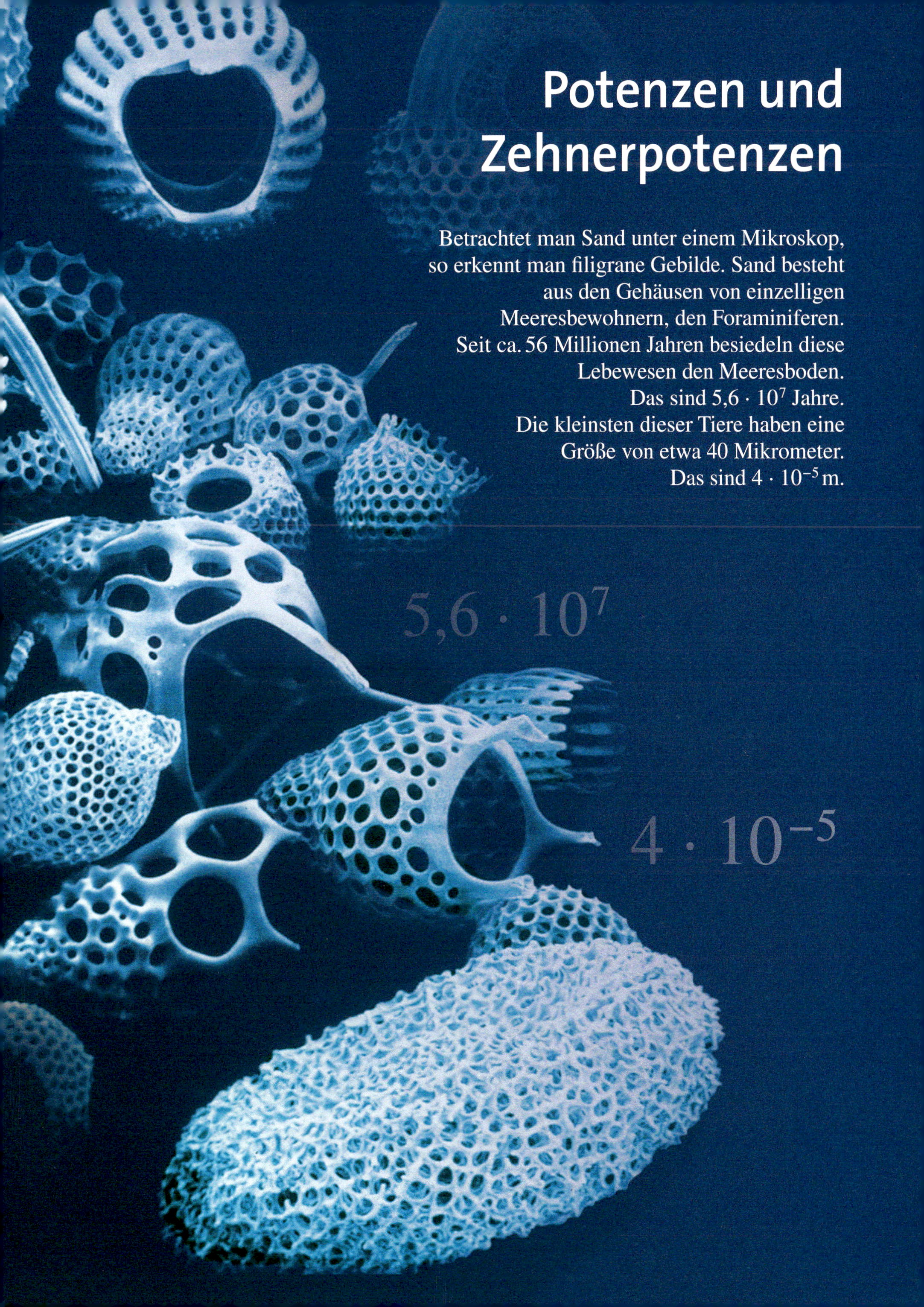

Noch fit?

1 Zeichne das Schrägbild eines Würfels mit der Kantenlänge $a = 3\,\text{cm}$.

a) Welche Zeichenvorschriften gelten für Schrägbilder? Notiere sie.

b) Berechne das Volumen des Würfels.

c) Wie lang sind alle Kanten zusammen?

2 Berechne geschickt ohne Taschenrechner.

a) $2 \cdot 47 \cdot 50 =$ b) $8 \cdot 40 \cdot 125 \cdot 25 =$ c) $250 \cdot 17 \cdot 40 \cdot 2 =$

d) $36 \cdot 25 : 9 =$ e) $625 \cdot 8 : 5 : 5 =$ f) $600 \cdot 15 : 12 =$

3 Vereinfache die Terme durch Ausklammern.

a) $3 \cdot 4 + 3 \cdot 5$ b) $a \cdot b - a \cdot c$ c) $35xy + 7xz + 42xyz$

d) $7{,}5ab + 3ac - 9bc$ e) $3x^2 + 4x^2 + x^2$ f) $a \cdot b \cdot c + b \cdot c + a \cdot c$

4 Ergänze die Wertetabellen.

a)

x	0,1	1		2			12,5
$f(x) = x^2$			2,89		30,25	121	

b)

x	0,001	2,7			10,1	100,1	1000,01
$f(x) = 2{,}7x$			22,95	24,3027			

c)

x	1	5	6				
$f(x) = 2{,}5x^2$				140,625	250	1000	1210

d)

x	1	2				7,1	
$f(x) = 2{,}5x + 4$			11,5	15,25	18		29

5 Ein großes Zimmer hat eine Bodenfläche von $144\,\text{m}^2$.

a) Kann es sich um ein quadratisches Zimmer handeln?

b) Gib alle Möglichkeiten für die Wandlängen in ganzen Metern an.

6 Subtrahiert man von einer Zahl x die Zahl 4 und multipliziert diese Differenz mit der Zahl x, so erhält man 12. Gib x an.

7 Addiert man zu einer Zahl x die Zahl 6 und multipliziert die Summe mit dem Vierfachen der Zahl, so erhält man 288. Wie lautet x?

8 Quadriert man eine Zahl und addiert dazu 3, erhält man 147. Welche Zahl ist gemeint?

Kurz und knapp

1. Bei Verdopplung der Seitenlänge eines Quadrates … sich der Flächeninhalt.
2. Das Kommutativgesetz ist gültig bei …
3. Das Distributivgesetz lautet …
4. Eine Zahl quadrieren heißt …
5. Bei einer Funktion wird einem Wert x …
6. Ein Tetraeder ist ein …

Potenzen und Wurzeln

Erforschen und Entdecken

1 Berechne die folgenden Ketten bis zum Ziel.
Startzahl ist jeweils die 3.

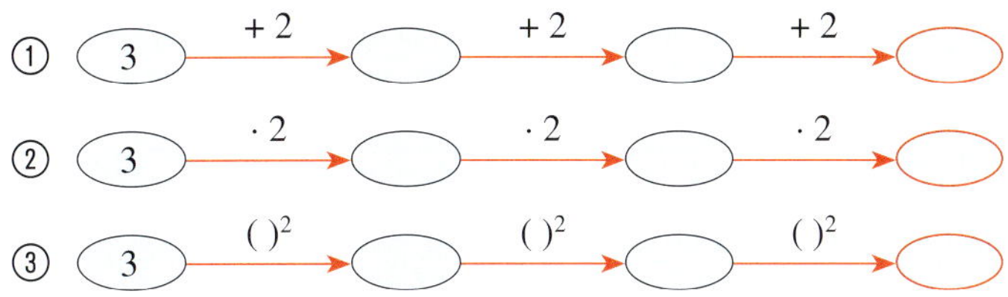

a) Betrachte die Verläufe der einzelnen Ketten und beschreibe sie im Vergleich zueinander.
b) Mit welcher Startzahl wird die 1000 annähernd bzw. genau erreicht?
c) Kann bei allen drei Ketten genau die Eins erreicht werden? Wie sehen die Startzahlen aus?
d) Welches ist die jeweils kleinste Stufenzahl > 1 (10; 100; 1000 …), die bei den einzelnen Ketten genau erreichbar ist, wenn mit einer natürlichen Zahl gestartet werden muss?

2 Bei einer Verdopplung der Kantenlänge eines Würfels verachtfacht sich das Volumen.
a) Überprüfe diese Aussage zeichnerisch mit Hilfe eines Schrägbildes.
b) Diese Aussage ist auch bei einem Quader gültig. Überprüfe auch das mit Hilfe eines Schrägbildes.
c) Wie verändert sich das Volumen eines Würfels oder Quaders, wenn die Kantenlängen verdreifacht werden? Stelle Vermutungen an und überprüfe diese anhand einer Zeichnung.
d) Welche Aussagen kann man nun über die Veränderung des Volumens bei einer Vervierfachung, Verfünffachung, …, Vervielfachung mit dem Faktor n treffen? Notiere und begründe.

HINWEIS
In der Kavalierperspektive verkürzen sich die in die Tiefe verlaufenden Kanten bei einem Winkel von $\alpha = 45°$ um die Hälfte.

3 Ordne den Aussagen die gesuchten Zahlen zu.

Eine Zahl wird mit sich selbst 3-mal hintereinander multipliziert und das Ergebnis ist 216.

Eine Zahl wird mit sich selbst 5-mal hintereinander multipliziert und das Ergebnis ist 1024.

Eine Zahl wird mit sich selbst multipliziert und das Ergebnis ist 49.

3 | 4 | 5 | 6 | 7 | 8

Eine Zahl wird mit sich selbst 4-mal hintereinander multipliziert und das Ergebnis ist 4096.

Eine Zahl wird mit sich selbst 8-mal hintereinander multipliziert und das Ergebnis ist 6561.

Eine Zahl wird mit sich selbst 6-mal hintereinander multipliziert und das Ergebnis ist 15 625.

4 Ergänze die Tabelle, bis du (– 4) zehnmal hintereinander mit sich selbst multipliziert hast.

Term	(– 4) · (– 4)	(– 4) · (– 4) · (– 4)	(– 4) · (– 4) · (– 4) · (– 4)	…
Ergebnis	16	– 64		

a) Was fällt dir bei den Ergebnissen auf? Beschreibe.
b) Überprüfe deine Beobachtung mit Hilfe einer Tabelle zur Multiplikation mit dem Faktor (– 3). Finde eine allgemeingültige Regel zu deiner Beobachtung.

Lesen und Verstehen

Dieses würfelförmige Haus steht in der Stadt Graz in Österreich. Es hat ein Volumen von $V = 5832\,\text{m}^3$. Bevor es gebaut wurde, gab es ein Modell im Maßstab 1 : 10. Die Seitenlänge des Modells beträgt $a = 1{,}8\,\text{m}$, sein Volumen beträgt $V = 5{,}832\,\text{m}^3$.

Zur Berechnung des Volumens eines Würfels wird die Seitenlänge a 3-mal mit sich selbst multipliziert.
$V_{\text{Modell}} = 1{,}8\,\text{m} \cdot 1{,}8\,\text{m} \cdot 1{,}8\,\text{m} = 5{,}832\,\text{m}^3$
$V_{\text{Original}} = 18\,\text{m} \cdot 18\,\text{m} \cdot 18\,\text{m} = 5832\,\text{m}^3$

Das mehrmalige Multiplizieren einer Zahl mit sich selbst nennt man Potenzieren. Als verkürzende Schreibweise wird die Potenzschreibweise benutzt:

SCHON GEWUSST?
a^n liest man „a hoch n".

$$\underbrace{a \cdot a \cdot \ldots \cdot a}_{n \text{ Faktoren}} = a^n$$

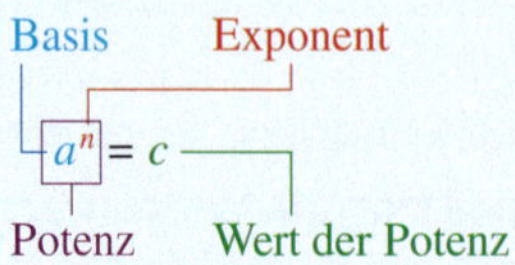

Die Basis a gibt den Faktor an, der Exponent die Anzahl der Faktoren.

BEISPIEL 1
$1{,}8\,\text{m} \cdot 1{,}8\,\text{m} \cdot 1{,}8\,\text{m} = (1{,}8\,\text{m})^3 = 5{,}832\,\text{m}^3$
$5 \cdot 5 = 5^2 = 25$
$3 \cdot 3 \cdot 3 \cdot 3 = 3^4 = 81$
$10 \cdot 10 \cdot 10 \cdot 10 \cdot 10 = 10^5 = 100\,000$
$(-7) \cdot (-7) \cdot (-7) \cdot (-7) = (-7)^4 = 2401$
$\left(\frac{2}{3}\right) \cdot \left(\frac{2}{3}\right) = \left(\frac{2}{3}\right)^2 = \frac{2^2}{3^2} = \frac{4}{9}$
$2v \cdot 2v \cdot 2v = (2v)^3$
$\underbrace{2 \cdot 2}_{4} \cdot \underbrace{2 \cdot 2}_{4} \cdot \underbrace{2 \cdot 2}_{4} \cdot \underbrace{2 \cdot 2}_{4} = 2^8 = 256$
$4 \cdot 4 \cdot 4 \cdot 4 = 4^4 = 256$

Umgekehrt kann aus dem Volumen des Würfelhauses die Seitenlänge a berechnet werden. Man sucht diejenige positive Zahl, die n-mal hintereinander wieder die Ursprungszahl ergibt.

Über die jeweilige Wurzel kann die ursprüngliche Zahl ermittelt werden.

BEISPIEL 2
$x^4 = 81 \quad |$ 4. Wurzel ziehen
$\sqrt[4]{x^4} = \sqrt[4]{81} \quad |$ umformen
$x = \sqrt[4]{81} = 3$, denn $3 \cdot 3 \cdot 3 \cdot 3 = 81$

$\sqrt[2]{25} = 5$, denn $5 \cdot 5 = 25$
$\sqrt[5]{100\,000} = 10$, denn $10^5 = 100\,000$
$\sqrt[4]{2401} = 7$
$\sqrt[3]{(2v)^3} = 2v$

BEACHTE
Nicht alle Taschenrechner haben die gleichen Symbole für das Wurzelziehen und Potenzieren. Lies in der Bedienungsanleitung nach.

Der Taschenrechner berechnet Potenzen und Wurzeln über die unten angegebenen Tastenkombinationen.

Aufgabe	Sprechweise	Tastenkombination	Ergebnis
$4^2 =$	vier Quadrat	4 x^2 =	16
$5^3 =$	fünf hoch drei	5 x^y 3 =	125
$7^5 =$	sieben hoch fünf	7 x^y 5 =	16 807
$(-3)^7 =$	minus drei hoch sieben	(− 3) x^y 7 =	−2187
$\sqrt{169} =$	(Quadrat-)Wurzel aus 169	1 6 9 √ =	13
$\sqrt[3]{125} =$	dritte Wurzel aus 125	1 2 5 $\sqrt[x]{}$ 3 =	5
$\sqrt[8]{256} =$	achte Wurzel aus 256	2 5 6 $\sqrt[x]{}$ 8 =	2

Üben und Anwenden

1 Schreibe als Potenz.
a) $5 \cdot 5 \cdot 5 \cdot 5 \cdot 5 \cdot 5$
b) $\frac{1}{2} \cdot \frac{1}{2} \cdot \frac{1}{2} \cdot \frac{1}{2}$
c) $3 \cdot 3 \cdot 3 \cdot 3$
d) $x \cdot x \cdot x \cdot x \cdot x \cdot x \cdot x$
e) $4a \cdot 4a \cdot 4a \cdot 4a$
f) $0{,}1\,u \cdot 0{,}1\,u \cdot 0{,}1\,u$
g) $(-7) \cdot (-7) \cdot (-7) \cdot (-7)$
h) $(-4b) \cdot (-4b) \cdot (-4b)$

2 Schreibe die Potenzen als Produkt.
a) 4^3 b) $(-5)^4$ c) $(\frac{1}{3})^6$
d) b^7 e) $(-a)^3$ f) $(3\,v)^6$

3 Berechne den Wert der Potenzen.
a) a^3 für $a = 1; 2; ...; 10$
b) a^4 für $a = 1; 2; ...; 5$
c) 2^n für $n = 0; 1; ...; 10$
d) 3^n für $n = 0; 1; ...; 6$
e) a^3 für $a = -1; -2; ...; -10$

4 Berechne den Wert der Potenzen.
a) 4^4 b) 6^3 c) 5^4
d) 2^7 e) 17^2 f) 7^5
g) $3{,}2^3$ h) $0{,}1^5$ i) $0{,}65^6$

5 Einige Basen werden in Klammern geschrieben. Weshalb ist das so? Überprüfe deine Vermutung mit Hilfe des Taschenrechners. Die Klammern müssen auch eingegeben werden.
a) -3^4 und $(-3)^4$
b) $\frac{2^2}{3}$ und $(\frac{2}{3})^2$
c) $4 \cdot 5^3$ und $(4 \cdot 5)^3$

6 Schreibe die Potenzen als Produkt. Worin liegt der Unterschied? Beschreibe.
a) $4\,v^3$ und $(4\,v)^3$
b) $a \cdot 5^2$ und $(a \cdot 5)^2$
c) $-x^6$ und $(-x)^6$
d) $\frac{b^4}{3}$ und $(\frac{b}{3})^4$

7 Berechne den Wert der Potenzen.
a) $(\frac{3}{4})^4$ b) $(-2)^7$ c) $(-1{,}75)^7$
d) $(\frac{3}{8})^5$ e) $(-\frac{3}{5})^7$ f) $(-1)^{17}$
g) $(-\frac{5}{9})^6$ h) $(-\frac{3}{10})^5$ i) $3{,}25^4$

8 Ordne der Größe nach. Versuche zunächst eine Ordnung herzustellen, ohne die Werte zu berechnen. Überprüfe deine Ordnung mit Hilfe des Taschenrechners.

2^8 15^2 6^3 3^5 4^4

9 Schreibe die Zahl als Potenz entweder mit der Basis 2 oder mit der Basis 3.
a) 8 b) 27 c) 81
d) 256 e) 243 f) 128
g) 2187 h) 512 i) 1024

10 Schreibe die Zahl als Potenz entweder mit der Basis 4 oder mit der Basis 5.
a) 125 b) 64 c) 16
d) 256 e) 625 f) 3125
g) 1024 h) 4096 i) 15625

11 Schreibe als Potenz.
a) 1000 b) 216 c) 196
d) $\frac{1}{81}$ e) $\frac{121}{144}$ f) 0,000001
g) 0,0256 h) 729 i) 343

12 Berechne, indem du mit Hilfe des Taschenrechners die Quadratwurzel ziehst.
a) $\sqrt{484}$ b) $\sqrt{1296}$ c) $\sqrt{12{,}96}$
d) $\sqrt{1135{,}69}$ e) $\sqrt{2209}$ f) $\sqrt{44521}$

13 Die folgenden Potenzwerte sind Potenzen der Form a^3.
Berechne a, indem du mit Hilfe des Taschenrechners die dritte Wurzel ziehst.
a) $\sqrt[3]{1000000}$ b) $\sqrt[3]{27000}$ c) $\sqrt[3]{15625}$
d) $\sqrt[3]{35937}$ e) $\sqrt[3]{1953{,}125}$ f) $\sqrt[3]{9{,}261}$

14 Die folgenden Zahlen sind Werte von Potenzen der Form a^3. Welche Endziffer muss a haben? Überlege zunächst und begründe deine Annahme. Überprüfe dann mit Hilfe des Taschenrechners.
a) 4913 b) 1728 c) 2197
d) 15625 e) 6859 f) 1331
g) 39304 h) 287496 i) 21952

NACHGEDACHT
Vergleiche die Werte der Potenzen. Woran erkennt man sofort, welche die Basis 2 und welche die Basis 3 haben?

ZUM WEITERARBEITEN
Berechne mit dem Taschenrechner den Wert der Potenzen 40^{62} und 40^{63}. Was fällt dir auf?

15 Eine Klasse mit 30 Schülern möchte für ein Therapiezentrum in Brasilien Spenden sammeln. Annika schlägt vor, einen Spendenaufruf per E-Mail zu verschicken. In der E-Mail soll die Bitte stehen, den Spendenaufruf an je zwei Bekannte weiterzuleiten. In der ersten Runde verschickt die Klasse also 60 E-Mails. Jeder Empfänger leitet den Aufruf an zwei Bekannte weiter …

a) Annika überlegt, ob die Anzahl der Mails durch eine lineare oder quadratische Funktion berechnet werden kann. Was meinst du?
b) Nach wie vielen Runden wäre theoretisch ein Ort mit 25 000 Internetanschlüssen informiert?
c) Gehe davon aus, dass jede Runde etwa sechs Stunden dauert. Wie lange würde es theoretisch dauern, bis alle informiert sind?
d) Woran können die theoretischen Berechnungen scheitern? Gib mindestens zwei Hindernisse an.
e) Unglücklicherweise verbreitet ein Schüler der Klasse per E-Mail ein Virus.
Wie viele Leute wären davon rein rechnerisch betroffen?

NACHGEDACHT
Welche Möglichkeiten fallen dir ein, einen Spendenaufruf zu veröffentlichen, der möglichst viele Menschen erreicht?

16 Wie schnell wird 1000 erreicht?
Starte bei 2 (3; 4; …; 10) und multipliziere die Startzahl so oft mit sich selbst, bis das Ergebnis größer als 1000 ist. Schreibe anschließend verkürzt als Potenz.

17 Die Entwicklung von Speichermedien wurde in den letzten Jahren sehr stark vorangetrieben. Immer mehr Daten passen auf immer kleinere Geräte.

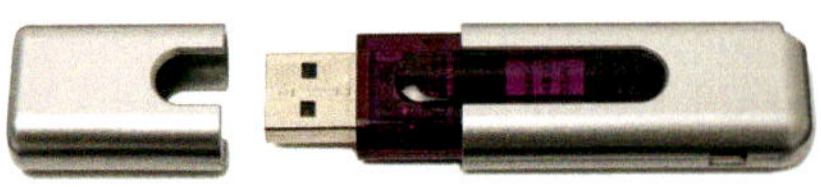

Vor einigen Jahren hatten USB-Sticks eine Kapazität von 128 MB. Auf neueren Sticks kann man 8 GB (eigentlich 8,192 GB) speichern. Wie oft hat sich die Speicherkapazität verdoppelt? Schreibe als Potenz.

HINWEIS
1 GB = 1000 MB

18 Bei der Herstellung deines Mathematikbuchs wurden mehrere Buchseiten auf einem sehr großen Bogen Papier gedruckt. Anschließend wurde der Bogen insgesamt dreimal halbiert, bis die einzelnen Teile die Größe der Doppelseite 80/81 hatten.
a) Skizziere, wie solch ein großer Druckbogen geteilt wird. Schreibe als Potenz.
b) Wie groß ist solch ein Bogen Papier, der in der Druckerei benutzt wird? Miss dazu die Seitenlängen des Buches.

19 Finde durch Berechnen oder Ausprobieren die entsprechenden Zahlen für x.

a) $\sqrt{25} = x$
b) $\sqrt[x]{27} = 3$
c) $\sqrt{x} = 12$
d) $\sqrt[4]{81} = x$
e) $\sqrt[3]{x} = 5$
f) $\sqrt[x]{32} = 2$
g) $3^x = 81$
h) $5^4 = x$
i) $0{,}5^x = 0{,}0625$
j) $100^x = 1\,000\,000$
k) $x^3 = 0{,}008$
l) $x^2 = 169$
m) $\sqrt[x]{3125} = 5$
n) $2{,}4^x = 33{,}1776$
o) $x^3 = 42{,}875$
p) $\sqrt[x]{1\,771\,561} = 11$

20 Ein Darstellen-&-Gestalten-Kurs lädt zu einer Aufführung ein. Damit möglichst viele Zuschauer kommen, sollen Flyer wie folgt verteilt werden: Alle Kursteilnehmer bekommen 200 Flyer. Die Flyer verteilen sie je zur Hälfte an zwei Bekannte, die wiederum ihre Flyer an zwei Bekannte aufteilen usw.

a) Wie viele Runden dauert es, bis alle Flyer verteilt sind? Beachte, dass immer eine ganze Anzahl an Flyern weitergegeben werden soll.
b) Wie viele Runden würde es dauern, wenn in jeder Runde die jeweiligen Stapel gedrittelt würden?
c) Wie soll eine ungerade Anzahl an Flyern aufgeteilt werden? Erläutere.
d) Schätze, wie viele Tage es dauert, bis alle Flyer verteilt sind. Hältst du dieses Prinzip für durchführbar?
Begründe.

Zehnerpotenzen

Erforschen und Entdecken

1 Zu jeder Zeile der Tabelle links gehören entsprechende Zeilen der übrigen Tabellen. Ordne die entsprechenden Zeilen einander zu. Nimm eventuell den Taschenrechner dabei zur Hilfe.

$10^4 \cdot 10^2$	$10 \cdot 10 \cdot 10 \cdot 10 \cdot 10$	10^{4+2}	$10^1 = 10$
$10^3 \cdot 10^2$	$10 \cdot 10 \cdot 10 \cdot 10 \cdot 10 \cdot 10$	10^{3-2}	$10^5 = 100\,000$
$10^4 : 10^2$	$10 \cdot 10 \cdot 10$	10^{3+2}	$10^6 = 1\,000\,000$
$10^1 \cdot 10^2$	$\frac{10 \cdot 10 \cdot 10 \cdot 10}{10 \cdot 10}$	10^{1+2}	$10^2 = 10\,000$
$10^3 : 10^2$	$\frac{10 \cdot 10 \cdot 10}{10 \cdot 10}$	10^{4-2}	$10^3 = 1000$

2 In einem Artikel über Mikrochips kann man folgendes lesen:

Neues Fertigungsverfahren ermöglicht ultradünne flexible Mikrochips: Stuttgarter Institut stellt erstmals Chips mit $2 \cdot 10^{-2}$ mm Dicke her. (…)
Der Trend in der Elektronikindustrie geht nicht nur zu immer kleineren Schaltungsstrukturen auf dem Chip, sondern auch zu immer dünneren Mikrochips. Die Größen der Strukturen auf heutigen Mikrochips bewegen sich längst im Bereich von 10^{-4} mm und weniger. Zum Vergleich: ein menschliches Haar besitzt einen Durchmesser von etwa $5 \cdot 10^{-2}$ mm (…). Bei der Dicke von Mikrochips sieht es gegenwärtig noch ganz anders aus. Typisch für Mikrochips ist eine Dicke von $4 \cdot 10^{-1}$ mm, dabei reicht die elektrisch aktive Zone nur etwa $5 \cdot 10^{-3}$ mm von der Chipoberfläche in die Tiefe. Der Grund für die erhebliche Dicke heutiger Mikrochips ist die notwendige Robustheit: die Chips werden aus großen Siliziumscheiben, den so genannten Wafern hergestellt. Diese Scheiben besitzen Durchmesser von 15 bis 30 cm. Da sich Silizium ähnlich wie Glas verhält, sind die Wafer relativ zerbrechliche Gebilde (…).

a) Schreibe alle Größenangaben in mm aus dem Text heraus.
b) Was fällt dir bei diesen Angaben auf?
c) Kannst du sie den folgenden Größenangaben zuordnen? Wie bist du dabei vorgegangen?

0,05 mm | 0,005 mm | 0,02 mm | 0,4 mm | 0,0001 mm

3 Ergänze die folgende Reihe, indem du sie nach unten fortsetzt.

- Betrachte die Exponenten und die zugehörigen Ergebnisse.
- Worin unterscheiden sich die Darstellungen der jeweils gleichwertigen Zahlen?
- Nenne Vor- und Nachteile für die beiden verschiedenen Arten, eine Zahl darzustellen.
- Beschreibe in deinen Worten, was dir auffällt.

$10^4 = 10\,000$	
$10^3 = 1000$	$: 10$
$10^2 =$	
$10^1 =$	
$10^0 =$	
$10^{-1} =$	
$10^{-2} =$	
$10^{-3} =$	

Lesen und Verstehen

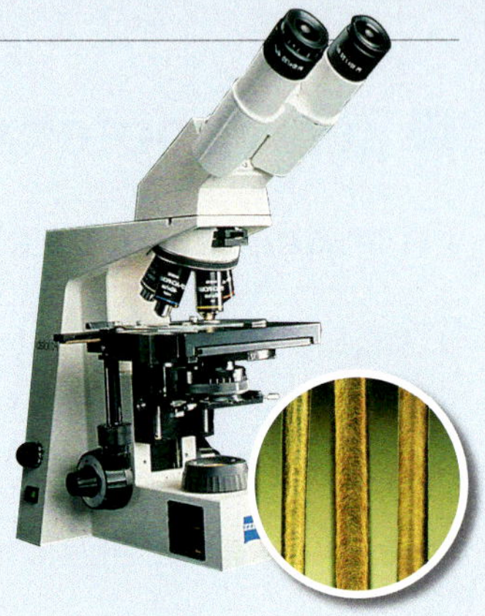

Das Haar eines Menschen wird unter dem Mikroskop betrachtet.
Der Durchmesser eines einzelnen Haares beträgt ca. 0,1 mm.
Das entspricht einer Dicke von 10^{-4} m.
Für Rechnungen mit Zehnerpotenzen gibt es ebenfalls Rechengesetze. Diese dienen zur Vereinfachung von Termen und zur geschickten Berechnung einzelner Werte.

Gesetze für Zehnerpotenzen:

Zehnerpotenzen werden **multipliziert**, indem man die Exponenten addiert und die Basis beibehält.
Es gilt $10^m \cdot 10^n = 10^{m+n}$.

Potenzen mit gleicher Basis werden **dividiert**, indem man die Exponenten subtrahiert und die Basis beibehält.
Es gilt $10^m : 10^n = \frac{10^m}{10^n} = 10^{m-n}$.

Daraus ergibt sich

$10^{-n} = \frac{1}{10^n}$,
$10^1 = 10$ und
$10^0 = 1$.

BEISPIEL 1

$$10^3 \cdot 10^4 = \underbrace{10 \cdot 10 \cdot 10}_{\text{3 Faktoren}} \cdot \underbrace{10 \cdot 10 \cdot 10 \cdot 10}_{\text{4 Faktoren}}$$
$$= 10^{3+4} = 10^7 = 10\,000\,000$$

BEISPIEL 2

$$10^5 : 10^3 = \frac{10 \cdot 10 \cdot \cancel{10} \cdot \cancel{10} \cdot \cancel{10}}{\cancel{10} \cdot \cancel{10} \cdot \cancel{10}} = 10^{5-3} = 10^2$$

$10^2 : 10^5 = 10^{2-5} = \mathbf{10^{-3}}$ ebenso gilt

$$10^2 : 10^5 = \frac{\cancel{10} \cdot \cancel{10}}{10 \cdot 10 \cdot 10 \cdot \cancel{10} \cdot \cancel{10}}$$
$$= \frac{1}{10 \cdot 10 \cdot 10} = \frac{\mathbf{1}}{\mathbf{10^3}} = 0{,}001\text{, also gilt}$$

$10^{-3} = \frac{1}{10^3}$

$10^1 = 10$

$10^0 = 1$

Üben und Anwenden

1 Richtig oder falsch?
Berichtige, falls nötig.
a) $10^3 \cdot 10^2 = 10^5$
b) $10^3 : 10^2 = 10$
c) $10^7 : 10^4 = 10^{7+4}$
d) $10^4 \cdot 10^3 = 10^{12}$
e) $10^3 \cdot 10^4 = 10^7$
f) $10^5 : 10^2 = 10^{5-2}$
g) $10^7 = 10^{4+3}$
h) $10^7 = 10^9 : 10^2$

2 Richtig oder falsch?
Berichtige, falls nötig.
a) $10^2 \cdot 10^5 = 10^7$
b) $10^3 : 10^2 = 10^5$
c) $10^8 + 10^4 = 10^{12}$
d) $10^7 - 10^3 = 10^{7+3}$
e) $10^3 \cdot 10^4 : 10^5 = 10^{11}$
f) $10^0 = 1$

3 Setze die Tabelle mit den beiden Zahldarstellungen nach unten fort.
Beschreibe, welche Vorteile die Darstellung mit Exponenten hat.

Potenzschreibweise	Dezimalschreibweise
10^3	1000
10^2	100
10^1	10
10^0	1
10^{-1}	0,1
…	

4 Berechne wie im Beispiel angegeben.
Beispiel: $4 \cdot 10^2 = 4 \cdot 100 = 400$
a) $3 \cdot 10^3$
b) $5 \cdot 10^4$
c) $2 \cdot 10^3$
d) $4 \cdot 10^6$
e) $1{,}8 \cdot 10^4$
f) $2{,}3 \cdot 10^5$
g) $3{,}7 \cdot 10^7$
h) $0{,}5 \cdot 10^6$

5 In jeder Zeile stehen gleichwertige Zahldarstellungen. Ergänze die Tabelle.

10^{-3}	$\frac{1}{10^3}$	0,001
10^{-2}		
10^{-5}		
10^{-4}		
10^{-6}		
10^{-1}		

6 Ergänze die Tabelle.

2^{-4}	$\frac{1}{2^4}$	0,0625
3^{-3}		
	$\frac{1}{4^2}$	
	$\frac{1}{3^4}$	
5^{-2}		
6^{-2}		
1^{-2}		
		0,0001

7 Übersetze die Potenz in ein Zahlwort.
Beispiel: $10^6 \rightarrow$ eine Million

a) 10^5 b) 10^3 c) 10^4
d) 10^2 e) 10^9 f) 10^8

8 Berechne die folgenden Aufgaben.

a) Multipliziert man einhundert mit dem Quadrat von zehn, so erhält man …
b) Zehn hoch fünf geteilt durch zehn hoch drei ergibt …
c) Man erhält eine Million, wenn man eintausend mit ... multipliziert.
d) Zehntausend zum Quadrat ergibt …
e) Das Fünffache von zehn hoch drei ist …

9 Bei durchschnittlicher Hygiene leben ca. 10^{10} Mikroorganismen in unserem Mund. Auf der gesamten Haut sind es etwa 100-mal so viele. 99 % aller mit dem Menschen zusammen lebenden Mikroorganismen befinden sich im Darm. Das entspricht ca. einer Zahl von 10^{14}.

a) Wie viele Mikroorganismen befinden sich auf der Haut?
b) Wie viele Mikroorganismen leben insgesamt im und auf dem Menschen?

10 Berechne die folgenden Additionsaufgaben, indem du zunächst die Zahlen ausschreibst und dann berechnest.
Beispiel:
$10^5 + 10^3 = 100\,000 + 1000 = 101\,000$

a) $10^6 + 10^5$ b) $10^4 + 10^2$
c) $10^5 + 10^2$ d) $10^6 + 10^2$
e) $10^3 + 10^6$ f) $10^4 + 10^7$

11 Berechne wie in Aufgabe 10.

a) $10^{-4} + 10^{-2}$ b) $10^{-3} + 10^{-2}$
c) $10^{-3} + 10^{-4}$ d) $10^{-3} + 10^{-5}$

12 Berechne.

a) $10^3 + 10^{-2}$ b) $10^3 + 10^{-3}$
c) $10^0 + 10^{-2}$ d) $10^{-4} + 10^1$
e) $10^5 + 10^3 + 10^2$ f) $10^4 + 10^{-2} + 10^{-3}$
g) $10^{-4} + 10^0 + 10^{-3}$ h) $10^1 + 10^{-2} + 10^3$

13 Schreibe als Additionsaufgabe aus Zehnerpotenzen.
Beispiel: $10\,101 = 10^4 + 10^2 + 10^0$

a) 10 010 b) 100 010
c) 10 001,01 d) 10,11
e) 1 000 000,01 f) 111
g) 0,0011 h) 0,010 101

14 Ordne jeweils zwei Kästchen einander zu und ergänze die beiden leeren Kästchen.

Million | Eins | 10^{12} | Billiarde | 10^0 | 10^3 | 10^{15} | Billion | Milliarde | (leer) | Trillion | 10^{18} | 10^9 | (leer)

15 Ordne der Größe nach. Ist das ohne Berechnung möglich? Erkläre, wie du dabei vorgegangen bist.

$10^5 + 10^3$ | $10^6 + 10^{-2}$ | $10^2 + 10^3 + 10^{-3}$ | $10^4 + 10^6$ | $10^3 + 10^{12}$ | $10^{-2} + 10^{-9}$ | $10^8 + 10^{-8}$ | $10^{-7} + 10^{-2}$

Methode: Dezimalschreibweise und wissenschaftliche Schreibweise

Die Darstellung von sehr großen, aber auch von sehr kleinen Dezimalzahlen wird schnell unübersichtlich. Für Zahlen wie z. B. 10 000 000 000 oder 0,000 000 000 1 reichen außerdem oftmals die Stellen im Display eines Taschenrechners nicht aus.
Mit Hilfe von Zehnerpotenzen können sehr große und sehr kleine Zahlen übersichtlich dargestellt werden. Dabei wird genutzt, dass die Stufenzahlen des Dezimalsystems auch als Zehnerpotenzen geschrieben werden können. Die Tabelle zeigt einen Ausschnitt einer Stellenwerttafel mit den unterschiedlichen Schreibweisen der Stufenzahlen.

HINWEIS
Der Exponent der Zehnerpotenz gibt an, um wie viele Stellen das Komma des Faktors verschoben wird.
positiv → rechts
negativ → links

	T	H	Z	E	z	h	t
Potenzschreibweise	10^3	10^2	10^1	10^0	$10^{-1} = \frac{1}{10^1}$	$10^{-2} = \frac{1}{10^2}$	$10^{-3} = \frac{1}{10^3}$
Dezimalschreibweise	1000	100	10	1	0,1	0,01	0,001

In der **wissenschaftlichen Schreibweise** wird eine Zahl in ein Produkt aus einem Faktor und einer Zehnerpotenz zerlegt. Der erste Faktor ist größer oder gleich eins und kleiner als zehn.

BEISPIELE ① $86\,000\,000\,000 = 8{,}6 \cdot 10^{10}$ ② $0{,}000\,000\,000\,041\,2 = 4{,}12 \cdot 10^{-11}$

Dezimalschreibweise	wissenschaftliche Schreibweise
1 800 000	**$1{,}8 \cdot 10^6$**
18 000 000	**$1{,}8 \cdot 10^7$**
400 000 000	**$4 \cdot 10^8$**
705 000 000 000	**$7{,}05 \cdot 10^{11}$**
0,000 000 074	**$7{,}4 \cdot 10^{-8}$**
0,000 003 598	**$3{,}598 \cdot 10^{-6}$**
0,000 010 004 5	**$1{,}0045 \cdot 10^{-5}$**

BEACHTE
Bei Zahlen zwischen 0 und 1 ist der Exponent der Zehnerpotenz negativ.

Die Abbildung zeigt, wie der Taschenrechner die Zahl $8{,}6 \cdot 10^{10}$ anzeigt.
Bei einigen Taschenrechnern kann über die Taste EXP der Exponent einer Zehnerpotenz eingetippt werden.

16 Schreibe die Dezimalzahlen in wissenschaftlicher Schreibweise.
a) 2 800 000 000 b) 45 000 000
c) 63 400 000 000 d) 897 600 000
e) 0,000 004 3 f) 0,000 000 112
g) 0,012 08 h) 0,000 000 084

17 Schreibe in Dezimalschreibweise.
a) $4{,}8 \cdot 10^7$ b) $9{,}76 \cdot 10^6$
c) $8{,}321 \cdot 10^{11}$ d) $5{,}001 \cdot 10^8$
e) $1{,}54 \cdot 10^{-4}$ f) $3 \cdot 10^{-6}$
g) $2{,}1045 \cdot 10^{-7}$ h) $4{,}001\,01 \cdot 10^{-3}$

18 Berechne und übersetze die Anzeige deines Taschenrechners in die Dezimalschreibweise. Runde gegebenenfalls an einer sinnvollen Stelle.
a) 22^8 b) 17^9 c) $0{,}3^{19}$

HINWEIS
Million: 10^6
Milliarde: 10^9
Billion: 10^{12}
Billiarde: 10^{15}
Trillion: 10^{18}

19 Berechne mit dem Taschenrechner. Ordne die Ergebnisse der Größe nach.
a) $2000 \cdot 12\,000 \cdot 40\,000$
b) $0{,}000\,21 \cdot 0{,}000\,000\,6 \cdot 0{,}000\,01$
c) $300 \cdot 26\,000 \cdot 350\,000$
d) $47 \cdot 618\,000 \cdot 4\,000\,000$
e) $1200 \cdot 16\,000 \cdot 52\,000$

20 Um welche Zahl handelt es sich? Schreibe in Worten. Beachte die Randspalte.
a) $5 \cdot 10^{12}$ b) $1{,}2 \cdot 10^{10}$
c) $4{,}05 \cdot 10^7$ d) $6{,}7 \cdot 10^{13}$

21 Schreibe in wissenschaftlicher Schreibweise. Beachte die Randspalte.
a) 4 Trillionen b) 5,8 Billiarden
c) 46 Billionen d) 347 Milliarden
e) 6 Billionen 50 Milliarden

22 Berechne wie im Beispiel angegeben.

Beispiel:

$4 \cdot 10^2 + 2 \cdot 10^5 = 400 + 200\,000 = 200\,400$

a) $3 \cdot 10^4 + 5 \cdot 10^2$ b) $4 \cdot 10^3 + 8 \cdot 10^6$
c) $5 \cdot 10^2 + 10^4$ d) $6 \cdot 10^7 + 3 \cdot 10^2$
e) $1{,}5 \cdot 10^3 + 2 \cdot 10^6$ f) $2{,}5 \cdot 10^6 + 3 \cdot 10^5$
g) $1{,}1 \cdot 10^3 + 3{,}6 \cdot 10^4$ h) $7 \cdot 10^4 + 1{,}3 \cdot 10^5$

23 Berechne wie in Aufgabe 22.

a) $3 \cdot 10^{-5} + 2 \cdot 10^{-6}$
b) $4 \cdot 10^{-3} + 8 \cdot 10^0$
c) $5 \cdot 10^{-4} + 7 \cdot 10^{-3}$
d) $2 \cdot 10^{-7} + 3 \cdot 10^{-2}$
e) $1{,}8 \cdot 10^{-3} + 5 \cdot 10^{-4}$
f) $2{,}5 \cdot 10^{-3} + 10^{-5}$
g) $1{,}1 \cdot 10^{-3} + 3{,}6 \cdot 10^{-4} + 9 \cdot 10^{-5}$
h) $7 \cdot 10^{-2} + 1{,}3 \cdot 10^{-1} + 4 \cdot 10^{-2}$

24 Berechne den Wert der Potenz mit Hilfe des Taschenrechners. Runde das Ergebnis, falls nötig, an einer geeigneten Stelle.

Beispiel: $3^{-7} = 4{,}572\,473\ldots \cdot 10^{-4} \approx 4{,}6 \cdot 10^{-4}$

a) 15^{-2} b) 9^{-3} c) 7^{-6}
d) 29^{-3} e) 36^{-4} f) 2^{-16}
g) 3^{-8} h) 25^{-5} i) 27^{-4}

25 Schreibe als Potenz mit negativem Exponenten.

a) $\frac{1}{10}$ b) $\frac{1}{100}$ c) $\frac{1}{10\,000}$
d) $\frac{1}{100\,000}$ e) $\frac{1}{10^6}$ f) $\frac{1}{4}$
g) $\frac{1}{25}$ h) $\frac{1}{36}$ i) $\frac{1}{81}$

26 Schreibe das Produkt als eine Potenz.

a) $4^5 \cdot 4^6$ b) $7^5 \cdot 7^2$
c) $(-3)^5 \cdot (-3)^2$ d) $(-2{,}5)^3 \cdot (-2{,}5)^8$
e) $a^2 \cdot a^5$ f) $u^3 \cdot u^{15}$
g) $\left(\frac{1}{3}\right)^5 \cdot \left(\frac{1}{3}\right)^2$ h) $\left(\frac{2}{x}\right)^7 \cdot \left(\frac{2}{x}\right)^5$

27 Überprüfe anhand der folgenden Beispiele, ob die Regel $a^m \cdot a^n = a^{m+n}$ auch für mehr als zwei Faktoren gilt. Setze ein „=“ oder ein „≠“ und erkläre anschließend das Ergebnis.

a) $10^2 \cdot 10^5 \cdot 10^3$ ___ 10^{10}
b) $10^4 \cdot 10^2 \cdot 10^5$ ___ 10^{11}
c) $10^1 \cdot 10^3 \cdot 10^2 \cdot 10^5$ ___ 10^{11}
d) $10^{10} \cdot 10^0 \cdot 10^4$ ___ 10^{14}
e) $10^4 \cdot 10^5 \cdot 10^1$ ___ 10^{10}

28 Schreibe als Produkt zweier Potenzen.

a) 10^{2+4} b) 10^{5+2} c) 10^{x+y}
d) 10^8 e) 10^6 f) 10^9
g) 10^{3n+1} h) 10^{4+x} i) 10^{11}

29 Berechne den Wert der Potenz.

a) $2^3 \cdot 2^7$ b) $3^2 \cdot 3^3$ c) $5^4 \cdot 5^{-2}$
d) $10^4 \cdot 10^3$ e) $0{,}1^5 \cdot 0{,}1^3$ f) $6^3 \cdot 6^{-6}$

30 Schreibe den Quotienten als Potenz.

a) $\frac{10^9}{10^5}$ b) $\frac{10^4}{10^2}$
c) $10^7 : 10^4$ d) $\frac{10^x}{10^5}$
e) $10^u : 10^v$ f) $\frac{10^{47}}{10^{36}}$
g) $\frac{10^3}{10^{-5}}$ h) $\frac{10^y}{10^{-y}}$

31 Berechne den Wert der Potenz.

a) $\frac{3^5}{3^3}$ b) $\frac{7^4}{7^2}$
c) $0{,}1^7 : 0{,}1^4$ d) $4^2 : 4^{-3}$
e) $625 : 5^2$ f) $4^7 : 64$
g) $\left(\frac{1}{3}\right)^4 : \left(\frac{1}{3}\right)^2$ h) $5^3 : 5^5$

32 Hat die Gleichung $a^4 = -81$ eine Lösung? Begründe.

33 Ein Zentimeter ist der hundertste Teil eines Meters. Schreibe als Potenz.

34 *„Ein Mol eines Stoffes enthält ca. 602 Trilliarden Teilchen dieses Stoffes.“*
Gib die Zahl in der wissenschaftlichen Schreibweise an.

35 Zeichne eine Strecke $\overline{AB}$ mit einer Länge von 20 cm ins Heft. Markiere bei A 10^0 und bei B 10^5. Wo liegt dann ca. 10^3?

36 Ordne den Umrechnungen eine passende Zehnerpotenz aus der Randspalte zu.

- cm → m
- $cm^2 \to m^2$
- m → mm
- ml → ℓ
- mm → cm
- dm → km
- $dm^3 \to m^3$
- $m^2 \to cm^2$
- $cm^2 \to mm^2$

Randspalte:
- 10^{-4}
- 10^{-3}
- 10^{-2}
- 10^1
- 10^2
- 10^4

Mikrokosmos und Makrokosmos

Im Vergleich zum Weltall, dem Makrokosmos, ist die Welt des Menschen winzig. Vergleicht man sie dagegen mit dem Mikrokosmos der Kleinstlebewesen und der physikalischen Teilchen, ist die Welt des Menschen riesig.

Längen in unserem Universum	
Durchmesser der Milchstraße	10^{20} m
Entfernung zwischen Sonne und Pluto	$5{,}9 \cdot 10^{12}$ m
Sonnendurchmesser	$1{,}4 \cdot 10^{9}$ m
Erddurchmesser	$1{,}3 \cdot 10^{7}$ m
Durchmesser eines Regentropfens	10^{-3} m
Wellenlänge des sichtbaren Lichts	$4 \cdot 10^{-7}$ m bis $8 \cdot 10^{-7}$ m
Atomradius	10^{-10} m

1 Überlege dir drei Dinge, deren Längen größer als der Durchmesser eines Regentropfens und kleiner als der Erddurchmesser sind. Gib die Dinge wie in der Tabelle in m an. Rechne die in der Tabelle angegebenen Größenangaben in km bzw. mm um.

Unser nächster Stern ist die Sonne. Sie ist ungefähr 150 Mio. km von der Erde entfernt. Unser nächstes Sonnensystem heißt Alpha Centauri. Der zentrale Stern Alpha Centauri C ist ca. 40 Billionen km von der Erde entfernt. Für solch große Entfernungsangaben wurde das **Lichtjahr** eingeführt. Ein Lichtjahr ist keine Zeiteinheit, sondern die Strecke, die das Licht in einem Jahr zurücklegt. Ein Lichtjahr misst etwa 9,46 Billionen km. Die Lichtgeschwindigkeit beträgt $c = 2{,}997\,924\,58 \cdot 10^{8}\,\frac{\text{m}}{\text{s}}$.

2 Gib einen gerundeten Wert in $\frac{\text{km}}{\text{s}}$ für die Lichtgeschwindigkeit an.

Eine andere Entfernungsangabe ist die Astronomische Einheit (AE). Die AE beträgt 149 597 870 691 m. Das entspricht fast genau dem mittleren Abstand zwischen dem Erdmittelpunkt und dem Zentrum der Sonne. Entfernungen innerhalb des Sonnensystems werden meist in AE angegeben.

3 Gib die AE in wissenschaftlicher Schreibweise an.

4 Wäre die Erde in einem Modell ein Ball mit 50 cm Durchmesser, wie groß müssten dann in diesem Modell Merkur, Jupiter und die Sonne sein?

5 Um eine Vorstellung für die Lichtgeschwindigkeit zu bekommen, kann man folgendes Gedankenexperiment durchführen. Stell dir vor, dass sich ein Lichtstrahl um den Äquator der Erde wickelt.
Wie oft würde das Licht theoretisch in einer Sekunde den Äquator umkreisen?
Finde andere Vergleiche für unvorstellbare Größenangaben.

Der Äquator hat eine Länge von 40075,016686 km.

6 Im Jahr 2006 wurde entschieden, dass Pluto nicht mehr zu den Planeten gezählt wird. Recherchiere die Gründe.

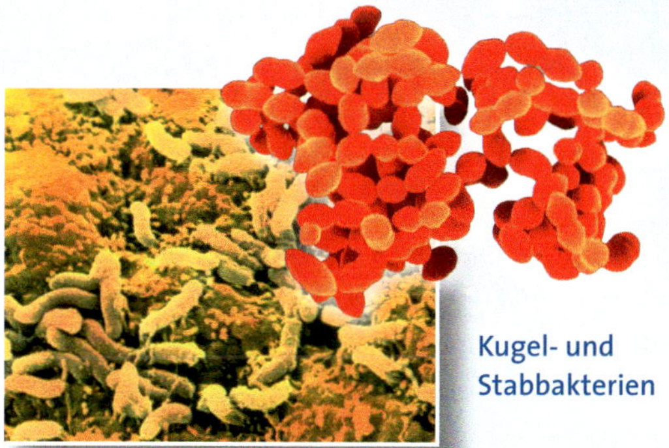

Kugel- und Stabbakterien

Bakterien zählen zu den einzelligen Lebewesen. Sie haben verschiedene Formen.
Es gibt zum Beispiel kugelförmige Bakterien, die einen mittleren Durchmesser von 0,15 µm haben. Es gibt auch stäbchenförmige Bakterien, die durchschnittlich 50 µm lang und 5 µm breit sind.
1000 µm (Mikrometer) = 1 mm

7 Für sehr kleine und sehr große Einheiten werden Vorsilben wie Kilo (k) oder Mikro (µ) benutzt. Erstelle eine Übersicht über die Vorsilben für Maßeinheiten. Gib jeweils die zugehörige Zehnerpotenz an.

Viren werden nicht zu den Lebewesen gezählt, da sie sich nicht selbstständig reproduzieren können. Um Viren sichtbar zu machen, reicht ein Lichtmikroskop nicht mehr aus. Dazu müssen Elektronenmikroskope verwendet werden.

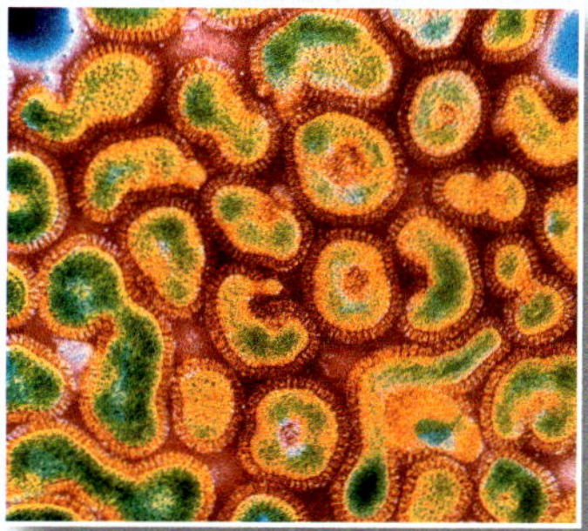

Viren

8 Viren sind um ein Vielfaches kleiner als Bakterien. Informiere dich über die Größe und rechne sie gegebenenfalls in mm um.
Recherchiere, wie sich Viren reproduzieren.

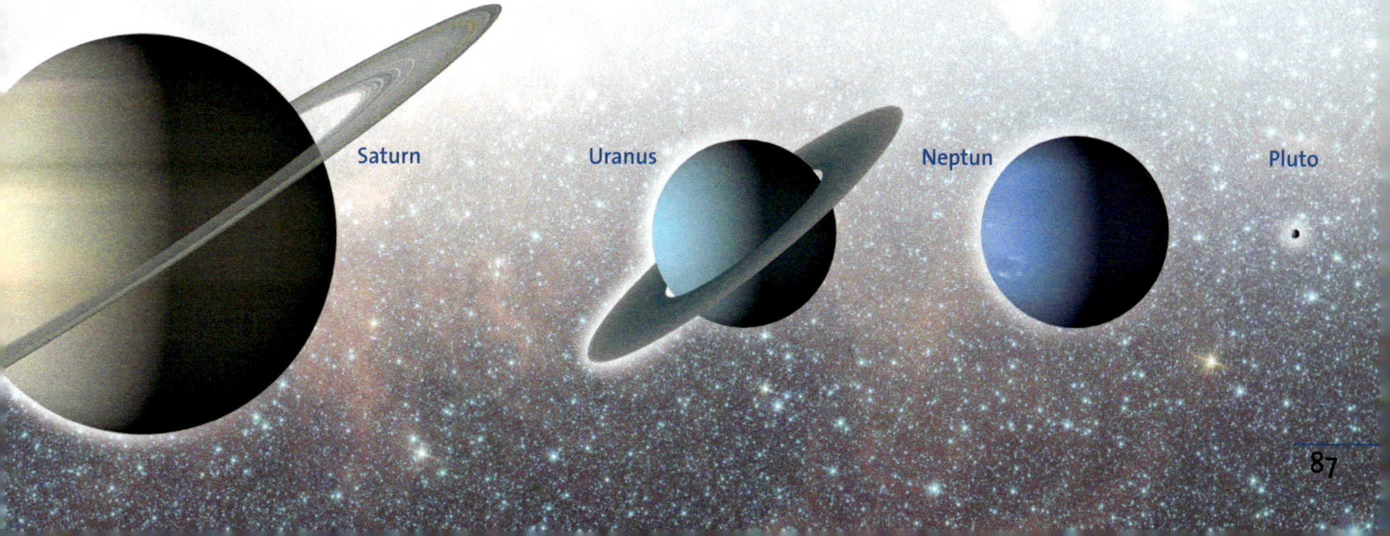

Vermischte Übungen

1 Berechne.

a) $8 \cdot 8 \cdot 8 \cdot 8$ b) 12^3 c) $\frac{1}{4} \cdot \frac{1}{4} \cdot \frac{1}{4}$
d) $(-6)^4$ e) 10^{10} f) 10^{-4}

2 Dem Erfinder des Schachspiels, einem gewissen Sessa Ibn Daher, soll der indische König Sheram für seine geniale Erfindung einen Wunsch gewährt haben. Der Erfinder wünschte sich für das erste Schachbrettfeld ein Reiskorn, für das zweite Feld zwei Reiskörner, für das dritte Feld vier Reiskörner, für das vierte Feld acht Reiskörner usw.
Er bat also für jedes Feld um doppelt so viele Reiskörner wie für das vorangehende.
Der König stimmte dieser scheinbar bescheidenen Bitte zu. Er ahnte nicht, dass diese Bitte für ihn unerfüllbar sein würde.

a) Wie viele Reiskörner lägen auf dem letzten, dem 64. Feld des Schachbretts?
b) Wie viele t Reis wären das, wenn 40 Körner eine Masse von ca. 1 g haben?
c) Insgesamt wurden im Jahr 2005 weltweit 618,4 Mio. t Reis geerntet. Berechne, wie viele Jahre geerntet werden müsste, um Sessa Ibn Daher bezahlen zu können.

3 Die Erde bewegt sich mit einer durchschnittlichen Geschwindigkeit von $3 \cdot 10^4 \frac{\text{m}}{\text{s}}$ um die Sonne. Wie viele Kilometer legt die Erde in 365 Tagen zurück?

4 In einem Bus sind sieben Kinder. Jedes Kind hat sieben Rucksäcke. In jedem Rucksack sind sieben große Katzen. Jede große Katze hat sieben kleine Katzen. Jede Katze hat vier Beine.
Wie viele Beine befinden sich im Bus?

5 In einem Stammbaum sind alle Mitglieder einer Familie dargestellt. In diesem Beispiel hat jedes Elternpaar die gleiche Anzahl an Kindern wie das Elternpaar aus der ersten Generation.

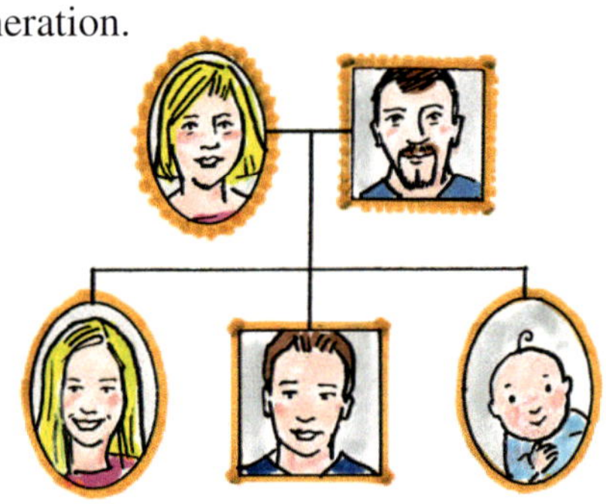

a) Die erste Generation bekommt drei Kinder. Wie viele Kinder gibt es insgesamt in der fünften Generation?
b) Wie viele Kinder hat die dritte Generation, wenn die erste Generation fünf Kinder bekam?
c) Wie viele Kinder hat die sechste Generation, wenn die zweite Generation insgesamt 16 Kinder bekam?
d) Verfolgt eure Familie bis auf eure Urgroßeltern zurück. Erstellt euren eigenen Stammbaum. Wie viele Kinder leben mit euch in eurer Generation, die direkte Nachfahren dieses Paares sind?

6 Zum Wiener Opernball kommen jährlich etwa 12 000 Gäste.

a) Wie oft muss der Tanzpartner gewechselt werden, würden alle Gäste mit dem Schneeballprinzip auf die Tanzfläche geholt? Beachte den Hinweis in der Randspalte.
b) Welche Zeit wird benötigt, wenn jeder 1,5 min mit einem Tanzpartner hätte?
c) Woran können diese theoretischen Berechnungen in der Praxis scheitern?

HINWEIS
Das Schneeballprinzip ist eine beliebte Art, Gäste zum Tanzen aufzufordern. Ein Paar beginnt, teilt sich und sucht jeweils einen neuen Partner. Die neuen Paare trennen sich wieder, suchen neue Partner usw.

7 Ein Gletscher hat eine durchschnittliche Fließgeschwindigkeit von $6{,}4 \cdot 10^{-6}\,\frac{\text{m}}{\text{s}}$. Berechne die Zeit, die ein Gletscher benötigt, um sich 100 m weiterzubewegen.

8 Richtig oder falsch?

a) Wenn die Basis positiv ist, so ist jede Potenz wieder positiv.

b) Wenn der Exponent negativ ist, so ist die Potenz negativ.

c) Wenn der Exponent negativ ist, so ist die Potenz kleiner eins.

d) Wenn die Basis negativ ist, so ist die Potenz negativ.

e) Wenn die Basis und der Exponent negativ sind, so ist die Potenz positiv.

f) Wenn die Basis negativ und der Exponent gerade sind, so ist die Potenz positiv.

9 Berechne mit Hilfe des Taschenrechners.

a) $3000 \cdot 12\,000 \cdot 50\,000$

b) $0{,}21 \cdot 0{,}000\,000\,4 \cdot 0{,}000\,02$

c) $500 \cdot 24\,000 \cdot 3\,050\,000$

d) $47 \cdot 627\,000 \cdot 2\,000\,000\,000$

10 Schreibe die Zahl in Worten.

a) $5 \cdot 10^{13}$ b) $1{,}76 \cdot 10^{9}$

c) $1{,}05 \cdot 10^{6}$ d) $5{,}7 \cdot 10^{11}$

11 Stelle die folgenden Zahlen übersichtlich dar. Nutze dazu die wissenschaftliche Schreibweise.

a) 4 Billionen b) 368 Milliarden

c) 46 Millionen d) 5,8 Trilliarden

e) 0,000 000 035 782 f) 9 783 400 000 000

12 Bei der Umrechnung von m^3 in benachbarte Volumeneinheiten werden bestimmte Zehnerpotenzen verwendet.

a) Welche Zehnerpotenzen kommen als Umrechnungsfaktoren vor?

b) Begründe, warum der Faktor 10^4 nicht vorkommen kann.

13 Sonja betrachtet die Zahlenfolge $0^3 = 0$; $0^2 = 0$; $0^1 = 0$ und schlussfolgert, dass auch $0^0 = 0$ gilt.
Christoph ist anderer Meinung. Er betrachtet die Reihe $3^0 = 1$; $2^0 = 1$; $1^0 = 1$ und behauptet, dass $0^0 = 1$ sei.

a) Überprüfe mit dem Taschenrechner.

b) Erkläre, wie Sonja und Christoph auf ihre verschiedenen Ergebnisse kommen.

14 Ein Eiswürfel mit einer Kantenlänge von 3 cm hat das 0,125-fache des Volumens eines anderen Eiswürfels.

a) Ist der Eiswürfel mit der Kantenlänge von 3 cm größer oder kleiner als der andere Eiswürfel? Begründe.

b) Stelle eine passende Gleichung auf. Welche Kantenlänge hat der andere Würfel?

15 Jan betrachtet mit Hilfe eines Lichtmikroskops einen Wasserfloh. Die mikroskopische Vergrößerung erfolgt dabei in zwei Stufen. Der Wasserfloh wird über das Objektiv 40-fach vergrößert. Im Inneren des Mikroskops entsteht ein Zwischenbild des Wasserflohs. Das Zwischenbild wird über das Okular 10-fach vergrößert.

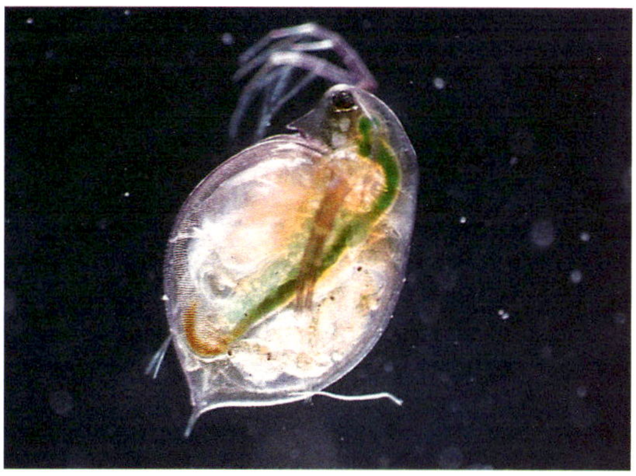

a) Berechne die Gesamtvergrößerung des Lichtmikroskops.

b) Wasserflöhe haben eine Größe von ca. 0,3 mm bis 0,7 mm. Wie groß erscheint der Wasserfloh für das Auge?

SCHON GEWUSST?
Die roten Blutkörperchen (Erythrozyten) transportieren den Sauerstoff von der Lunge zu den Organen.

BEACHTE
$1\,\mu m = 10^{-6}\,m$

16 Schreibe als Bruch.

a) 10^{-3} b) 10^{-5} c) 10^{-6}
d) 0,1 e) 0,01 f) 0,0001

17 Sortiere die drei Potenzen einer Farbe der Größe nach. Beginne mit dem kleinsten Wert.

1^0 -10^0 $0{,}5^6$ 1^{-2} -10^5 $0{,}5^{-3}$ 1^2 -10^2 $0{,}5^{\frac{1}{2}}$

18 Schreibe als Potenz mit einem negativen Exponenten.

a) $\frac{1}{10}$ b) $\frac{1}{1000}$
c) $\frac{1}{10\,000}$ d) $\frac{1}{100\,000}$
e) $\frac{100}{100\,000}$ f) $\frac{5}{16} \cdot \frac{8}{25}$

19 Ergänze die Tabelle wie im Beispiel.

$3^4 = 81$	$\sqrt[4]{81} = 3$
$4^3 = 64$	
	$\sqrt[5]{32} = 2$
$8^4 =$	
	$\sqrt[7]{823\,543} =$
	$\sqrt[10]{1024} =$
$17^5 =$	
$10^{-5} =$	

20 Ziehe die Quadratwurzeln im Kopf.

a) 169 b) 256 c) 100
d) 121 e) 225 f) 144
g) 324 h) 400 i) 361

21 Erstelle eine Liste mit allen Quadratzahlen zwischen 100 und 400 zusammen mit ihren entsprechenden Quadratwurzeln.

22 Betrachte das Volumen der Würfel.

a) Berechne die Seitenlängen.
① $V = 125\,m^3$ ② $V = 2744\,cm^3$
③ $V = 405{,}224\,cm^3$ ④ $V = 1728\,mm^3$
⑤ $V = 0{,}015\,625\,m^3$ ⑥ $V = 0{,}512\,km^3$
⑦ $V = 0{,}000\,001\,km^3$ ⑧ $V = 1{,}728\,m^3$

b) Zeichne den ersten Würfel in einem geeigneten Maßstab.

23 Steckbrief der roten Blutkörperchen

Durchmesser	7,5 Mikrometer (µm)
Dicke	2 µm am Rand und 1 µm im Zentrum
Konzentration im Blut	4,5 bis 5,5 Mio. pro mm^3
Anzahl im Blut	24 bis 30 Billionen
Neuproduktion des Körpers	etwa 200 Milliarden pro Tag
Gesamtoberfläche	4000 bis 4500 m^2

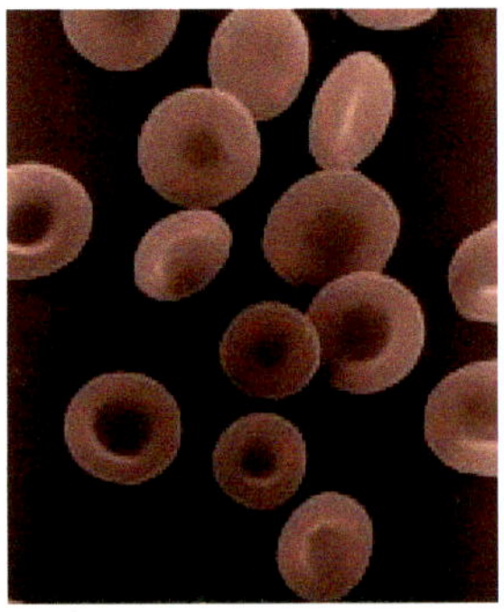

a) Gib den Durchmesser und die Dicke der roten Blutkörperchen in Millimetern an.
b) Wandle die anderen Angaben in die wissenschaftliche Schreibweise um.
c) Wie viele rote Blutkörperchen werden pro Sekunde neu gebildet?
d) Könnte man theoretisch mit der Oberfläche aller roten Blutkörperchen eines Menschen ein Fußballfeld abdecken?
e) Wie viel Prozent der Blutkörperchen werden täglich neu gebildet?

24 Das auf Seite 78 abgebildete Haus hat ein Volumen von $5832\,m^3$. In wie viele gleich große Wohnungen könnte dieses Haus unterteilt sein? Schätze ab und erkläre deine Ergebnisse.

25 Plane ein würfelförmiges Haus mit zehn Wohnungen.

a) Welche Ausmaße hat dein Haus?
b) Wie groß ist die Wohnfläche in Quadratmetern?
c) Mit welcher Zimmerhöhe planst du?
d) Erläutere deine Entscheidungen.

26 Berechne aus dem angegebenen Kugelvolumen den zugehörigen Radius. Beschreibe, wie du vorgehst.

a) $V = 523{,}59\,cm^3$ b) $V = 33{,}51\,m^3$
c) $V = 4{,}1888\,mm^3$ d) $V = 14{,}137\,cm^3$
e) $V = 33\,510{,}3\,mm^3$ f) $V = 8181{,}2\,dm^3$

Teste dich!

a

1 Vereinfache den Term und berechne.

a) $3 \cdot 3 \cdot 3 \cdot 3 \cdot 3$ b) $4 \cdot 4 \cdot 4 \cdot 4$
c) $10 \cdot 10 \cdot 10 \cdot 10 \cdot 10 \cdot 10 \cdot 10$

2 Berechne den Wert der Potenzen.

a) 2^5 b) 4^3 c) 10^{-3} d) 10^6
e) $2{,}8^3$ f) $(-2)^3$ g) 2^{12} h) 100^{-2}

3 Ziehe die Quadratwurzel.

a) 64 b) 625 c) 121
d) 1 000 000 e) 16 f) 144
g) 256 h) 729 i) 100 000
j) 169 k) 1024 l) 7744

b

1 Vereinfache und berechne, falls möglich.

a) $\frac{1}{3} \cdot \frac{1}{3} \cdot \frac{1}{3}$ b) $2{,}5 \cdot 2{,}5 \cdot 2{,}5$
c) $(-1{,}8) \cdot (-1{,}8) \cdot (-1{,}8) \cdot (-1{,}8)$

2 Berechne den Wert der Potenzen.

a) 3^4 b) 4^5 c) $1{,}5^5$ d) -2^3
e) 3^{-2} f) $0{,}01^5$ g) 5^{-3} h) $1{,}02^2$

3 Schreibe als Potenz mit möglichst kleiner Basis.

a) 64 b) 125 c) 1024
d) 121 e) 1 000 000 f) 16
g) 625 h) 256 i) 196

4 Um welche Zahlen handelt es sich? Schreibe in Dezimalschreibweise.

a) $4 \cdot 10^{11}$ b) $2{,}8 \cdot 10^8$ c) $1{,}286 \cdot 10^7$ d) $1{,}5 \cdot 10^{-6}$ e) $2{,}74 \cdot 10^{-5}$

5 Schreibe in wissenschaftlicher Schreibweise.

a) 9 Milliarden b) 7 Milliarden 51 Millionen c) 6 Millionen 40 Tausend

6 Eine Süßwarenfirma verkauft jährlich 2,19 · 108 Tüten ihrer Produkte.

a) Schreibe die Anzahl der verkauften Tüten in Dezimalschreibweise.
b) Wie viele Tüten sind das im Durchschnitt pro Tag?

7 Vereinfache die Terme mit Hilfe der Potenzgesetze und berechne den Wert der Potenzen.

a) $10^4 \cdot 10^2$ b) $10^8 \cdot 10^{-3}$ c) $10^3 \cdot 10^{-3}$ d) $10^5 \cdot 10^{-3}$
e) $10^4 : 10^7$ f) $10^6 : 10^3$ g) $10^2 : 10^5$ h) $10^4 : 10^{-2}$

8 Schreibe als Quotient und berechne anschließend den Wert der Potenz.

a) 10^{-3} b) 10^{-1} c) 10^{-7} d) 10^{-2} e) 10^{-4}

9 Ordne der Größe nach. Beginne mit der kleinsten Zahl.

① 3^4 ② 2^7 ③ 6^3 ④ 12^{-1} ⑤ 10^2 ⑥ 3^5

10 Ein Zimmer hat die Ausmaße von $3{,}99 \cdot 10^{-8}\,\text{km}^3$. Die Breite beträgt $3{,}8 \cdot 10^3$ mm, die Länge $4{,}2 \cdot 10^1$ dm. In dieses Zimmer passen also $3{,}99 \cdot 10^7$ Würfel mit einer Größe von einem Kubikzentimeter.

a) Pass die Maßeinheiten so an, dass der Text vernünftig lesbar ist.
b) Wie hoch ist das Zimmer in Metern?

HINWEIS

Brauchst du noch Hilfe, so findest du auf den angegebenen Seiten ein Beispiel oder eine Anregung zum Lösen der Aufgaben. Überprüfe deine Ergebnisse mit den Lösungen ab Seite 158.

Aufgabe	Seite
1	78
2	78
3	78
4	84
5	84
6	84
7	82
8	82
9	78, 82
10	82

Zusammenfassung

→ Seite 78

Potenzen und Wurzeln

Das mehrmalige Multiplizieren einer Zahl mit sich selbst nennt man Potenzieren. Als verkürzende Schreibweise wird die Potenzschreibweise benutzt:

$\underbrace{a \cdot a \cdot \ldots \cdot a}_{n \text{ Faktoren}} = a^n$

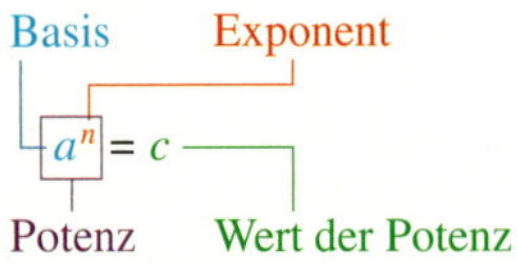

Die Basis a gibt den Faktor an, der Exponent die Anzahl der Faktoren.

$5 \cdot 5 = 5^2 = 25$
$3 \cdot 3 \cdot 3 \cdot 3 = 3^4 = 81$
$10 \cdot 10 \cdot 10 \cdot 10 \cdot 10 = 10^5 = 100\,000$
$(-7) \cdot (-7) \cdot (-7) \cdot (-7) = (-7)^4 = 2401$
$(\frac{2}{3}) \cdot (\frac{2}{3}) = (\frac{2}{3})^2 = \frac{2^2}{3^2} = \frac{4}{9}$
$2v \cdot 2v \cdot 2v = (2v)^3$
$2 \cdot 2 \cdot 2 \cdot 2 \cdot 2 \cdot 2 \cdot 2 \cdot 2 = 2^8 = 256$
$\underbrace{2 \cdot 2}_{4} \cdot \underbrace{2 \cdot 2}_{4} \cdot \underbrace{2 \cdot 2}_{4} \cdot \underbrace{2 \cdot 2}_{4} = 4^4 = 256$

Umgekehrt kann über die jeweilige Wurzel die ursprüngliche Zahl ermittelt werden.

$x^4 = 81$ | 4. Wurzel ziehen
$\sqrt[4]{x^4} = \sqrt[4]{81}$ | umformen
$x = \sqrt[4]{81} = 3$, denn $3 \cdot 3 \cdot 3 \cdot 3 = 81$

→ Seite 82, 84

Zehnerpotenzen

Zehnerpotenzen werden **multipliziert**, indem man die Exponenten addiert und die Basis beibehält.
$10^m \cdot 10^n = 10^{m+n}$

$10^3 \cdot 10^4 = \underbrace{10 \cdot 10 \cdot 10}_{3 \text{ Faktoren}} \cdot \underbrace{10 \cdot 10 \cdot 10 \cdot 10}_{4 \text{ Faktoren}}$
$= 10^{3+4} = 10^7 = 10\,000\,000$

Zehnerpotenzen werden **dividiert**, indem man die Exponenten subtrahiert und die Basis beibehält.
$10^m : 10^n = \frac{10^m}{10^n} = 10^{m-n}$
Es gilt: $10^{-n} = \frac{1}{10^n}$
$10^1 = 10$
$10^0 = 1$

$10^5 : 10^3 = \frac{10 \cdot 10 \cdot 10 \cdot 10 \cdot 10}{10 \cdot 10 \cdot 10} = 10^{5-3} = 10^2$
$10^2 : 10^5 = 10^{2-5} = \mathbf{10^{-3}}$ ebenso gilt
$10^2 : 10^5 = \frac{10 \cdot 10}{10 \cdot 10 \cdot 10 \cdot 10 \cdot 10}$
$= \frac{1}{10 \cdot 10 \cdot 10} = \frac{\mathbf{1}}{\mathbf{10^3}} = 0{,}001$, also gilt
$10^{-3} = \frac{1}{10^3}$
$10^1 = 10$ und $10^0 = 1$

In der **wissenschaftlichen Schreibweise** wird eine Zahl in ein Produkt aus einem Faktor und einer Zehnerpotenz zerlegt. Dabei ist der erste Faktor größer oder gleich eins und kleiner als zehn.

$86\,000\,000\,000 = 8{,}6 \cdot 10^{10}$
5 Millionen $= 5 \cdot 10^6$
43 Milliarden $= 4{,}3 \cdot 10^{10}$

Bei Zahlen zwischen 0 und 1 und Zahlen zwischen 0 und – 1 ist der Exponent der Zehnerpotenz negativ.

$0{,}000\,000\,000\,041\,2 = 4{,}12 \cdot 10^{-11}$
1 Tausendstel $= 1 \cdot 10^{-3}$
$\frac{1}{10} = 10^{-1}$

Wachstum

Jedes Leben beginnt mit einer einzigen Zelle, die sich nach und nach immer wieder teilt. Beim Menschen beginnt die Zellteilung sofort nach der Befruchtung der Eizelle. Nach ca. 30 Stunden ist die erste Teilung abgeschlossen. Aus den zwei Zellen entstehen vier, nach ca. drei Tagen sind es bereits 16 Zellen. So wächst das neu entstandene Leben immer weiter …

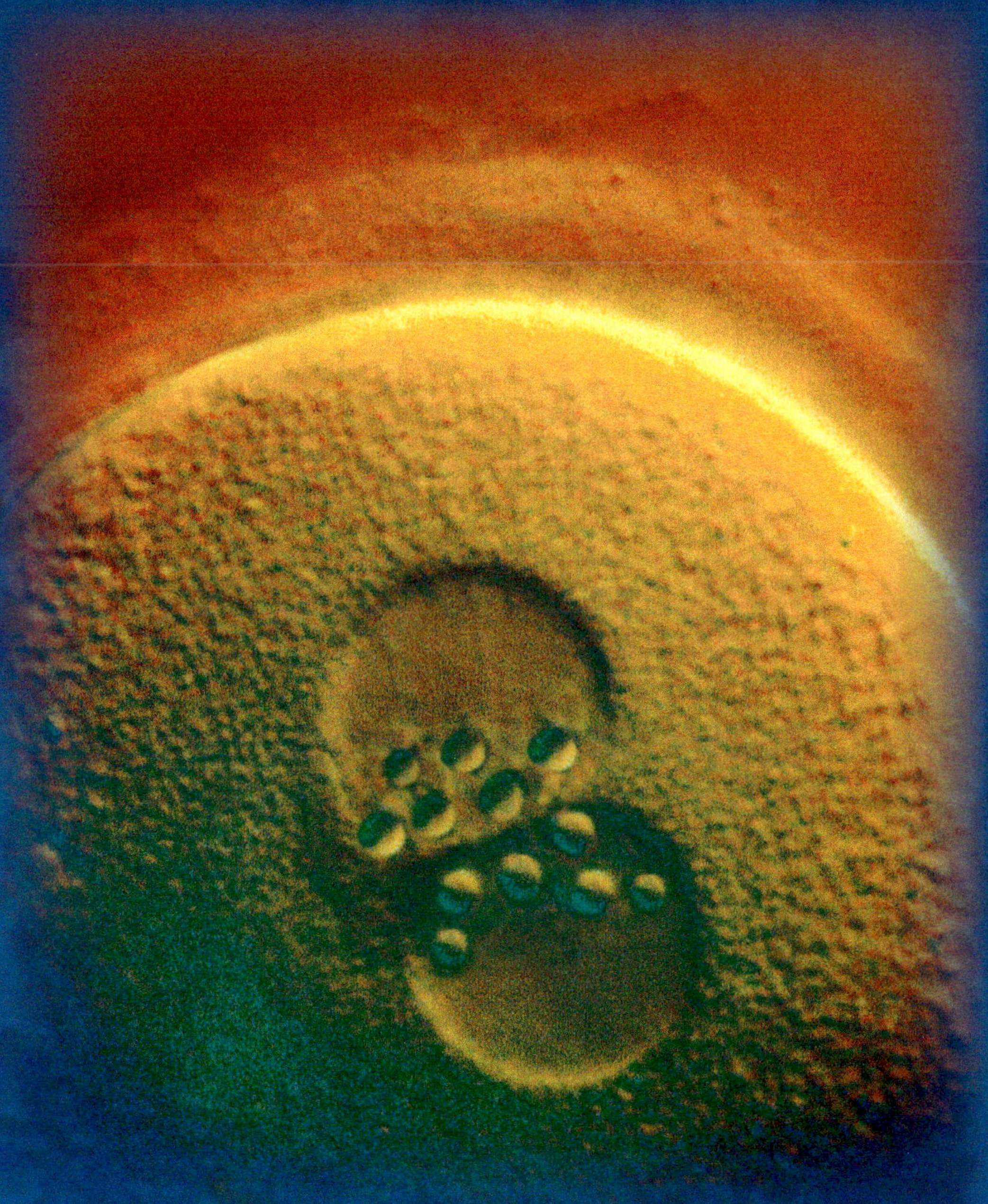

Noch fit?

1 Betrachte die einzelnen Graphen der linearen Funktionen.

a) Gib die allgemeine Form einer linearen Funktion an.

b) Notiere die Funktionsgleichungen zu den abgebildeten Graphen.

c) Welcher Graph hat die größte Steigung?

d) Woran ist die Steigung in der Gleichung ablesbar?

e) Welche Graphen haben eine negative Steigung? Wie ist das in der Zeichnung, woran in der Gleichung zu erkennen? Beschreibe.

f) Zeichne die Graphen zu folgenden Funktionsgleichungen in dein Heft.

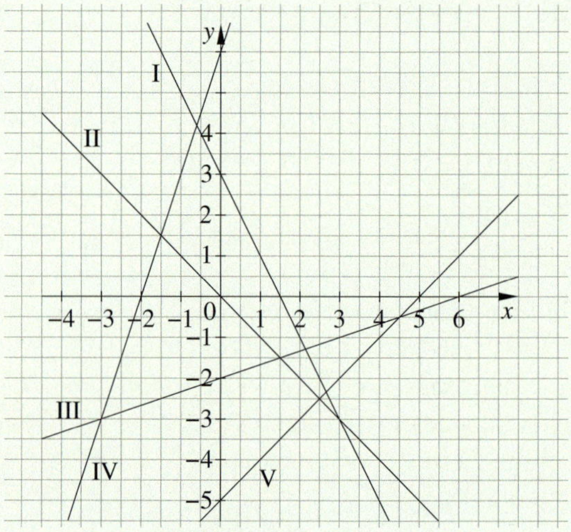

① $f_1(x) = 2x + 5$ ② $f_2(x) = 1{,}5x - 3$ ③ $f_3(x) = -\frac{1}{2}x + 4{,}5$

2 Berechne den Wert der Potenzen.

a) 3^4 b) 5^3 c) 6^4 d) $3{,}7^3$ e) $0{,}01^5$ f) $0{,}35^6$

3 Schreibe in wissenschaftlicher Schreibweise.

a) 3 600 000 000 b) 460 000 000 c) 0,000 054 d) 0,000 000 52

4 Schreibe in kürzerer Form und berechne.

a) $5^2 \cdot 5^3$ b) $6^4 : 6^2$ c) $10^5 \cdot 10^6$ d) $3^4 : 3^5$ e) $8^7 \cdot 8^{-7}$

5 Einige Kleidungsstücke aus der Winterkollektion werden im Februar 30 % billiger angeboten. Berechne die reduzierten Preise. Die ursprünglichen Preise lauten:

a) Jacke: 98 € b) Skianzug: 235 € c) Pullover: 65 €
d) Mantel: 189 € e) Handschuhe: 8 € f) Schal: 12 €

6 Ein Automobilkonzern bietet 4000 € Preisnachlass auf alle Modelle beim Kauf eines Neuwagens. Berechne den Preisnachlass in Prozent.
Die ursprünglichen Preise lauten:

a) Kombi: 28 500 € b) Van: 32 400 € c) Cabrio: 31 700 €

7 Rechne um in Dezimalbrüche.

a) $\frac{1}{3}$ b) $\frac{234}{1000}$ c) $\frac{2}{7}$ d) $1\frac{1}{6}$ e) $\frac{26}{125}$

Kurz und knapp

1. Berechne die Quadrate der Zahlen 11 bis 20.
2. Die mittlere Entfernung von der Erde zum Mond beträgt $3{,}84401 \cdot 10^8$ m = ________ km.
3. Das Volumen einer Kugel berechnet man nach der folgenden Formel: ______
4. Berechne den Wert der Funktion $f(x) = x^2 + 5$ für $x = 3$ und $x = -2$.

Absolutes und prozentuales Wachstum

Erforschen und Entdecken

1 In der Grafik ist die Entwicklung der Mobilfunkanschlüsse in Deutschland in den Jahren 1998 bis 2008 dargestellt.

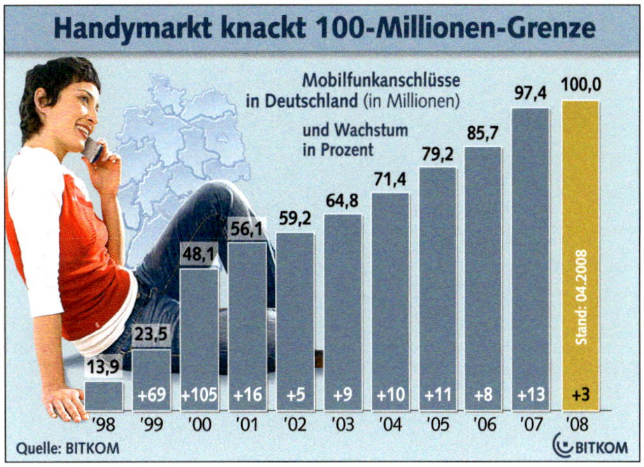

a) In welchem Jahr liegt der zahlenmäßig größte Zuwachs vor?
b) Wann war der zahlenmäßig geringste Zuwachs zu verzeichnen?
c) Berechne die absoluten Zuwächse von 1998 bis 1999 und von 2006 bis 2007.
Vergleiche die Angaben in Prozent mit den absoluten Zahlen.
Was fällt dir auf?
Welche Angaben hältst du für aussagekräftiger? Diskutiere mit deinen Mitschülerinnen und Mitschülern und begründe deine Meinung.

2 Informiere dich im Internet und im Lexikon über den Begriff „Wachstum“.
a) In welchen Bereichen trifft man auf diesen Begriff?
b) Welche Arten von Wachstum gibt es? Beschreibe sie mit eigenen Worten.
c) Welche Wachstumsarten würdest du dem mathematischen Bereich zuordnen? Begründe deine Auswahl.
d) Welches Wachstum ist dir bereits aus dem vorangegangenen Mathematikunterricht, aber unter einem anderen Begriff, bekannt? Beschreibe.
e) Tragt eure Ergebnisse aus dem mathematischen Bereich zusammen und erstellt eine Übersicht (z. B. ein Plakat). Notiert dazu jeweils eine Situation, zu der ihr einen zugehörigen Funktionsgraphen angebt.

3 Ein Süßwarenhersteller erhöht den Inhalt seiner Verpackungen um 14,3 %.

a) Die alte Verpackung enthielt 175 g. Wie viel g enthält die neue Verpackung?
b) Maya hat folgendermaßen gerechnet:

$175\,g \cdot 1{,}143 = 200{,}025\,g$

Erkläre ihre Überlegungen und ihren Rechenweg. Eine Berechnung über den Dreisatz siehst du in der Randspalte.
Wie hängen die beiden Lösungen zusammen?
c) Erläutere, wo man bei Mayas Rechnung die Prozentzahl erkennt?
d) Eine Schachtel Pralinen kostete bisher 3,99 €. Der Preis für Kakao ist gesunken. Deshalb kann der Süßwarenhersteller seine Pralinen günstiger anbieten. Jede Schachtel wird nun mit einem Preisnachlass von 11 % verkauft. Der neue Preis lässt sich auch hier in einem Rechenschritt ermitteln. Wie viel kostet eine reduzierte Schachtel? Mit welchem Faktor muss der ursprüngliche Preis multipliziert werden?
e) Wie ist bei einem Nachlass die Prozentzahl im Faktor sichtbar? Beschreibe.

ERINNERE DICH
Beim Dreisatz werden in beiden Tabellenspalten die gleichen Rechenoperationen ausgeführt: Division durch 100 und Multiplikation mit 114,3.

Anteil	Masse
100 %	175 g
1 %	1,75
114,3 %	200,03 g

Lesen und Verstehen

Eine Firma stellt ihre Jahresumsätze in einem Diagramm dar. Sie interessiert, wann sie Zuwächse, also positives Wachstum, und wann sie Abnahmen, also negatives Wachstum, zu verzeichnen hatte. Im Diagramm wurden die absoluten Umsätze und damit das absolute Wachstum dargestellt. Das prozentuale Wachstum kann in diesem Fall aus den absoluten Werten berechnet werden.

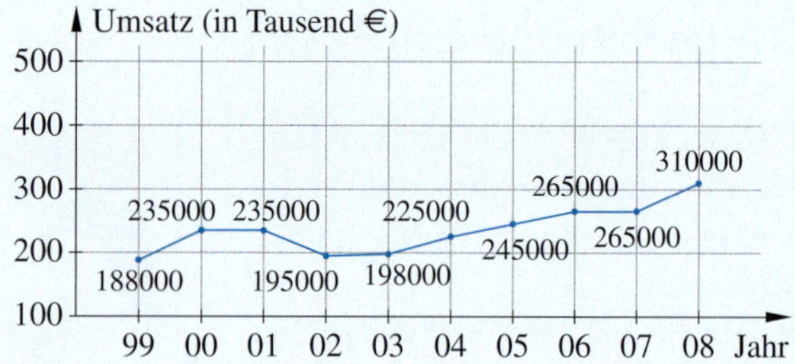

BEISPIEL
Von 1999 bis 2000 verzeichnete die Firma mit 47 000 € ein positives Wachstum.
Von 2001 bis 2002 liegt negatives Wachstum mit einem Verlust von 40 000 € vor.

Bei **positivem Wachstum,** also der Zunahme einer Größe, ist in gleichen Zeitspannen der jeweils folgende Wert größer als der vorherige. Es gilt: $x_1 < x_2$ und $f(x_1) < f(x_2)$

Bei **negativem Wachstum**, also der Abnahme einer Größe, ist in gleichen Zeitspannen der jeweils folgende Wert kleiner als der vorherige. Es gilt: $x_1 < x_2$ und $f(x_1) > f(x_2)$

Beim **absoluten Wachstum** werden Zu- oder Abnahme in **absoluten Zahlen** angegeben.

Positives lineares Wachstum (lineare Zunahme) liegt vor, wenn in gleichen Zeitspannen der jeweils nachfolgende Wert um immer den gleichen Betrag $m > 0$ zunimmt. Ist $m < 0$, handelt es sich um **negatives lineares Wachstum** (lineare Abnahme).

Lineares Wachstum lässt sich durch eine Funktion der Form $\boldsymbol{f(x) = m \cdot x + w_0}$ beschreiben. Dabei ist w_0 der Wert zu Beginn eines Wachstumsprozesses.

BEISPIEL 1

Von 2004 bis 2006 liegt lineares Wachstum vor. Der Umsatz der Firma stieg pro Jahr um $m = 20\,000$ €.
2004 wird hier als Startpunkt festgesetzt, somit ist $w_0 = 225\,000$ €.

$$f(x) = m \cdot x + w_0$$
$$f(0) = 20\,000\text{ €} \cdot 0 + 225\,000\text{ €} = 225\,000\text{ €}$$
$$f(1) = 20\,000\text{ €} \cdot 1 + 225\,000\text{ €} = 245\,000\text{ €}$$
$$f(2) = 20\,000\text{ €} \cdot 2 + 225\,000\text{ €} = 265\,000\text{ €}$$

Beim **prozentualen Wachstum** werden die Zu- oder Abnahmen **in Prozent** angegeben.

HINWEIS
Von 2000 auf 2001 erfolgt keine Änderung, $p = 0$ und $q = 1$.

HINWEIS
Man kann auch erst p % und dann q berechnen: 2002 sank der Umsatz um 40 000 €.
$\frac{-40\,000\text{ €}}{235\,000\text{ €}} \approx -17\,\%$.
$q \approx 1 - 0{,}17 \approx 0{,}83$

Positives oder negatives prozentuales Wachstum wird mit positiver oder negativer **Wachstumsrate p %** ausgedrückt.

Aus der Wachstumsrate ergibt sich der **Wachstumsfaktor q** mit
$\boldsymbol{q = 1 + p\,\% = 1 + \frac{p}{100}}$.

Bei positivem Wachstum ist $q > 1$, bei negativem Wachstum gilt $0 < q < 1$.
Für die Berechnung des nachfolgenden Wertes w_1 ergibt sich die Gleichung $w_1 = w_0 \cdot q$, durch Umstellen lässt sich q berechnen.

BEISPIEL 2

2009 erwartet die Firma 8 % mehr Umsatz:
$q = 1 + 8\,\% = 1 + 0{,}08 = 1{,}08$; für w_{09} folgt
$w_{09} = w_{08} \cdot q = 310\,000\text{ €} \cdot 1{,}08 = 334\,800\text{ €}$.
Es wird ein Umsatz von 334 800 € erwartet.

Der Umsatz für 2001 betrug 235 000 €, für 2002 betrug er 195 000 €.

$q = \frac{195\,000\text{ €}}{235\,000\text{ €}} \approx 0{,}83 = 1 - 0{,}17 = 1 - 17\,\%$

$p\,\% \approx -17\,\%$

Der Wachstumsfaktor betrug $q \approx 0{,}83$; die Wachstumsrate betrug $p\,\% \approx -17\,\%$.

Üben und Anwenden

1 Stelle folgende Daten in einem geeigneten Diagramm dar. Wo liegt positives, wo negatives Wachstum vor?

x	1	2	3	4	5	6
y	1,5	4	6,5	6	4	2

2 In der Tabelle wurde die Anzahl der Schulen, der Schülerinnen und Schüler und der Lehrkräfte an Gesamtschulen in NRW zusammengestellt.

Jahrgang	Schulen	Schüler	Lehrer
98/99	215	207 039	15 682
99/00	215	211 179	16 128
00/01	215	214 025	16 153
01/02	216	217 721	16 271
02/03	216	221 991	16 390
03/04	217	226 540	16 542
04/05	216	230 326	16 680
05/06	217	233 348	16 939
06/07	217	232 928	17 066
07/08	218	232 198	17 201

Quelle: Landesamt für Datenverarbeitung und Statistik NRW

a) Berechne die absoluten Zunahmen und Abnahmen der Schülerinnen und Schüler von den Jahrgängen 03/04 bis 07/08.
b) Runde die Anzahl der Lehrerinnen und Lehrer auf Hunderter. Wo liegt dann in dieser Rubrik lineares Wachstum vor?
c) Stelle die Anzahl der Schülerinnen und Schüler pro Jahrgang in einem Diagramm dar.
Runde die Werte vorher auf Tausender.
d) Ist in diesem Diagramm lineares Wachstum ablesbar? Wenn ja, in welchen Zeiträumen?

3 Überlege dir ein Thema, das dich interessiert. Suche dazu Daten im Internet, die über einen längeren Zeitraum erhoben wurden, wie z. B. die Anzahl der Internetnutzer oder Ausbildungsbetriebe in deiner Stadt. Nutze den Tipp in der Randspalte. Übertrage diese Daten in ein Diagramm und beschreibe den Verlauf.
Stelle deine Daten in der Klasse vor.

4 Betrachte die abgebildeten Diagramme.

①
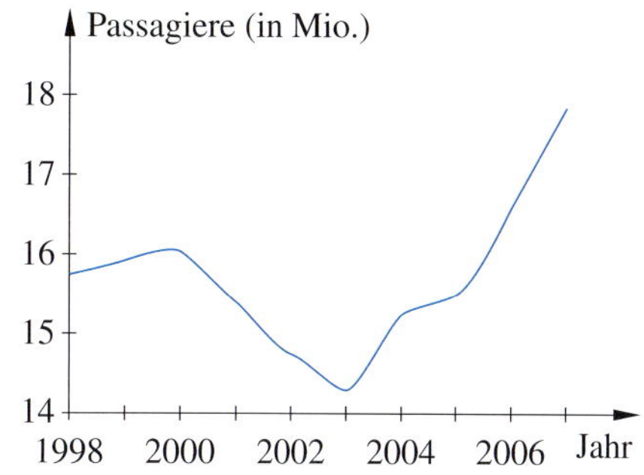

②
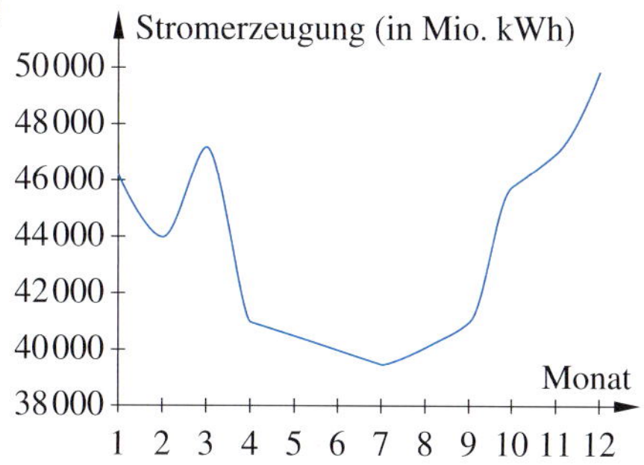

a) In welchen Zeiträumen lag negatives Wachstum bei ① vor? Wo erkennst du negatives Wachstum bei ②?
b) Prüfe, ob in Teilbereichen beider Diagramme lineares Wachstum vorliegt.
c) Finde Ursachen für den Anstieg bzw. die Abnahme der Stromerzeugung. Gibt es eine Erklärung für den Rückgang der Passagierzahlen und den erneuten Anstieg? Stelle Vermutungen an.

5 Eine Gruppe von Jugendlichen trinkt in einem Café Kiba für 2 € pro Glas. Sie trinken unterschiedlich viel.

a) Gib die zugehörige Funktionsgleichung an, die die Kosten beschreibt. Um was für eine Funktion handelt es sich?
b) Zeichne ein Säulendiagramm zu dieser Gleichung für $x = 0; 1; \dots; 10$.
c) Gib den Zuwachs der Säulen jeweils in Prozent an. Was fällt dir auf?

www 097-1

TIPP
Viele Daten findet man auf der Webpage des Statistischen Bundesamts.

SCHON GEWUSST?
Kiba ist ein Mixgetränk aus Kirsch- und Bananensaft.

6 Laut Angabe der „Deutschen Stiftung Weltbevölkerung“ lebten 2008 ca. 6,67 Mrd. Menschen auf der Erde. Die Zuwachsrate wird mit 1,2 % pro Jahr angegeben.

a) Gib den Wachstumsfaktor an.
b) Berechne die Weltbevölkerungszahl für 2009. Überprüfe die errechnete Zahl mit Hilfe des Internets.

098-1

BEACHTE
Unter dem Webcode findest du einen Link zu Bevölkerungsstatistiken.

7 In der abgebildeten Tabelle sind Daten über die Bevölkerungszahl einzelner Länder im Jahr 2008 und die jährliche Wachstumsrate angegeben.

Land	Bevölkerung in Mio.	Wachstumsrate
Brasilien	195,1	1,3 %
China	1324,7	0,5 %
Deutschland	82,2	−0,2 %
Frankreich	62,0	0,4 %
Guatemala	13,7	2,8 %
Indien	1149,3	1,6 %
Kenia	38,0	2,8 %
Litauen	3,4	−0,4 %
USA	304,5	0,6 %

Quelle: Deutsche Stiftung Weltbevölkerung

a) Berechne die Bevölkerungszahlen der einzelnen Länder für das kommende Jahr.
b) In welchem Land gab es das größte absolute Bevölkerungswachstum? In welchem Land gab es das kleinste?
c) Informiere dich, wie eine solche Wachstumsrate ermittelt wird.

8 2009 lebten in Afghanistan 33,55 Mio. Menschen. 2008 waren es erst 32,7 Mio. Menschen.

a) Welcher Wachstumsfaktor ergibt sich aus dem Bevölkerungszuwachs?
b) Wie hoch ist die Wachstumsrate in %? Beschreibe, wie man sie berechnet.

9 Forme die Gleichung $w_1 = w_0 \cdot q$ um.

a) Stelle nach w_0 um.
b) Löse nach q auf.
c) Welche Werte kann q annehmen, wenn w_0 größer ist als w_1? Sowohl w_0 als auch w_1 sollen positiv sein.

BEACHTE
w_0 steht für den Ausgangswert, w_1 für den darauf folgenden Wert.

10 Eine Firma stellte einen großen Teil ihres Schriftverkehrs auf E-Mail um. Daraufhin sank die Anzahl der Briefe von 12 500 auf 9600 Briefe pro Monat.

a) Bestimme den Wachstumsfaktor.
b) Um wie viel Prozent sank die Anzahl der mit der Post versandten Briefe?

11 Von 2006 bis 2007 sind die Anmeldezahlen für Gesamtschulen von 44 017 auf 46 925 gestiegen. Im Jahr 2008 wurden 44 435 Schülerinnen und Schüler angemeldet.

a) Berechne die Zuwachsrate von 2006 auf 2007 in Prozent.
b) Gib den Wachstumsfaktor für das Jahr 2008 an. Wie hoch ist die Abnahme der Anmeldezahlen in Prozent?

12 Eine Gesamtschule feiert alle fünf Jahre ein großes Fest und lädt alle Einwohner aus der Stadt dazu ein. Der Erlös des Schulfestes geht an eine Partnerschule in Südamerika. Um den Erlös zu erhöhen, wollen die Schülerinnen und Schüler auf Plakaten Werbung machen. Sie recherchierten im Internet, dass sie so die Einnahmen um ca. 30 % erhöhen können. Der Aufwand kostet allerdings etwa 100 € bis 200 €.

a) Der Erlös aus dem letzten Fest betrug 5480 €. Mit welchem Erlös rechnet der Berater in diesem Jahr?
b) Lohnt sich ein Werbespot im Radio, wenn 30 s Sendezeit 138 € kosten und sich der Erlös dann noch einmal um 5 % erhöht? Schätze ab.

13 Ein Sportverein hatte im Jahr 2000 genau 2000 Mitglieder. Bis zum Jahr 2010 nahmen die Mitgliederzahlen jährlich um durchschnittlich 10 % ab.

a) Wie viele Mitglieder hatte der Verein im Jahr 2010? Stelle den jährlichen Mitgliederschwund in einer Tabelle dar.
b) Erzeuge die zugehörige Kurve im Koordinatensystem.
c) Handelt es sich um lineares Wachstum? Begründe.

Exponentielles Wachstum

Erforschen und Entdecken

1 Übertrage die vier Tabellen in dein Heft. Berechne die fehlenden Werte im Kopf oder mit Hilfe des Taschenrechners und notiere die Ergebnisse.

①

$2 \cdot 0$	$2 \cdot 1$	$2 \cdot 2$	$2 \cdot 3$	$2 \cdot 4$	$2 \cdot 5$	$2 \cdot 6$	$2 \cdot 7$

②

0^2	1^2	2^2	3^2	4^2	5^2	6^2	7^2

③

2^0	2^1	2^2	2^3	2^4	2^5	2^6	2^7

④

$\left(\frac{1}{2}\right)^0$	$\left(\frac{1}{2}\right)^1$	$\left(\frac{1}{2}\right)^2$	$\left(\frac{1}{2}\right)^3$	$\left(\frac{1}{2}\right)^4$	$\left(\frac{1}{2}\right)^5$	$\left(\frac{1}{2}\right)^6$	$\left(\frac{1}{2}\right)^7$

NACHGEDACHT
Nenne Beispiele, die durch die Gleichungen $f(x) = 2^x$, $f(x) = 2 \cdot x$, $f(x) = \left(\frac{1}{2}\right)^x$, $f(x) = x^2$ beschrieben werden.

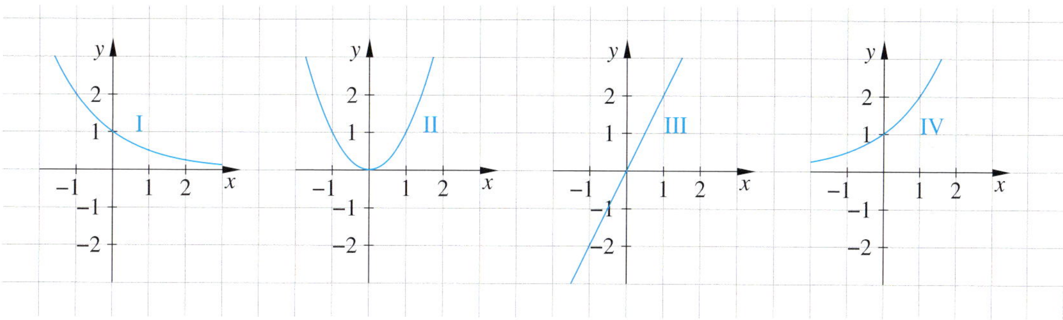

a) Ordne den Tabellen die verschiedenen Funktionsvorschriften aus der Randspalte und die jeweils zugehörigen Funktionsgraphen zu.
b) Beschreibe den Verlauf der einzelnen Funktionsgraphen im Vergleich zueinander.
c) Ist der Verlauf in den Funktionsvorschriften schon erkennbar? Begründe!

2 Bei einer Stiftung wird Geld zu einem bestimmten Zinssatz angelegt. Damit das Kapital erhalten bleibt, werden nur die Zinserträge für gemeinnützige Zwecke ausgegeben. Einer Schulstiftung stehen 50 000 € zur Verfügung. Das Geld soll zu einem Zinssatz von 5 % p. a. für fünf Jahre angelegt werden. Die Zinsen können jährlich ausgezahlt werden (①) oder erst nach Ablauf der fünf Jahre (②). Übertrage die Tabelle in dein Heft und fülle sie für beide Anlagemodelle aus.

Laufzeit (in a)	① Kapital (in €)	② Kapital (in €)
0	50 000	50 000
1	52 500	52 500
2	55 125	55 000
3	…	…
4		
5		
10		
Zinsgewinn nach 5 a		
Zinsgewinn nach 10 a		

a) Welcher Zinsgewinn steht der Stiftung nach fünf Jahren bei den beiden Anlagemodellen zur Verfügung?
b) Wie groß ist der Unterschied nach 10 Jahren?
c) Wie sollte man mit diesem Geld nun verfahren? Diskutiert darüber in der Klasse und begründet eure Meinung.

HINWEIS
p. a. steht für „per anno“ und bedeutet „pro Jahr“.

Lesen und Verstehen

Wissenschaftler erstellen jährlich Prognosen zur Entwicklung der Weltbevölkerung. Dazu liegen ihnen Daten aus vergangenen Jahren vor, auf die sie ihre Prognosen stützen.

Zurzeit wächst die Anzahl der Menschen jedes Jahr um 1,2 %. Für die Zukunft wird diese Anzahl also pro Jahr mit dem Wachstumsfaktor $q = 1{,}012$ multipliziert. Im Internet gibt es eine Weltbevölkerungsuhr, die nach dieser Rechnung die aktuelle Bevölkerungszahl anzeigt.

100-1

BEACHTE
Unter dem Webcode findest du einen Link zur Weltbevölkerungsuhr.

> Wird eine Ausgangsgröße in gleich bleibenden Zeitspannen mit einem konstanten Faktor q multipliziert, so spricht man von **exponentiellem Wachstum.**

Gilt für den Wachstumsfaktor $q > 1$, liegt **exponentielle Zunahme** vor.

Gilt für den Wachstumsfaktor $0 < q < 1$, liegt **exponentielle Abnahme** vor.
Bei $q = 1$ erfolgt keine Änderung.

SCHON GEWUSST?
Die Weltbevölkerung wächst jährlich um 1,2 % an. Die Einwohnerzahl von Deutschland nimmt jährlich um 0,2 % ab.

BEISPIEL
Exponentielle Zunahme weltweit:

Jahr	2008	2009	2010
Weltbevölkerung (in Mrd.)	6,70	6,78	6,86

$\cdot\, 1{,}012$ $\cdot\, 1{,}012$

Exponentielle Abnahme in Deutschland:

Jahr	2008	2009	2010
Bevölkerung Deutschlands (in Mio.)	82,20	82,03	81,87

$\cdot\, 0{,}998$ $\cdot\, 0{,}998$

Üben und Anwenden

1 Starte bei drei und verdopple fünfmal hintereinander.

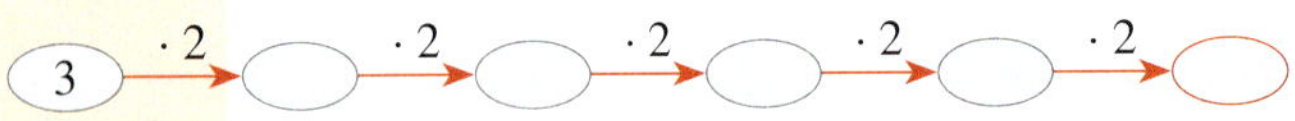

a) Welche Zielzahl wird erreicht?
b) Trage die Werte der einzelnen Schritte in ein Koordinatensystem ein und beschreibe den Kurvenverlauf.
c) Welche Art von Wachstum liegt vor?

2 Starte bei drei und halbiere fünfmal hintereinander.
a) Welche Zielzahl wird erreicht?
b) Trage die Werte der einzelnen Schritte in ein Koordinatensystem ein und beschreibe den Kurvenverlauf.
c) Welche Art von Wachstum liegt vor?
d) Vergleiche die Funktionsgraphen aus Aufgabe 1 und 2.

NACHGEDACHT
Finde zu den Aufgaben 1 und 2 jeweils eine passende Realsituation.

3 Ein Kapital von 5 000 € wird mit 3 % p. a. verzinst. Jährlich werden die Zinsen gutgeschrieben und verbleiben auf dem Konto. Ergänze die Tabelle im Heft.

	Zinsen	Kapital
zu Beginn	0 €	5000 €
nach 1 Jahr	150 €	5150 €
nach 2 Jahren		
nach 3 Jahren		
nach 4 Jahren		
nach 5 Jahren		

a) Wie hoch ist das Kapital nach fünf Jahren?
b) Stelle den Zuwachs der Zinsen in einem Koordinatensystem dar.
c) Wie viele Zinsen wurden nach fünf Jahren erwirtschaftet?
d) Wie viel Zinsen wären es nach fünf Jahren gewesen, wenn diese jährlich ausgezahlt worden wären?

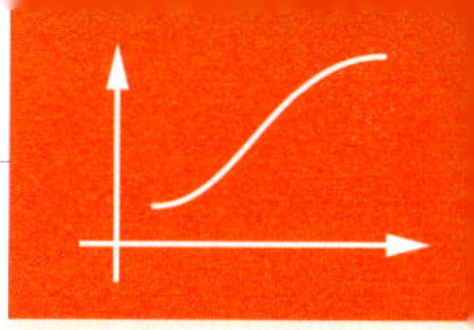

4 Wird ein Kapital zu einem festen Zinssatz angelegt und wird zwischendurch kein Geld abgehoben, so wächst das Kapital immer weiter an.

a) Wächst das Kapital exponentiell oder linear? Begründe.

b) Ein Kapital von 6000 € wird fünf Jahre lang bei einem Zinssatz von 4 % p. a. angelegt. Berechne die Zinsen nach fünf Jahren, indem du dir eine Tabelle wie in Aufgabe 3 anlegst.

5 Genauso wie ein Kapital kann auch ein Schuldenberg schnell anwachsen.
Auf Kredit wurde für 2500 € eine Stereoanlage gekauft. Bisher wurde noch keine Rückzahlung geleistet.

a) Wie hoch ist der Schuldenberg nach drei Jahren bei jährlich 11 % Zinsen? Berechne über die Tabelle.

	Zinsen	Kapital
zu Beginn	0 €	2500 €
nach 1 Jahr	375 €	2775 €
nach 2 Jahren		
…		

b) Welche Summe müsste nach fünf Jahren zurückgezahlt werden, wenn immer noch keine Rückzahlung geleistet wurde?

c) Wie viel Zinsen wurden nach drei Jahren (fünf Jahren) insgesamt angespart?

d) Berechne den prozentualen Anteil der Zinsen am Wert der Stereoanlage nach drei Jahren. Wie hoch ist der prozentuale Anteil nach fünf Jahren?

6 Mit Hilfe von Wachstumsraten kann man berechnen, wie viele Menschen in einem Land oder weltweit in Zukunft leben werden.
Die Wachstumsrate weltweit beträgt zurzeit ca. 1,2 % jährlich. 2009 lebten auf der Erde ca. 6,81 Mrd. Menschen.

a) Gib den Wachstumsfaktor q an.

b) Wie viele Menschen werden 2010 auf der Erde leben?

c) Wie viele Menschen werden es 2011 und 2012 sein, wenn der Wachstumsfaktor sich nicht ändert?

7 In Deutschland beträgt die jährliche Wachstumsrate −0,2 %. 2009 lebten bei uns ca. 82 Millionen Menschen.

a) Gib den Wachstumsfaktor q an.

b) Wie viele Menschen werden es 2010 sein?

c) Berechne die Anzahl der in Deutschland lebenden Menschen für die Jahre 2011, 2012 und 2013. Benutze dabei die oben genannte Wachstumsrate.

8 Im Jahr 2010 verdiente ein Unternehmen 400 000 €. Dann gingen die Gewinne auf Grund einer Wirtschaftskrise um 20 % pro Jahr zurück.

a) Gib den Wert für q an.

b) Berechne den voraussichtlichen Gewinn für die Jahre 2011, 2012 und 2013, falls q unverändert bleibt.

c) Zeichne eine Kurve über den genannten Zeitraum.

d) Welche Faktoren können die Wachstumsrate beeinflussen, sodass sie sich verändert und für 2013 beispielsweise nicht mehr gültig ist?

9 Verfasse einen Eintrag in deinem Lerntagebuch zu verschiedenen Wachstumsarten. Stelle dazu lineares, quadratisches und exponentielles Wachstum gegenüber. Nenne jeweils ein Beispiel und stelle die typischen Eigenschaften anschaulich dar.

10 Entscheide, ob in den Wertetabellen exponentielles Wachstum vorliegt.

a)

x	0	1	2	3
y	200	150	100	50

b)

x	−1	0	1	4
y	10 000	12 000	14 400	17 280

c)

x	0	1	2	3
y	128	160	200	250

d)

x	0	1	2	3
y	1	2	4	6

WWW 101-1

BEACHTE
Unter dem Webcode findest du eine Linkliste zum Thema Schulden.

HINWEIS
Ordne die Graphen von Aufgabe 1 auf Seite 99 der jeweiligen Wachstumsart zu.

ZUM WEITERARBEITEN
Überlege dir zu Aufgabe 10 a) eine reale Situation.

Lernzirkel zu Wachstum und Zerfall

Wachstum von Seerosen

Rätselfrage: Auf einem See wachsen Seerosen, die ihre Anzahl jährlich verdoppeln. Nach acht Jahren ist der halbe See zugewachsen. Wie lange dauert es, bis der ganze See damit bedeckt ist?
Die meisten Leute beantworten die Frage folgendermaßen:
„In weiteren acht Jahren ist der See zugewachsen."

1. Wie lautet die richtige Antwort?
2. Wo ist der Denkfehler bei der oben genannten Antwort?
3. Zu welchem Teil war der See nach drei Jahren bedeckt? Erläutere deinen Lösungsweg.
4. Zeichne ein Modell des Sees nach sechs Jahren. Das Modell soll die Fläche eines Kreises mit dem Radius $r = 5\,\text{cm}$ haben. Wie groß ist der Mittelpunktswinkel der bewachsenen Fläche?

Material: Geodreieck, Zirkel, Papier, Schere
Tipp zur Lösung: Löse die Aufgaben rückwärts, ausgehend vom komplett bedeckten See und arbeite mit Papier und Schere.

Zerfall von Bierschaum

Führt den Bierschaumversuch in Dreiergruppen durch.

Versuchsmaterial:
- verschiedene Sorten alkoholfreies Bier
- ein Bierglas mit zylindrischer Form
- ein langes Lineal
- eine Stoppuhr
- Stift und Papier
- ein Plakat für alle Gruppen gemeinsam

TIPP
Fragt euren Chemie-Lehrer nach einem schmalen Standzylinder. Damit lässt sich der Versuch einfacher durchführen als mit den Biergläsern.

Versuchsdurchführung:
Verteilt untereinander die Aufgaben „Höhe messen", „Zeit messen" und „Messdaten notieren". Ihr benötigt die folgende Tabelle für eure Messdaten.

Zeit in s	0	10	20	30	40	…
Höhe in cm						

Wenn ihr soweit vorbereitet seid, gießt das Bier in das Glas. Messt sofort die Höhe der Schaumkrone und wiederholt die Messung in einem Rhythmus von zehn Sekunden, bis der Schaum nicht mehr oder fast nicht mehr da ist.

Auswertung:
1. Übertragt eure Werte in ein Koordinatensystem. Zeichnet daraus eine Kurve.
2. Zeichnet die Kurve noch einmal auf ein loses Blatt Papier und klebt dieses mit Angabe eurer Biersorte auf das Plakat.
3. Nachdem auch Kurven aus anderen Gruppen vorliegen, vergleicht diese miteinander. Welches ist das Bier mit der besten Haltbarkeit der Schaumkrone?

SCHON GEWUSST?
Die Schaumkrone besteht aus vielen kleinen Bläschen, die Kohlenstoffdioxid (CO_2) enthalten.

Papier falten

Für die folgende Aufgabe werden einige Blätter Papier in der Stärke $80\,\frac{g}{m^3}$ (z. B. Kopierpapier) und in der Stärke $120\,\frac{g}{m^3}$ (z. B. Bastelpapier oder Briefbogen) benötigt.
Ein Blatt Papier der Stärke $80\,\frac{g}{m^3}$ ist 0,12 mm dick.
Ein Blatt Papier der Stärke $120\,\frac{g}{m^3}$ ist 0,15 mm dick.

1. Falte beide Papiere so, dass sich ihr Flächeninhalt jeweils halbiert.
   Wie oft können die Blätter in dieser Weise gefaltet werden? Wie viele Lagen liegen übereinander? Wie dick sind die Papierpakete nun? Miss und berechne.
2. Wie oft müssen die Blätter gefaltet werden, bis sie jeweils eine Dicke von einem Millimeter erreichen?
3. Wie oft müssen die Blätter gefaltet werden, bis ihre Dicke einen Meter erreicht?
   Schätze vorher ab und berechne dann über die Tabellen.

Papier in der Stärke $80\,\frac{g}{m^3}$	Anzahl der Faltungen	0	1	2	3	…
	Dicke in mm	0,12	0,24	…		

Papier in der Stärke $120\,\frac{g}{m^3}$	Anzahl der Faltungen	0	1	2	…	
	Dicke in mm	0,15	…			

4. So wie die Dicke sich bei jeder Faltung verdoppelt, halbiert sich der Flächeninhalt.
   Berechne den Flächeninhalt eines DIN-A4-Papiers. Miss dazu beide Seitenlängen.
   Runde deinen Wert auf volle cm^2.
   Überprüfe deine Berechnung noch einmal mit der folgenden Angabe: Ein Quadratmeter entspricht 16 DIN-A4-Bogen.
5. Wie groß ist die oberste Lage des Papierpakets nach zwei (drei, vier) Faltungen?
6. Wie oft müsste das Papier gefaltet werden, bis der Flächeninhalt der obersten Lage nur noch einen Quadratzentimeter groß ist? Nutze zur Berechnung eine Tabelle.

SCHON GEWUSST?
Die Papierstärke ist die Masse eines Quadratmeters Papier in Gramm, wird also in der Einheit $\frac{g}{m^2}$ angegeben.

Berechnung von Zinsen mit Hilfe eines Tabellenkalkulationsprogramms

Lege wie im Beispiel rechts eine Tabelle mit den Spalten Laufzeit in Jahren, Kapital am Jahresanfang, Zinsen und Kapital am Jahresende an.
Damit Zinsen und Kapital vom Programm berechnet werden können, muss in den entsprechenden Zellen eine Formel angegeben werden. In diesem Beispiel wird in Zelle **C10** die Formel **=B10*B5/100** eingebeben.

	A	B	C	D
1	**Berechnung von Zinsen und Zinseszinsen**			
2				
3	**Eingabe der Parameter:**			
4	Kapital in €	25000		
5	Zinssatz in %	4,5		
6				
7	**Berechnung:**			
8	Laufzeit	Kapital in €	Zinsen	Kapital in €
9	in Jahren	am Jahresanfang	in €	am Jahresende
10	1	25000,00	=B10*B5/100	26125,00
11	2	26125,00	1175,63	27300,63
12	3	27300,63	1228,53	28529,15
13	4	28529,15	1283,81	29812,97
14	5	29812,97	1341,58	31154,55

In Zelle D10 werden das Kapital am Jahresanfang und die Zinsen addiert.

Laufzeit in Jahren	Kapital in € am Jahresanfang	Zinsen in €	Kapital in € am Jahresende
1	25000,00	1125,00	=B10+C10

Der Wert aus Zelle **D10** wird als Kapital zu Jahresbeginn des Folgejahres (**A11**) übertragen.
Mit der Auto-Ausfülloption lassen sich nun die Formeln auf die darunterliegenden Zeilen übertragen, beachte dazu den Hinweis in der Randspalte.
Führe Berechnungen zu verschiedenen Kapitalbeträgen und Zinssätzenen durch.

HINWEIS
Mit der Eingabe **=B10*B5/100** *in* **C10** *bleibt der Bezug zur Zelle* **B5** *fest.*

Vermischte Übungen

1 Starte bei fünf und verdopple fünfmal hintereinander.

a) Zeichne den zugehörigen Funktionsgraphen in ein Koordinatensystem.
b) Welche Art von Wachstum liegt vor?

104-1
BEACHTE
Unter dem Webcode findest du Informationen zu Geldanlagemöglichkeiten.

2 Starte bei fünf und halbiere fünfmal hintereinander.
a) Zeichne den Funktionsgraphen.
b) Welche Art von Wachstum liegt vor?

3 Starte bei fünf und addiere fünfmal hintereinander zwei.
a) Wie lautet die Funktionsgleichung?
b) Zeichne den Funktionsgraphen in ein Koordinatensystem.
c) Welche Art von Wachstum liegt vor?
d) Zeichne einen Graphen, der eine lineare Abnahme zeigt. Gib die zugehörige Funktionsgleichung an.

HINWEIS
Kreditsicherheiten, wie z. B. Bürgschaften, Grundpfandrechte oder Mobilien, sind eine Garantie für die Rückzahlung eines Kredites.

4 Ein Möbelhaus bietet seinen Kunden an, dass eine Küche über zwölf Monate in Raten abbezahlt werden kann. Die Küche kostet 4500 € bei Barzahlung. Die Monatsraten betragen 386,25 €.

a) Wie hoch ist der effektive Jahreszinssatz, der hinter diesem Ratenangebot steht?
b) Warum ist der Kredit des Möbelhauses deutlich günstiger als der Privatkredit einer Bank? Überlege dir Gründe dafür. Berücksichtige dabei die Interessen der verschiedenen Kreditgeber.
c) Informiere dich über Ratenkreditangebote. Das Internet und die Werbung bieten dir dazu Möglichkeiten.

SCHON GEWUSST?
*Man spricht von **Wucher**, wenn der effektive Jahreszins um mehr als 91 % über dem Vergleichszins liegt und die Notlage des Kreditnehmers ausgenutzt wird. Wucher kann sogar strafbar sein.*

5 Ein Tagesgeldkonto ist ein verzinstes Konto. Es gibt keine Kündigungsfrist, der Kontoinhaber kann also täglich über sein Guthaben verfügen.
Es werden 60 000 € von einer Erbengemeinschaft auf einem Tagesgeldkonto angelegt. Der Zinssatz beträgt 3,6 % p. a.
a) Wie hoch sind die Zinsen, wenn das Geld für drei Jahre (fünf Jahre) auf dem Tagesgeldkonto bleibt?
b) Das Geld wird nach zehn Monaten abgehoben. Berechne die Zinsen.
c) Informiere dich über eine sichere Anlagemöglichkeit für weitere fünf Jahre.

6 Ergänze die Tabellen jeweils zu linearem und exponentiellem Wachstum.

a)

x	1	2	3	4
y	2	4		

b)

x	1	2	3	4
y	10	100		

7 Der effektive Jahreszinssatz für einen Privatkredit über 10 000 € bei einer Laufzeit von fünf Jahren lag 2008 bei verschiedenen Banken bei etwa 7,9 %. Die Banken benötigen Sicherheiten. Wer diese Sicherheiten nicht bieten kann, kann bei einem unseriösen Kreditinstitut zu einem Zinssatz von 16 % Geld aufnehmen.
a) Wie hoch sind die Schulden jeweils für beide Zinssätze nach zwei Jahren (drei Jahren, fünf Jahren)? Gehe bei der Berechnung davon aus, dass es für den Schuldner nicht möglich ist, auch nur eine einzige Rate zu bezahlen.
b) Welche Gründe gibt es, die Menschen dazu veranlassen, einen Kredit zu so ungünstigen Konditionen anzunehmen?
c) Berechne die jährlich anfallenden Zinsen mit Hilfe eines Tabellenkalkulationsprogramms.
Tipp: Auf Seite 103 wird beschrieben, wie solch ein Tabellenblatt angelegt werden kann.

8 In asiatischen und afrikanischen Ländern ist die Bevölkerungszunahme meist größer als in westlichen Industrieländern.

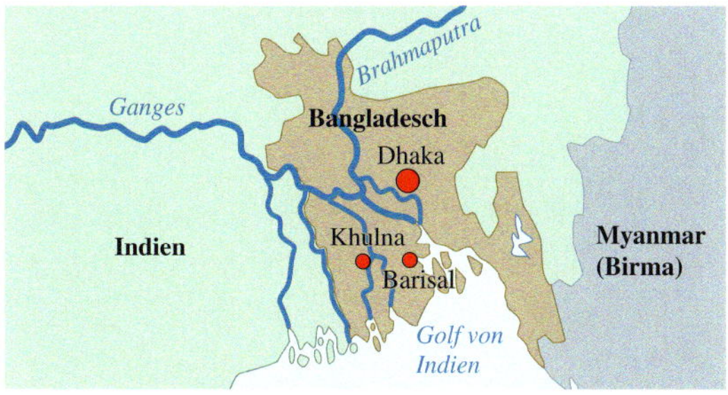

In dem südasiatischen Staat Bangladesch betrug 2009 die Wachstumsrate 1,6 % bei einer Bevölkerung von 162,2 Mio.
Berechne nach diesen Vorgaben die voraussichtliche Bevölkerungszahl Bangladeschs für die Jahre 2010 bis 2012.

9 In China waren Mehr-Kind-Familien seit Jahrhunderten Tradition, und es galt das Motto: „Viele Kinder, großes Glück". Dies führte zu einer explosionsartigen Zunahme der Bevölkerung. Der Staat griff regulierend ein. Jede Familie durfte nur noch ein Kind haben. Beim zweiten Kind wurden schon hohe Geldstrafen verhängt und Sozialleistungen gestrichen. Durch diese Maßnahmen sank die Wachstumsrate auf nur noch 0,5 %.

a) Gib den Wachstumsfaktor an.
b) 2009 lebten in China etwa 1,331 Mrd. Menschen. Berechne die Bevölkerungszahl für die Jahre 2010 bis 2013 bei einer unveränderten Wachstumsrate.
c) Stelle das Bevölkerungswachstum in einem Balkendiagramm dar.

10 Der folgende Artikel wurde 2008 im Internet veröffentlicht.
Lies den Artikel und bearbeite die Aufträge.

Das magere Autojahr

Im Gesamtjahr 2007 fiel die Nachfrage nach Neuwagen dem Verband [der Automobilindustrie] zufolge in Deutschland um 9 % auf 3,149 Mio. Fahrzeuge. Als Ursachen gelten neben der Mehrwertsteuererhöhung auch die Klimadebatte und die allgemeine Teuerung, speziell die hohen Benzinpreise.

Die Autoindustrie erreichte beim Export und der Produktion dagegen neue Rekordwerte. Drei von vier Autos gehen inzwischen ins Ausland. Im Dezember ging jedoch auch der Export zurück und lag mit 284 900 Pkw 2 % unter Vorjahresniveau.

Quelle: manager-magazin.de

a) Suche aus dem Text alle Werte heraus, mit denen sich ein Wachstum berechnen lässt. Ordne ihnen die entsprechenden Fachbegriffe aus diesem Kapitel zu.
b) Gib die entsprechenden Werte für q an.
c) Gehe von einem gleich bleibenden Rückgang für das nächste Jahr aus, und berechne die Anzahl der Fahrzeuge in 2008.
d) Welche weiteren Faktoren können das Wachstum einer Branche hemmen oder fördern?

11 In einer Thermoskanne befindet sich heißes Wasser mit einer Temperatur von 85 °C. Stündlich nimmt die Temperatur des Wassers in der Kanne um etwa 5 % ab.
a) Bestimme den Wachstumsfaktor q. Stelle eine passende Funktionsgleichung zur Berechnung der Temperatur auf.
b) Welche Temperatur hat das Wasser nach vier Stunden?
c) Bestimme grafisch, wann das Wasser bis auf Raumtemperatur abgekühlt ist. Zeichne dazu den Funktionsgraphen z. B. mit Hilfe eines Funktionenplotters und lies ab.

NACHGEDACHT
Tim und Tom haben jeweils 100 €. Tim gibt jeden Tag 8 € aus, Tom gibt jeden Tag 20 % seines Geldes aus. Wer ist schneller pleite?

HINWEIS
Raumtemperatur beträgt ca. 22 °C.

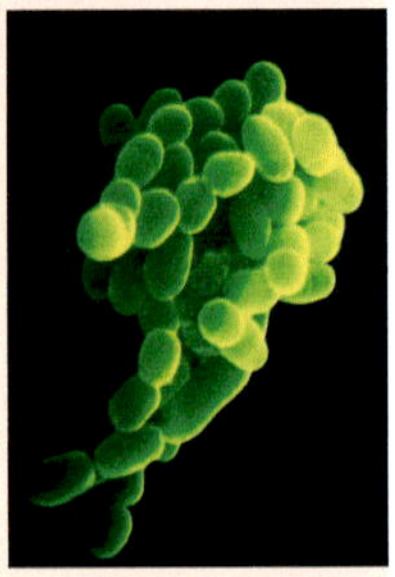

SCHON GEWUSST?
Bei höheren Temperaturen ist der Wachstumsprozess noch schneller. Bei idealen Bedingungen verdoppeln Milchsäurebakterien ihre Anzahl in nur 20 Minuten.

12 Milchsäurebakterien sind in Milchprodukten wie z. B. Käse oder Joghurt zu finden. Sie werden der Milch zugesetzt und bewirken, dass sie sauer wird.
Aus nur einigen Bakterien zu Beginn in der Milch, wächst eine enorme Anzahl in relativ kurzer Zeit. Bei geringer Temperatur verdoppelt sich die Zahl der Bakterien in nur einer Stunde.

a) Berechne die Anzahl der Bakterien, die nach fünf Stunden aus einer Bakterie entstanden sein können mit Hilfe der abgebildeten Tabelle.

Zeit in h	0	1	2	…
Anzahl	1	2	…	

b) Liegen zu Beginn 20 Bakterien vor, wie viele sind es dann nach fünf Stunden?

c) Wie viele Bakterien müssten der Milch zugegeben werden, damit nach fünf Stunden 4000 Bakterien enthalten sind? Erläutere deinen Lösungsweg.

13 In der „Rheinischen Post" vom 23. 12. 2009 wurde die abgebildete Grafik veröffentlicht.

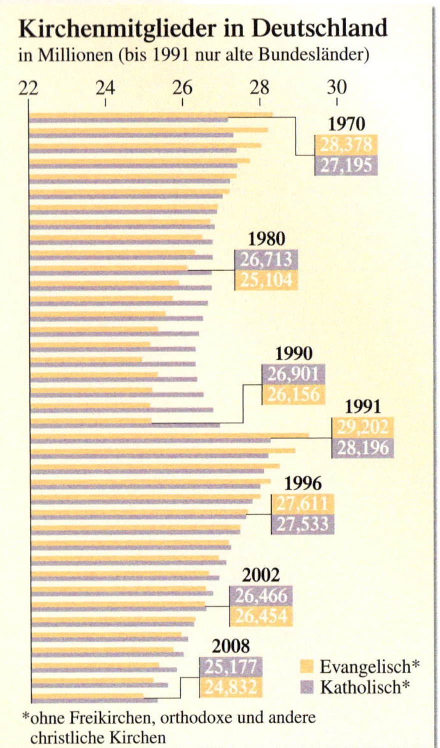

a) In welchen Zeiträumen nahm die Anzahl der Mitglieder in der evangelischen Kirche ab?

b) Wann gab es den größten Zuwachs in beiden Kirchen? Wie ist dieser sprunghafte Anstieg zu erklären?

c) Um wie viel Prozent verringerte sich der Mitgliederbestand in beiden Kirchen von 1970 bis 2008?

d) Äußere dich kritisch zur Darstellung.

14 Beim Bergsteigen kann man feststellen, dass die Temperatur abnimmt, je höher man kommt. Der Wert für diese Abnahme beträgt etwa 0,6 °C pro 100 Höhenmeter.
Hauptursache für die Temperaturabnahme ist die Entfernung von der Erdoberfläche, die Wärme speichert und dann wieder ausstrahlt.

a) Stell die Abnahme der Temperatur im Koordinatensystem bis 1000 m Höhe dar, wenn die Temperatur auf Meereshöhe 20 °C beträgt.

b) Um welche Art von Wachstum handelt es sich? Begründe.

c) Gib eine passende Funktionsgleichung an.

d) Auf 1500 m Höhe wird eine Temperatur von 7 °C gemessen. Wie viel Grad sind es dann in 650 m Höhe?

15 Im Jahr 2009 lebten ca. 6,81 Mrd. Menschen auf der Erde. Die Zuwachsrate beträgt ca. 1,2 % pro Jahr.
In welchem Jahr wird die 7-Mrd.-Marke überschritten? Schätze ab und erläutere deinen Lösungsweg.

16 Welche Startzahl erfüllt die folgenden Bedingungen?

a) Nach vier Verdopplungen wird 100 erreicht.

b) Nach nur drei Verdopplungen wird die Million um eins überschritten.

c) Nach fünf Halbierungen wird die 30 erreicht.

d) Nach sechs Verdopplungen lautet das Ergebnis eins.

Teste dich!

1 Beim Bergsteigen stellt man fest, dass der Luftdruck mit zunehmender Höhe um ca. 12 % pro km abnimmt. Beim Tauchen dagegen steigt der Wasserdruck alle 10 m um ca. 1 bar. Welche Art von Wachstum bzw. Abnahme liegt beim Luft- und Wasserdruck vor?

a

2 Ein Unternehmen hat eine Wachstumsrate von jährlich 4 % bezogen auf den Umsatz.
a) Gib den zugehörigen Wachstumsfaktor q an.
b) Der Umsatz des Unternehmens betrug im Jahr 2009 3,5 Mio. €.
Berechne den Umsatz für das Jahr 2010?

3 Die Wachstumsrate der Bevölkerung von Äthiopien beträgt 2,7 % pro Jahr.
2009 lebten dort 82,8 Mio. Menschen.
Wie viele werden es auf dieser Grundlage im Jahr 2010 sein?

4 In einem Jahr erhöhte sich der Mitgliederbestand eines Sportvereins von 678 auf 705 Mitglieder.
Wie hoch ist die Wachstumsrate?

b

2 Ein Unternehmen hat eine Wachstumsrate von jährlich 4 % bezogen auf den Umsatz.
a) Gib den zugehörigen Wachstumsfaktor q an.
b) Der Umsatz des Unternehmens betrug im Jahr 2009 3,5 Mio. €. Berechne den Umsatz für das Jahr 2010? Wie hoch wird er bei gleich bleibender Entwicklung 2011 und 2012 sein?

3 Die Wachstumsrate der Bevölkerung der Russischen Föderation beträgt –0,3 % pro Jahr. 2009 lebten dort 141,8 Mio. Menschen. Wie viele werden es auf dieser Grundlage im Jahr 2010 sein?

4 Von 1999 bis 2000 ist der Warenexport der Niederlande von 131,775 Mrd. US-$ auf 233,132 Mrd. US-$ gestiegen.
Wie hoch ist die Wachstumsrate?

5 Durch den Umbau des Stadions von Borussia Dortmund wurde die Anzahl der Zuschauerplätze erhöht. 1974 konnten insgesamt 54 000 Zuschauer die Spiele verfolgen, seit 2006 fasst das Stadion bis zu 80 552 Zuschauer.
Aufgrund von Sicherheitsvorkehrungen werden bei internationalen Spielen Stehplätze in Sitzplätze umgewandelt. Dadurch verringert sich die Anzahl der Plätze auf 65 718.

a) Wie groß ist der absolute Zuwachs an Plätzen von 1974 bis 2006?
b) Wie hoch ist der Zuwachs in Prozent?
c) Gib die prozentuale Abnahme an Sitzplätzen bei einem internationalen Spiel an.

HINWEIS
Brauchst du noch Hilfe, so findest du auf den angegebenen Seiten ein Beispiel oder eine Anregung zum Lösen der Aufgaben. Überprüfe deine Ergebnisse mit den Lösungen ab Seite 158.

Aufgabe	Seite
1	96, 100
2	96, 100
3	100
4	100
5	96

Zusammenfassung

→ Seite 96

Absolutes und prozentuales Wachstum

Bei der Zunahme einer Größe spricht man von **positivem Wachstum**.

Es gilt: $x_1 < x_2$ und $f(x_1) < f(x_2)$

Bei der Abnahme einer Größe spricht man von **negativem Wachstum**.

Es gilt: $x_1 < x_2$ und $f(x_1) > f(x_2)$

Beim **absoluten Wachstum** werden Zu- oder Abnahme in absoluten Zahlen angegeben.

Lineares Wachstum liegt vor, wenn sich in gleichen Zeitspannen der jeweils nachfolgende Wert um immer den gleichen Betrag m verändert.

Von 2004 bis 2006 liegt in einer Firma lineares Wachstum vor. Der Umsatz der Firma stieg von 225 000 € im Jahr 2004 pro Jahr um m = 20 000 €. 2004 wird hier als Startpunkt festgesetzt, somit ist w_0 = 225 000 €.

Lineares Wachstum lässt sich durch eine Funktion der Form $\boldsymbol{f(x) = mx + w_0}$ beschreiben. Dabei ist w_0 der Wert zu Beginn eines Wachstumsprozesses.

$f(x) = \quad m \quad \cdot x + \quad w_0$
$f(0) = 20\,000\,€ \cdot 0 + 225\,000\,€ = 225\,000\,€$
$f(1) = 20\,000\,€ \cdot 1 + 225\,000\,€ = 245\,000\,€$
$f(2) = 20\,000\,€ \cdot 2 + 225\,000\,€ = 265\,000\,€$

Beim **prozentualen Wachstum** werden die Zu- oder Abnahmen in Prozent angegeben.

Prozentuales Wachstum wird mit einer **Wachstumsrate p %** ausgedrückt. Aus der Wachstumsrate ergibt sich der **Wachstumsfaktor q** mit $\boldsymbol{q = 1 + p\,\% = 1 + \frac{p}{100}}$.

2009 erwartet die Firma 8 % mehr Umsatz:
$q = 1 + 8\,\% = 1 + 0{,}08 = 1{,}08$,
für $w_{'09}$ folgt
$w_{'09} = w_{'08} \cdot q = 310\,000\,€ \cdot 1{,}08 = 334\,800\,€$.
Es wird ein Umsatz von 334 800 € erwartet.
Der Umsatz für 2001 betrug 235 000 €, für 2002 betrug er 195 000 €.

Für die Berechnung des nachfolgenden Wertes w_1 ergibt sich die Gleichung $w_1 = w_0 \cdot q$, durch Umstellen lässt sich q berechnen.

$q = \frac{195\,000\,€}{235\,000\,€} \approx 0{,}83 = 1 - 0{,}17 = 1 - 17\,\%$
$p\,\% \approx -17\,\%$
Der Wachstumsfaktor betrug $q \approx 0{,}83$, die Wachstumsrate betrug $p\,\% \approx -17\,\%$.

→ Seite 100

Exponentielles Wachstum

Ändert sich eine Größe in gleich bleibenden Zeitspannen um einen konstanten Wachstumsfaktor q, so spricht man von exponentiellem Wachstum.

Gilt für den Wachstumsfaktor $\boldsymbol{q > 1}$, liegt **exponentielle Zunahme** vor.

Gilt für den Wachstumsfaktor $\boldsymbol{0 < q < 1}$, liegt **exponentielle Abnahme** vor.
Bei $q = 1$ erfolgt keine Änderung.

Exponentielle Zunahme weltweit:

Jahr	2008	2009	2010
Weltbevölkerung (in Mrd.)	6,70	6,78	6,86

$\cdot\,1{,}012 \quad \cdot\,1{,}012$

Exponentielle Abnahme in Deutschland:

Jahr	2008	2009	2010
Bevölkerung Deutschlands (in Mio.)	82,2	82,0	81,86

$\cdot\,0{,}998 \quad \cdot\,0{,}998$

Berechnungen an rechtwinkligen Dreiecken

Bei einer Schrägseilbrücke verteilt sich die Last der Fahrbahn auf mehrere Stahlseile, die an einem Brückenpfeiler befestigt sind. In regelmäßigen Abständen muss kontrolliert werden, ob die Stahlseile Beschädigungen aufweisen. Dazu fährt ein spezielles Gerät an jedem einzelnen Stahlseil entlang. Bei der Berechnung der Gesamtlänge aller Stahlseile einer Brücke kann der Satz des Pythagoras genutzt werden.

Noch fit?

1 Bestimme den Flächeninhalt eines Quadrats mit folgenden Seitenlängen.

a) $a = 4\,\text{cm}$ b) $a = 12\,\text{cm}$ c) $a = 1{,}5\,\text{m}$
d) $a = 2{,}8\,\text{mm}$ e) $a = 5\frac{1}{5}\,\text{dm}$ f) $a = 0{,}25\,\text{km}$

2 Gib die Seitenlänge eines Quadrats mit dem gegebenen Flächeninhalt an.

a) $A = 49\,\text{cm}^2$ b) $A = 169\,\text{mm}^2$ c) $A = 0{,}25\,\text{dm}^2$
d) $A = 5{,}76\,\text{m}^2$ e) $A = 3\frac{1}{16}\,\text{cm}^2$ f) $A = 1\,\text{ha}$

3 Gib in der in Klammern stehenden Einheit an.

a) 50 cm (dm) b) 8 m (dm) c) 9000 m (km)
d) 0,3 cm (mm) e) 7 dm (m) f) 400 m (km)
g) $200\,\text{cm}^2$ (dm^2) h) $6\,\text{cm}^2$ (mm^2) i) $10\,000\,\text{dm}^2$ (m^2)

4 Konstruiere die folgenden Dreiecke. Erstelle dazu zunächst eine Skizze.

a) $a = 5\,\text{cm}$; $b = 7\,\text{cm}$; $c = 8\,\text{cm}$ b) $c = 6{,}5\,\text{cm}$; $b = 4\,\text{cm}$; $\alpha = 57°$
c) $c = 7{,}3\,\text{cm}$; $\alpha = 45°$; $\beta = 83°$ d) $a = 5{,}4\,\text{cm}$; $\alpha = 29°$; $\beta = 75°$
e) $a = 5\,\text{cm}$; $c = 7\,\text{cm}$; $\gamma = 98°$ f) $a = 7\,\text{cm}$; $c = 5\,\text{cm}$; $\gamma = 98°$

5 Warum kann mit diesen Angaben kein Dreieck gezeichnet werden?

a) $b = 5{,}7\,\text{cm}$; $\alpha = 98°$; $\beta = 95°$ b) $a = 5\,\text{cm}$; $b = 3{,}5\,\text{cm}$; $c = 9\,\text{cm}$

6 Welche der folgenden Dreiecke haben gleich große Innenwinkel?

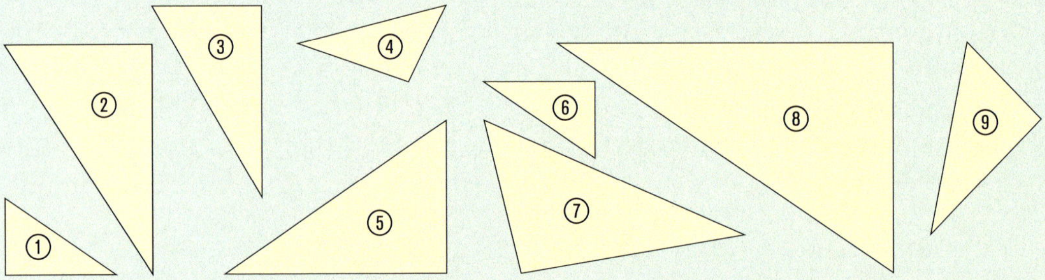

7 Überprüfe, ob die folgenden Aussagen wahr sind. Korrigiere falsche Aussagen.

a) $\frac{7}{10} = 0{,}7$ b) $0{,}8 = \frac{4}{5}$ c) $\frac{4}{25} = 4{,}25$
d) $3\frac{3}{4} = 3{,}34$ e) $2{,}25 = 2\frac{1}{4}$ f) $\frac{1}{3} = 0{,}3$
g) $3^2 + 7^2 = 58$ h) $5^2 + 2^2 = 7^2$ i) $10^2 - 6^2 = 8^2$

Kurz und knapp

1. Was ist ein spitzer (stumpfer) Winkel?
2. Die Innenwinkel eines Dreiecks summieren sich immer zu …
3. Ein Dreieck, in dem alle Seiten gleich lang sind, nennt man …
4. Welche Eigenschaft besitzt ein gleichschenkliges Dreieck?
5. Eine Zahl quadrieren heißt, …
6. In einem Dreieck liegt die Seite b dem Eckpunkt … gegenüber.

Rechtwinklige Dreiecke berechnen

Erforschen und Entdecken

1 Dreiecksrallye – Ein Spiel für 2 Personen
Ihr benötigt zwei Spielfiguren, ein Lineal oder ein Geodreieck und einen Würfel.
Der Spieler mit der größeren Telefonnummer beginnt und würfelt. Er rückt seine Spielfigur um die gewürfelte Augenzahl vor.
Dort entscheidet er, ob das Dreieck rechtwinklig ist.

Falls ja: Miss die Seitenlängen des Dreiecks und zeige, dass der Satz des Pythagoras gilt. Berechne dann den Flächeninhalt des Dreiecks.

Falls nein: Miss die drei Seiten des Dreiecks und zeichne das Dreieck in dein Heft. Berechne den Flächeninhalt des Dreiecks. Miss die notwendige Höhe mit einem Lineal oder Geodreieck.

Der Spielpartner prüft, ob die Berechnung richtig ist. Stimmt das Ergebnis, wird dem Spieler die Maßzahl des Flächeninhalts als Punkte gutgeschrieben und der Spielpartner ist an der Reihe.
Es dürfen keine zwei Figuren auf demselben Dreieck stehen. Ist ein Feld bereits besetzt, darf der Spieler seine Spielfigur auf ein benachbartes Feld seiner Wahl setzen.
Der Spieler, der nach zwei Runden die meisten Punkte hat, gewinnt.

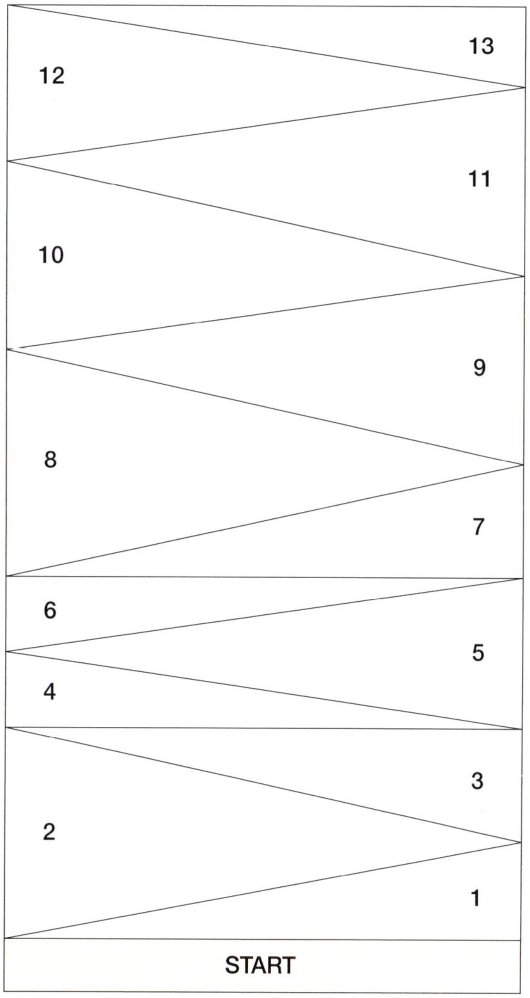

111-1
BEACHTE
Unter dem Webcode findest du die Dreiecksrallye zum Ausdrucken.

2 Bei einem Immobilienmakler stehen drei Grundstücke zum Verkauf.
a) Berechne die Größe der drei Grundstücke.
b) Zeige, dass die Quadratmeterpreise bei den drei Grundstücken unterschiedlich hoch sind?
Zu welchem Preis müssten die Grundstücke angeboten werden, wenn der Gesamterlös für die drei Grundstücke gleich hoch bleiben soll?
c) Jedes einzelne Grundstück soll eingezäunt werden. Berechne zunächst die Länge der roten und der blauen Strecke.
Bestimme dann, wie viel Meter Zaun benötigt werden, um die Grundstücke vollständig einzuzäunen.

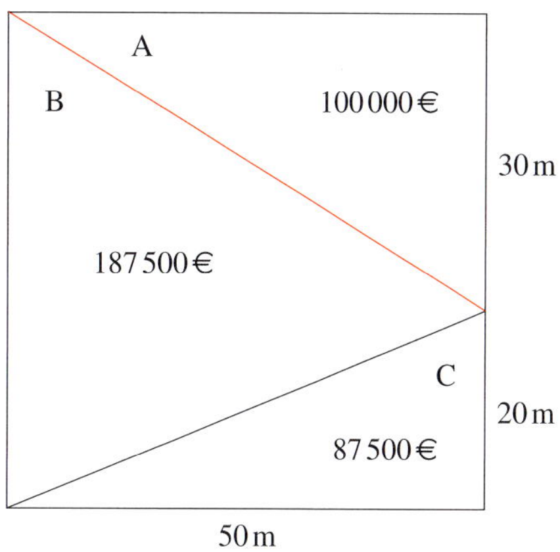

Lesen und Verstehen

Bei einem Immobilienmakler steht ein dreieckiges Grundstück zum Verkauf.
Zur Berechung der Grundstücksfläche kann es in Gedanken zu einem Rechteck ergänzt werden. Der Flächeninhalt des Rechtecks kann leicht berechnet werden. Anschließend muss der Flächeninhalt halbiert werden.

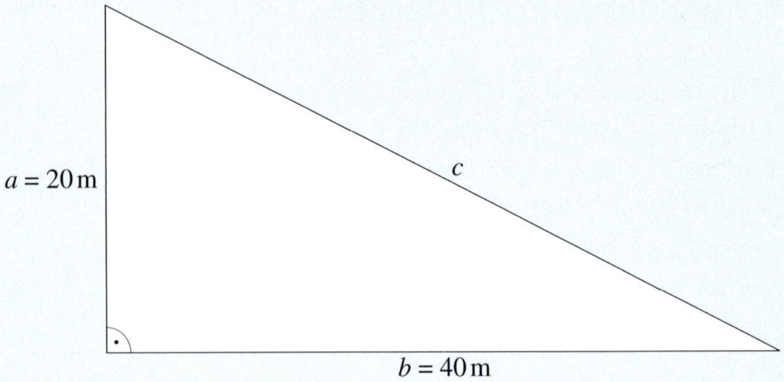

ERINNERE DICH
Die Katheten schließen den rechten Winkel des Dreiecks ein. Die Hypotenuse ist die Seite des Dreiecks, die dem rechten Winkel gegenüberliegt.

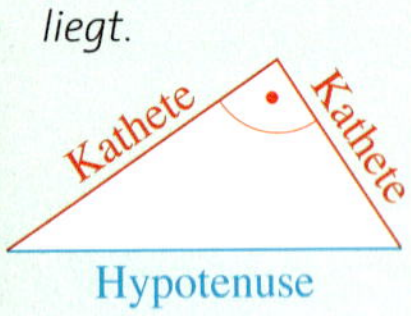

Der Flächeninhalt eines rechtwinkligen Dreiecks kann mit Hilfe der Länge der beiden Katheten bestimmt werden.

In einem rechtwinkligen Dreieck mit $\gamma = 90°$ gilt: $A = \frac{a \cdot b}{2}$

BEISPIEL 1
Berechnung der Fläche des Grundstücks mit $a = 20\,\text{m}$ und $b = 40\,\text{m}$

$A = \frac{20\,\text{m} \cdot 40\,\text{m}}{2} = 400\,\text{m}^2$

Das Grundstück hat eine Fläche von $400\,\text{m}^2$.

In rechtwinkligen Dreiecken gilt der Satz des Pythagoras.
Mit seiner Hilfe können fehlende Seitenlängen berechnet werden.

Satz des Pythagoras

Bei allen rechtwinkligen Dreiecken ist die Summe der Flächeninhalte der Kathetenquadrate gleich dem Flächeninhalt des Hypotenusenquadrats.

Ist das Dreieck wie im Bild mit $\gamma = 90°$ bezeichnet, gilt $\boldsymbol{a^2 + b^2 = c^2}$.

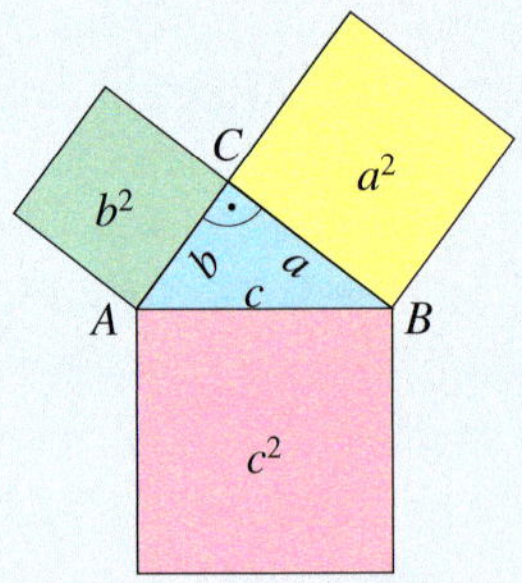

BEISPIEL 2
Das Grundstück soll eingezäunt werden. Dazu muss die Länge der Hypotenuse c bestimmt werden. Nach dem Satz des Pythagoras gilt:

$20^2 + 40^2 = c^2$

$400 + 1600 = c^2$

$2000 = c^2$ | Wurzel ziehen

$c \approx 44{,}7$ [m]

Die dritte Seite des Grundstücks hat eine Länge von ca. 44,7 m. Addition der drei Seiten des Grundstücks ergibt eine Länge von $20\,\text{m} + 40\,\text{m} + 44{,}7\,\text{m} = 104{,}7\,\text{m}$.
Es müssen mindestens 105 m Zaun gekauft werden.

BEISPIEL 3
Nicht immer sind die Längen beider Katheten eines Dreiecks gegeben. In diesem Fall muss die Gleichung erst nach der gesuchten Seite umgestellt werden.
gegeben: $a = 30\,\text{m}$, $c = 36\,\text{m}$
gesucht: Länge der Kathete b
Nach dem Satz des Pythagoras gilt:

$30^2 + b^2 = 36^2$

$b^2 = 36^2 - 30^2$

$b^2 = 396$ | Wurzel ziehen

$b \approx 19{,}9$ [m]

Die Kathete des Dreiecks hat eine Länge von ca. 19,9 m. Für dieses Grundstück werden mindestens 86 m Zaun benötigt.

Üben und Anwenden

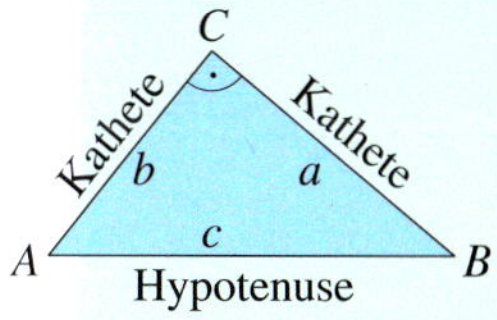

1 Gib an, welche Seite des rechtwinkligen Dreiecks die Hypotenuse ist und welche Seiten die Katheten sind.

a) 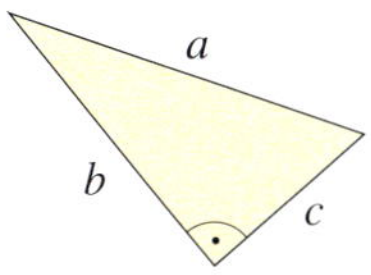

b) 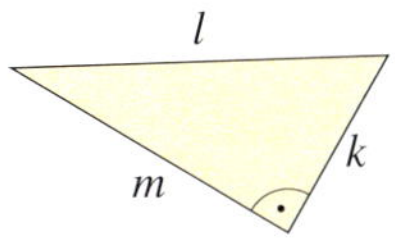

c) 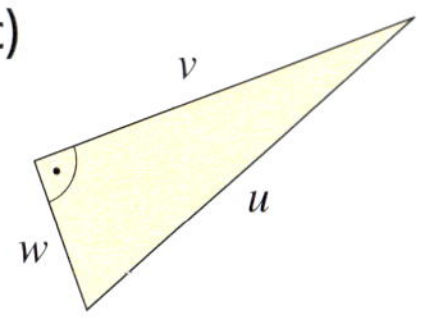

d) 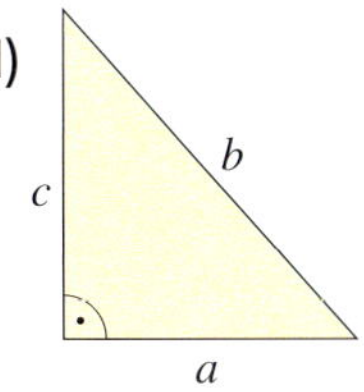

2 Berechne den Flächeninhalt der rechtwinkligen Dreiecke.

a) 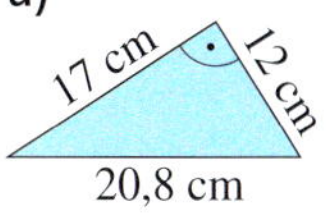

b) 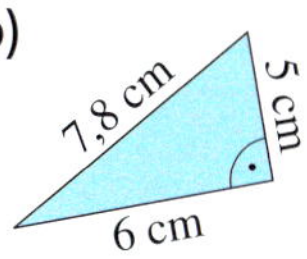

c) 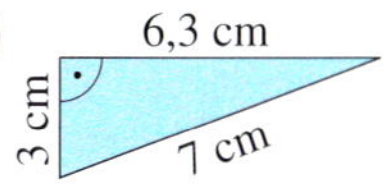

d) 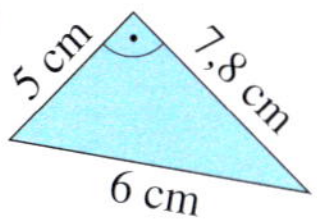

e) 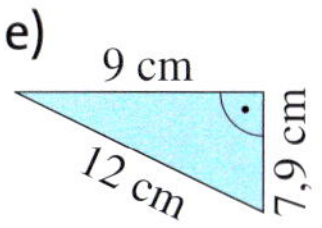

f) 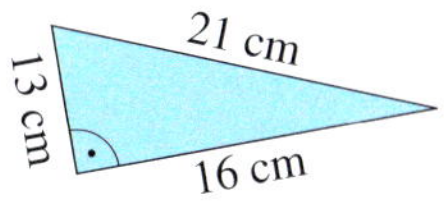

3 Übertrage die folgende Tabelle in dein Heft und vervollständige sie.

	Katheten	Hypotenuse	Satz des Pythagoras	A
a)	a; b	c	$a^2 + b^2 = c^2$	$\frac{a \cdot b}{2}$
…				

a) 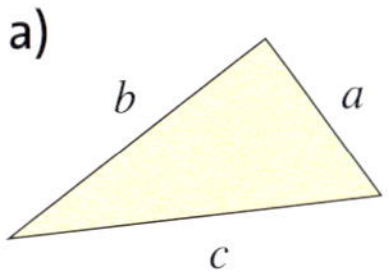

b) 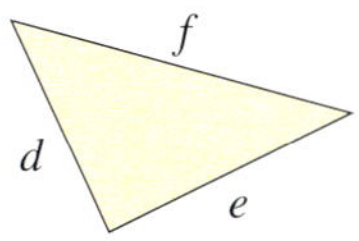

c) 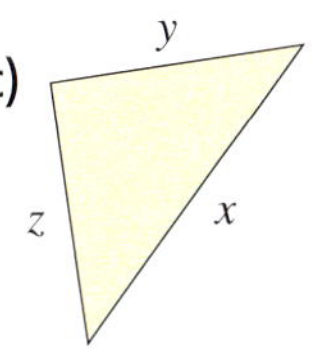

d) 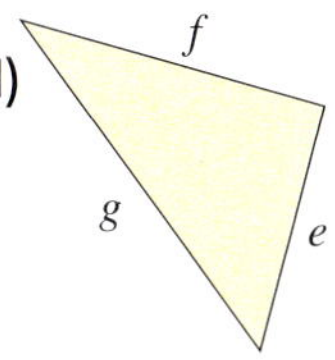

4 Berechne die fehlenden Seitenlängen der rechtwinkligen Dreiecke. Runde alle Ergebnisse auf eine Stelle nach dem Komma.

	a	*b*	*c*
a)	7 cm	9 cm	
b)	12 cm	7,5 cm	
c)		9 cm	15 cm
d)	18 cm		23 cm
e)	4,8 cm	5,9 cm	

5 Berechne den Flächeninhalt der Dreiecke.

a) 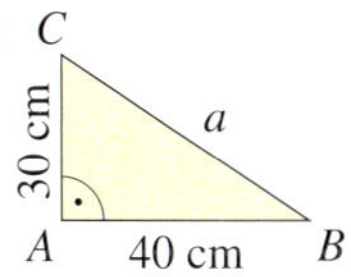

b) 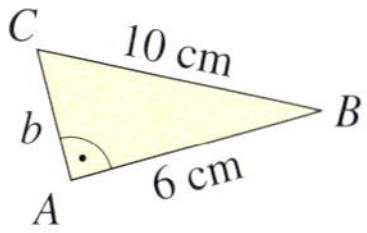

c) 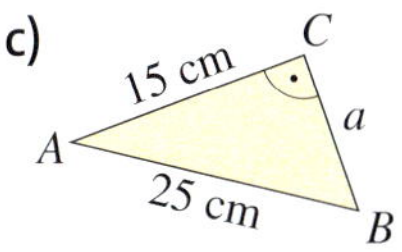

d) 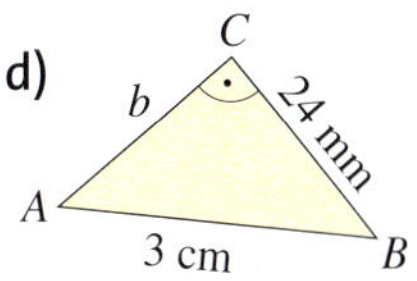

HINWEIS
Berechne zunächst die Länge der fehlenden Kathete.

6 Ist das Dreieck *ABC* mit $a = 5\,\text{cm}$, $b = 9{,}8\,\text{cm}$ und $c = 11\,\text{cm}$ rechtwinklig? Beschreibe und bewerte die beiden Lösungswege.

① $a^2 + b^2 = 5^2 + 9{,}8^2 = 121{,}04$

$c^2 = 11^2 = 121$

$121{,}04 \neq 121$

Das Dreieck ist nicht rechtwinklig.

② 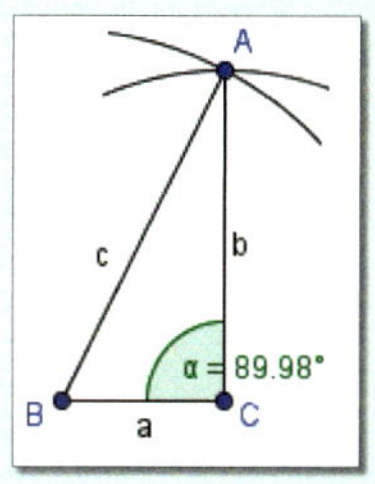

7 Überprüfe, ob die Dreiecke einen rechten Winkel haben. Berechne den Flächeninhalt der Dreiecke, falls dies mit den Angaben möglich ist.

	Kathete	Kathete	Hypotenuse
a)	6 cm	10 cm	13,2 cm
b)	7 cm	15 cm	20,6 cm
c)	3,3 cm	4,4 cm	5,5 cm
d)	18 cm	20 cm	26,9 cm
e)	5 cm	6,3 cm	8,0 cm
f)	13,5 cm	8 cm	15,7 cm
g)	15 cm	9,8 cm	19,7 cm

NACHGEDACHT
Wie berechnet man den Flächeninhalt nicht rechtwinkliger Dreiecke?

8 Die Diagonalen einer Raute stehen senkrecht aufeinander und halbieren sich gegenseitig.

a) Zeichne eine Raute deren Diagonalen 10 cm und 8 cm lang sind.

b) Berechne die Seitenlänge der Raute und überprüfe das Ergebnis an der Zeichnung.

c) Berechne den Flächeninhalt der Raute.

9 Ein gleichschenkliges Dreieck hat die Basis c und die Schenkel a und b. Berechne die Höhe h_c und den Flächeninhalt A des Dreiecks.

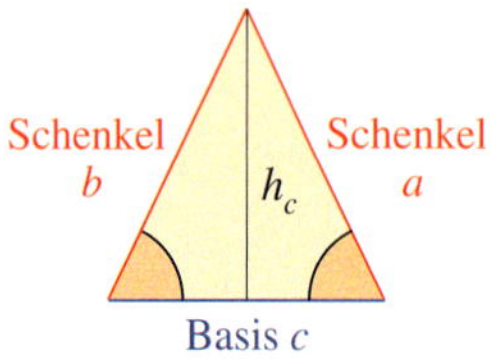

a) $a = b = 9\,\text{cm}$; $c = 8\,\text{cm}$

b) $a = b = 8\,\text{cm}$; $c = 9\,\text{cm}$

10 Berechne den Flächeninhalt eines gleichseitigen Dreiecks mit den folgenden Angaben. Beschreibe deinen Rechenweg.

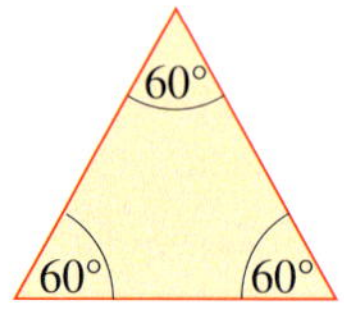

a) Seitenlänge $a = 10\,\text{cm}$

b) Umfang $u = 42\,\text{m}$

c) Zwei Dreiecksseiten haben zusammen eine Länge von 22 cm.

11 Berechne den Flächeninhalt des Trapezes. Beschreibe, wie du dabei vorgehst.

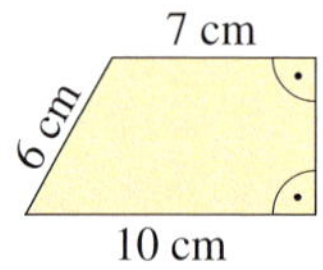

12 Erstellt im Team ein Lernplakat zur Flächenberechnung von Vielecken. Präsentiert eure Ergebnisse.

BEACHTE
Die Skizze der beiden Grundstücke ist nicht maßstäblich.

13 Die beiden abgebildeten Grundstücke werden von einem Makler zu einem Preis von 225 € pro m^2 zum Kauf angeboten.

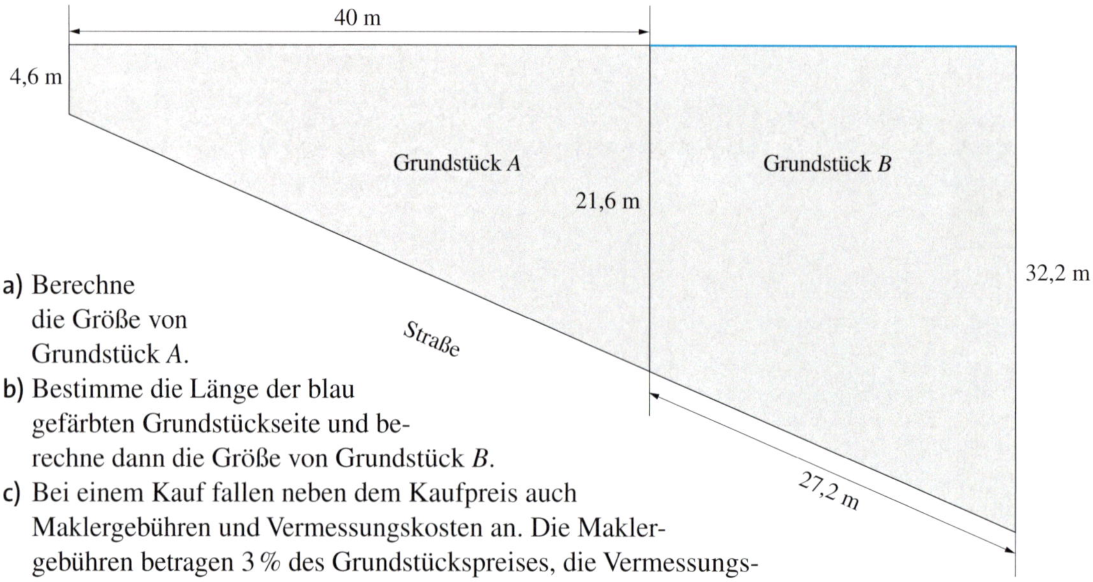

a) Berechne die Größe von Grundstück A.

b) Bestimme die Länge der blau gefärbten Grundstückseite und berechne dann die Größe von Grundstück B.

c) Bei einem Kauf fallen neben dem Kaufpreis auch Maklergebühren und Vermessungskosten an. Die Maklergebühren betragen 3 % des Grundstückspreises, die Vermessungskosten 1 150 € für jedes Grundstück.
Bestimme die jeweiligen Kosten, die beim Kauf der beiden Grundstücke anfallen.

d) Grundstück A soll eingezäunt werden. Wie viel Meter Zaun müssen mindestens gekauft werden?

e) Beim Einzäunen muss im Abstand von maximal 3 m ein Zaunpfahl stehen. Zaunpfähle kosten 7,95 €. Eine Rolle mit 25 m Maschendrahtzaun kostet 32,50 €, eine 15-m-Rolle 20,50 €. Wie hoch sind die Materialkosten, die beim Einzäunen von Grundstück A anfallen? Erstelle ein Plakat, das deine Überlegungen übersichtlich darstellt.

b Seitenverhältnisse in rechtwinkligen Dreiecken

Erforschen und Entdecken

1 Ein großer Automobilkonzern hat für einen Werbespot sein neues Pkw-Top-Modell die Ski-Sprungschanze Pitkävuori im finnischen Kaipola mit etwa 60 $\frac{\text{km}}{\text{h}}$ hinauffahren lassen. Auf dem letzten Abschnitt der Schanze wurde eine Steigung von fast 80 % bewältigt.

a) Erläutere mit Hilfe der Abbildung den Begriff Steigung. Verwende dabei die Begriffe Höhenunterschied und Horizontalunterschied.

b) Erkläre mit Hilfe der folgenden Skizze, wie die Angabe 80 % Steigung entstehen kann.

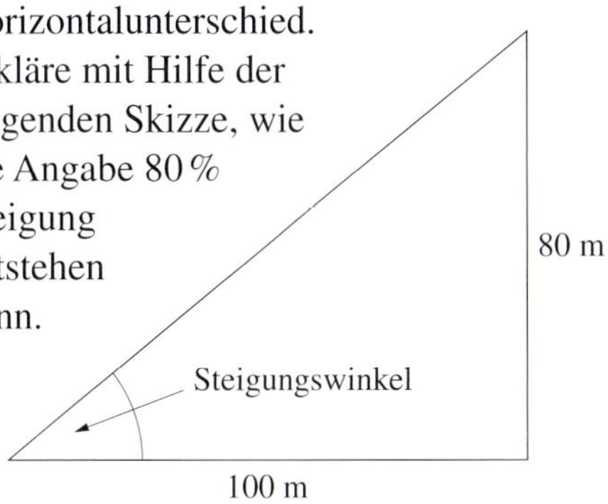

c) Wie groß müsste bei einer Steigung von 80 % der Höhenunterschied sein, wenn der Horizontalunterschied 50 m (200 m, 300 m) beträgt?

d) Zeichne ein rechtwinkliges Dreieck mit einer Steigung von 80 %. Miss den Steigungswinkel und vergleiche dein Ergebnis mit dem deiner Mitschüler. Welche Gemeinsamkeiten und welche Unterschiede weisen die von euch gezeichneten Dreiecke auf?

e) *Löse zeichnerisch:* Welchen Steigungswinkel besitzt ein rechtwinkliges Dreieck mit einer Steigung von 40 %? Können Steigungen beliebig groß werden? Kann es z. B. eine Steigung geben, die größer ist als 100 %? Begründe.

f) Ein rechtwinkliges Dreieck besitzt einen Steigungswinkel von 10°. Bestimme die Steigung in Prozent zeichnerisch.

2 In Dreiecken können die Verhältnisse sich entsprechender Seiten untersucht werden.

a) Konstruiere die folgenden Dreiecke.

① $a = 3\,\text{cm}$, $b = 4\,\text{cm}$, $c = 5\,\text{cm}$

② $a = 4{,}5\,\text{cm}$, $b = 6\,\text{cm}$, $\gamma = 90°$

③ $a = 5\,\text{cm}$, $b = 4\,\text{cm}$, $c = 6{,}4\,\text{cm}$

④ $\alpha = 37°$, $c = 8\,\text{cm}$, $\beta = 53°$

⑤ $a = 7\,\text{cm}$, $b = 5{,}6\,\text{cm}$, $\gamma = 90°$

b) Schneide die Dreiecke aus und lege sie übereinander. Notiere Gemeinsamkeiten und Unterschiede der fünf Dreiecke?

c) Miss die Länge fehlender Seiten und notiere sie.

d) Auf wie viele verschiedene Arten kann man aus drei Seiten ein Verhältnis zweier Seiten bilden? Bilde alle Seitenverhältnisse.

e) Berechne die Seitenverhältnisse $\frac{a}{b}$, $\frac{a}{c}$ und $\frac{b}{c}$. Was fällt dir auf? Finde eine Begründung für deine Beobachtung.

Lesen und Verstehen

Die Mühlenkopfschanze steht bei Willingen im Sauerland und ist die derzeit größte Ski-Sprungschanze der Welt. Der Höhenunterschied zwischen Anfang und Ende der Anlaufbahn beträgt 50,6 m. Auf ihr sind Sprünge mit Weiten von über 150 m möglich.
Jedes Jahr wird hier der Skisprung-Weltcup ausgetragen.

In jedem rechtwinkligen Dreieck wird die Steigung m aus dem Quotienten von Höhen- und Horizontalunterschied ermittelt.
Jeder Steigung m wird genau ein Steigungswinkel α zugeordnet.
Steigung $m = \frac{\text{Höhenunterschied}}{\text{Horizontalunterschied}}$

Der erste Teil der Anlaufbahn auf der Mühlenkopfschanze besitzt eine Steigung von 70 %.
Der Steigungswinkel α beträgt 35°.

Für die Seiten eines rechtwinkligen Dreiecks werden besondere Bezeichnungen verwendet:

Die Kathete, die dem Winkel α gegenüberliegt, nennt man **Gegenkathete von α**.

Die Kathete, die an dem Winkel α anliegt, nennt man **Ankathete von α**.

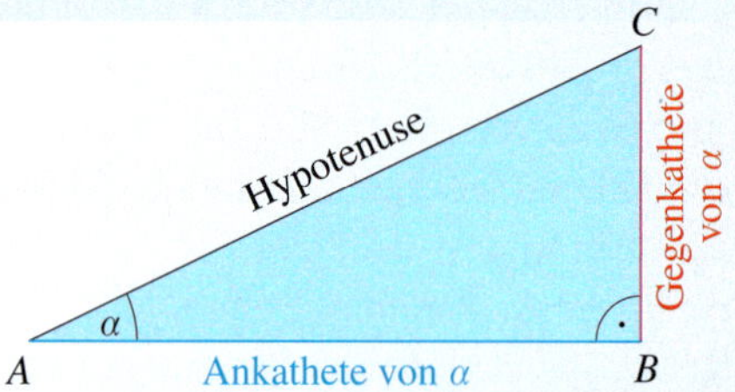

Zuerst muss der Betrachtungswinkel α oder β festgelegt werden, bevor An- und Gegenkathete benannt werden können.
Mit den Bezeichnungen Gegenkathete und Ankathete von α erhält man für den Quotienten der Steigung das Seitenverhältnis $\frac{\text{Gegenkathete von } \alpha}{\text{Ankathete von } \alpha}$. Man nennt diesen Quotienten **Tangens von α**, kurz **tan α**.
Neben dem Tangens von α gibt es zwei weitere Seitenverhältnisse in rechtwinkligen Dreiecken: Sinus von α und Kosinus von α, kurz sin α und cos α.

Definition	$\frac{\text{Gegenkathete von } \alpha}{\text{Ankathete von } \alpha}$ = Tangens von α	$\frac{\text{Gegenkathete von } \alpha}{\text{Hypotenuse}}$ = Sinus von α	$\frac{\text{Ankathete von } \alpha}{\text{Hypotenuse}}$ = Kosinus von α
Bild	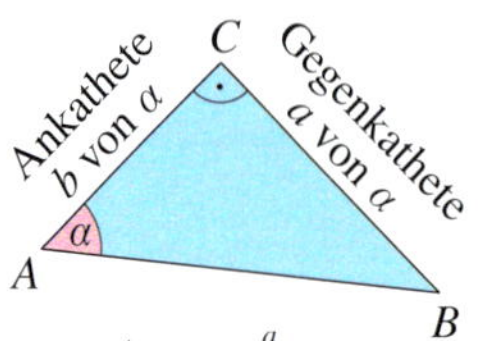 $\tan \alpha = \frac{a}{b}$	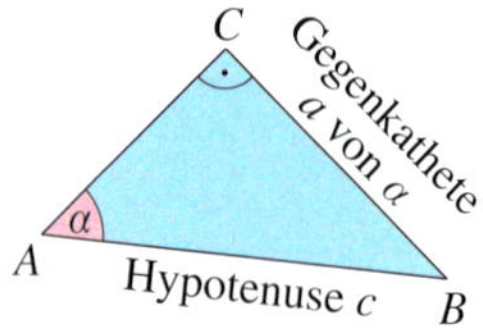 $\sin \alpha = \frac{a}{c}$	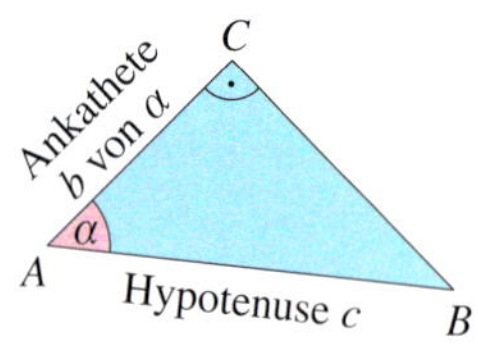 $\cos \alpha = \frac{b}{c}$
kurz:	$\tan \alpha = \frac{a}{b}$	$\sin \alpha = \frac{a}{c}$	$\cos \alpha = \frac{b}{c}$

Üben und Anwenden

1 Fülle die Tabelle aus.

	a)	b)	c)
Höhenunterschied	1500 m		1800 m
Horizontalunterschied	6000 m	2000 m	
Steigung		40 %	60 %

2 Zeichne eine Strecke mit 8 cm Höhenunterschied und 10 cm Horizontalunterschied.
a) Berechne die Steigung in Prozent.
b) Bestimme den Steigungswinkel durch Messung.

3 Zeichne je ein Steigungsdreieck zu den gegebenen Steigungen.
a) 10 % b) 45 % c) 75 %
d) 100 % e) 120 % f) 5 %

4 Diskutiert zu zweit darüber, ob es in Dreiecken eine maximale Steigung geben kann.

5 Ermittle die prozentuale Steigung zu den Steigungswinkeln in der Tabelle. Zeichne dazu verschiedene Steigungsdreiecke und miss die benötigten Seitenlängen.

Steigungswinkel	10°	20°	30°	40°	50°	60°	70°
Steigung in %							

6 Gib für folgende Dreiecke die Hypotenuse, Gegenkathete und Ankathete an.
a) von α aus gesehen
b) von β aus gesehen
c) Begründe, in welchen Fällen und warum du entsprechende Seitenverhältnisse nicht angeben kannst.

①
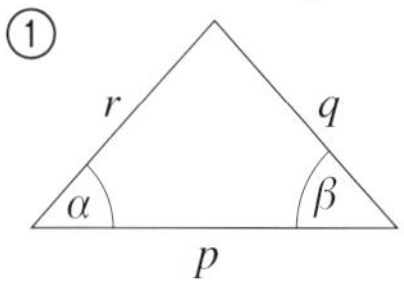

②
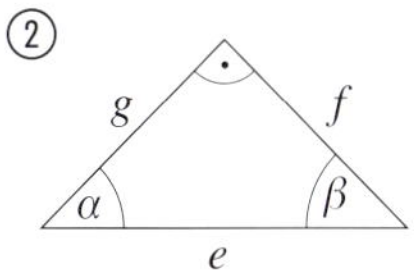

③
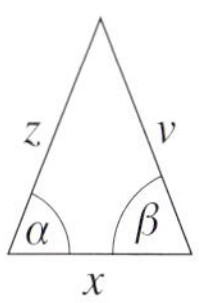

④
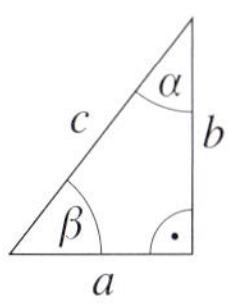

7 Ordne jedem Dreieck die passenden Seitenverhältnisse zu. Begründe deine Zuordnung. Ergänze für jeden Winkel die fehlenden Seitenverhältnisse tan, sin und cos.

a)
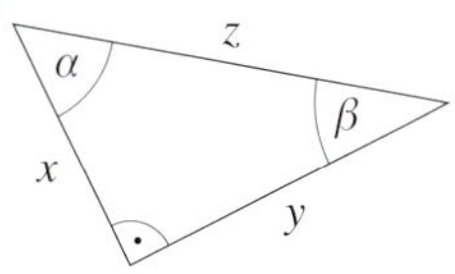

b)
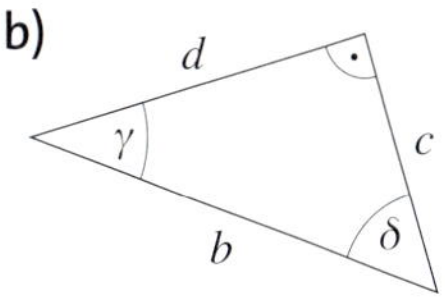

$\sin\delta = \frac{d}{b}$ $\tan\delta = \frac{d}{c}$ $\cos\beta = \frac{z}{y}$ $\cos\beta = \frac{x}{z}$ $\sin\alpha = \frac{x}{z}$ $\sin\alpha = \frac{y}{z}$ $\sin\delta = \frac{b}{d}$

8 Gib zum vorgegebenen Seitenverhältnis den Sinus, Kosinus oder Tangens an.

a)
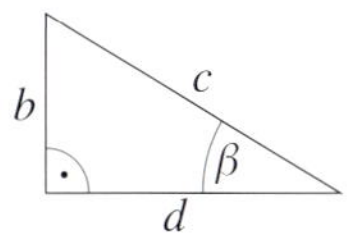

① $\frac{b}{c}$ ② $\frac{d}{c}$

b)
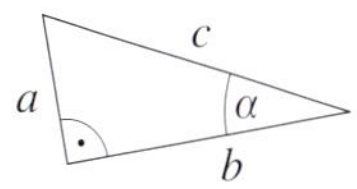

① $\frac{b}{c}$ ② $\frac{b}{a}$

c)
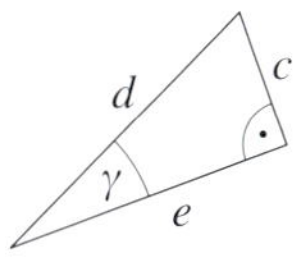

① $\frac{c}{d}$ ② $\frac{e}{d}$

d)
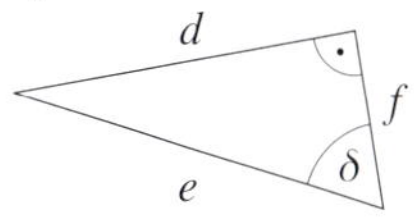

① $\frac{d}{e}$ ② $\frac{d}{f}$

9 Gib Sinus, Kosinus oder Tangens als Seitenverhältnis an.

a)
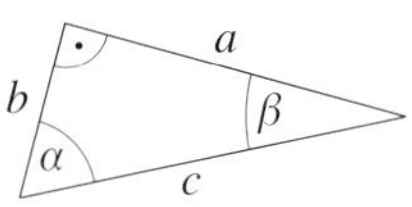

① $\sin\alpha$ ② $\cos\beta$

b)
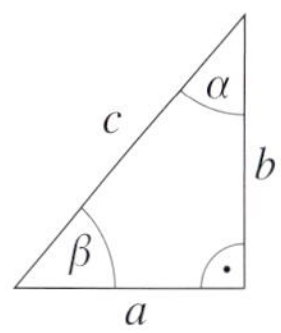

① $\cos\alpha$ ② $\tan\beta$

c)
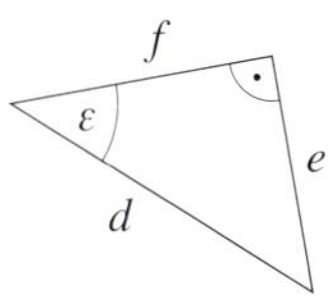

① $\sin\varepsilon$ ② $\tan\varepsilon$

d)
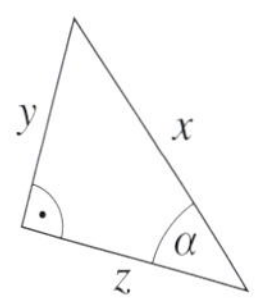

① $\sin\alpha$ ② $\tan\alpha$

Gleiten und fliegen

Im Jahr 1999 führten die französischen Vogelschützer Paola und Christian Moullec gemeinsam mit ihrem Team das spektakuläre Experiment durch, 30 junge Zwerggänse mit einem Ultraleichtflugzeug von ihren Brutgebieten in Schweden über Dänemark nach Deutschland an den Niederrhein zu führen. Nach nahezu 2000 km Flugstrecke kamen die Gänse und das Ultraleichtflugzeug unversehrt am Zielort auf der Bislicher Insel an. Nach ihrer Überwinterung am Niederrhein brachen die jungen Zwerggänse Anfang 2000 in Richtung Schweden auf, diesmal ohne die Führung durch Moullec. Über die Hälfte der Tiere traf in Öster Malma wieder ein.

BEACHTE
Löse die folgenden Aufgaben mit Hilfe einer Rechnung oder einer maßstäblichen Zeichnung.

Neben dem „aktiven“ Fliegen bei Vögeln durch Flügelschlag und bei Flugzeugen durch Motoren oder Triebwerke können Flugstrecken auch durch Gleiten überwunden werden.

Beim Gleiten wird die Energie zur Überwindung des Luftwiderstandes aus dem Höhenverlust gewonnen. Das Gleiten ist ein Geradeausflug mit konstanter Geschwindigkeit und konstanter Sinkrate.

Vögel können lange Zeit ohne Flügelschlag bei ruhiger Luft gleiten, ohne dabei viel an Höhe zu verlieren. Die Länge der Strecke ist vom Körpergewicht und der Flügelfläche abhängig.

Wenn vom Gleiten gesprochen wird, spielt das *Gleitverhältnis* eine Rolle, das ist der Quotient aus Höhenverlust und Gleitstrecke über Grund, angegeben für 1 m Höhenverlust, also zum Beispiel 1 : 20 (bei 1 m Höhenverlust 20 m Gleitstrecke über Grund).
Daraus ergibt sich die *Gleitzahl* 20.
Der *Gleitwinkel* wird auch häufig angegeben. Das ist der Winkel zwischen der Horizontalen und der geraden Linie, die sich für den Sinkflug ergibt.

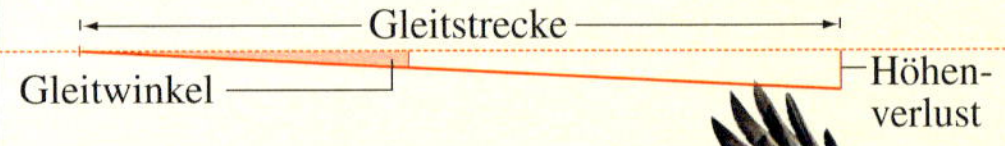

1 Weise nach, dass im Zusammenhang mit dem Gleiten trigonometrische Beziehungen angegeben werden können.

*Ein ausgezeichneter Gleiter ist der **Kondor** mit einer Gleitzahl von 35.*

*Für den **Mäusebussard** wird durchschnittlich ein Gleitverhältnis 1:16 angegeben.*

__Tauben__ gleiten mit ca. 6,3° Gleitwinkel.

__Sperlinge__ haben das durchschnittliche Gleitverhältnis 1:6.

2 Leite für die genannten Vögel alle weiteren Angaben zum Gleiten ab.

***Silbermöwen** erreichen durchschnittliche Gleitwinkel von 4,0°.*

3 Berechne.

a) Wie weit über Grund könnte jeder genannte Vogel gleiten, wenn sein Gleitflug in 300 m Höhe beginnt?

b) In welcher Höhe würde einer der genannten Vögel den Gleitflug beginnen, wenn er über Grund nach 1500 m landet?

Flugzeuge können ebenfalls gleiten. Das Gleiten kann hier jedoch durch die Fluggeschwindigkeit beeinflusst werden, die zum Beispiel durch Motoren oder Triebwerke erreicht wird.

Bei Segelflugzeugen zum Beispiel können über Grund 50 km zurückgelegt werden bei 1000 m Höhenverlust.
Segelflugzeuge müssen beim Landeanflug Gleitzahlen zwischen 5 und 10 erreichen.

4 Mit welchem Gleitwinkel gleitet das beschriebene Segelflugzeug und mit welchen Gleitwinkeln müssen Segelflugzeuge landen?

Typ	Gleitzahl
ASK-13	27
ASK-21	34
Ka-8b	27
Ka-6CR	30
DG 100/101	39
LS-4b	40,5

Die Luftsportgruppe in Linkenheim besitzt die angegebenen Segelflugzeuge. Die angegebene Gleitzahl entspricht dem bestmöglichen Gleitverhältnis.

5 Beachte die Tabelle.

a) Welche bestmöglichen Gleitwinkel ergeben sich für die Segelflugzeuge?

b) Welche Strecken über Grund würden die Segelflugzeuge überfliegen, wenn sie aus 1500 m Höhe gleichmäßig bis zur Landung gleiten würden?

6 Vergleiche den beim Landeanflug üblichen Landewinkel von 3° mit den Gleitwinkeln, die sich aus der Tabelle für die verschiedenen Flugzeugtypen berechnen lassen.

Typ	Gleitzahl
Airbus A320	17
Airbus A340	19,5
Boeing B52	20
Boeing B737	19,4
Boeing B747	17,5
Douglas DC3	14,7

7 In Düsseldorf beginnt der Landeanflug in ca. 910 m Höhe. Wie weit vom Aufsetzpunkt der Landebahn ist das Flugzeug am Boden entfernt, wenn der Landewinkel 3° beträgt?

8 Am Flughafen Hamburg landen Flugzeuge unter einem Landewinkel von 3,5°. Wie weit ist das Flugzeug vom Aufsetzpunkt auf der Landebahn entfernt, wenn in einer Höhe von ca. 910 m mit dem Landeanflug begonnen wird?

9 In London ist ein noch größerer Gleitwinkel als in Hamburg bei der Landung nötig.
Wenn das Flugzeug in 910 m Höhe den Landeanflug beginnt, legt es noch ca. 9500 m Flugstrecke zurück.

a) Bestimme den Landewinkel.

b) Recherchiere, ob du noch weitere Ausnahmen für Gleitwinkel bei Landeanflügen findest.

Vermischte Übungen

1 Berechne die fehlenden Seitenlängen der rechtwinkligen Dreiecke.
Runde deine Ergebnisse auf die erste Nachkommastelle.

a)
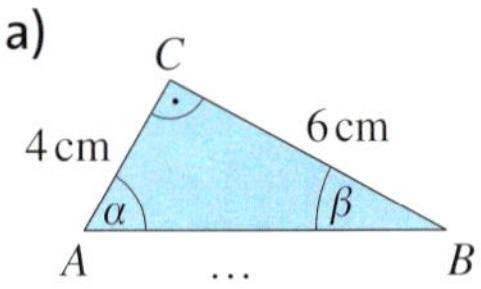

b)
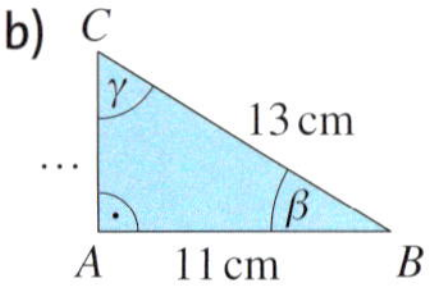

c)
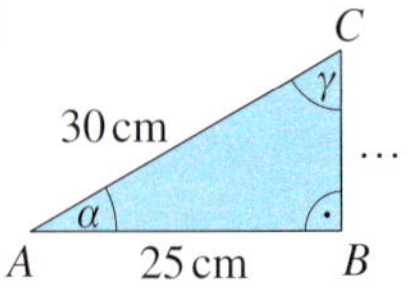

d)
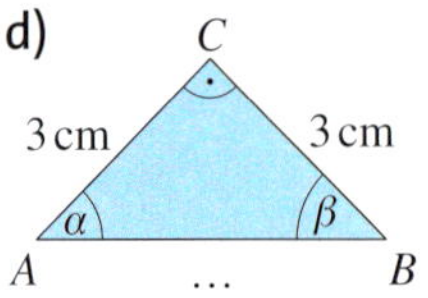

2 Zeichne die folgenden Dreiecke und zeige, dass diese rechtwinklig sind.
Bestimme den Flächeninhalt der Dreiecke.
a) $a = 6\,\text{cm}$; $b = 8\,\text{cm}$; $c = 10\,\text{cm}$
b) $b = 6\,\text{cm}$; $c = 5\,\text{cm}$; $\alpha = 90°$
c) $c = 10\,\text{cm}$; $\alpha = 40°$; $\beta = 50°$

3 Berechne die Länge der Diagonalen in einem Rechteck mit folgenden Seitenlängen.
a) $a = 7\,\text{cm}$; $b = 6\,\text{cm}$
b) $a = 15\,\text{cm}$; $b = 25\,\text{cm}$
c) $a = 70\,\text{m}$; $b = 110\,\text{m}$

4 Ergänze die folgende Tabelle.

	a)	b)	c)
Höhenunterschied in m	1600		2100
Horizontalunterschied in m	8000	3000	
Steigung in %		15	30

5 Zeichne eine Strecke mit 6 cm Höhenunterschied und 8 cm Horizontalunterschied.
a) Berechne die Steigung in Prozent.
b) Bestimme den Steigungswinkel durch Messung.

6 Zeichne ein Steigungsdreieck mit folgenden Steigungen.
a) 20 %   b) 37 %   c) 200 %

7 Die Pilatusbahn in der Schweiz ist seit 1889 die steilste Zahnradbahn der Welt und bahnt sich ihren 4818 m langen Weg von Alpnachstad nach Pilatus Kulm. Auf einer 1200 m langen horizontalen Strecke bewältigt sie einen Höhenunterschied von 518,5 m.

a) Bestimme den Steigungswinkel dieses Streckenabschnitts durch eine maßstäbliche Zeichnung.
b) Berechne die Steigung in Prozent.

8 Der folgende Zeitungsausschnitt informiert über den Verlauf der Königsetappe der Tour des France 2009:

> Das Finale der Etappe hat es dann aber in sich. Erst geht es den Col de Romme hinauf, der über 8,8 Kilometer eine durchschnittliche Steigung von 8,9 Prozent aufweist. Spätestens hier wird es zu Attacken der Favoriten kommen. Nicht minder schwer ist der folgende 1618 Meter hohe Col de la Colombière, der im Schnitt 8,5 Prozent bergauf geht. Bis ins Ziel sind es dann noch 15 Kilometer.

Welchen Höhenunterschied bewältigen die Radrennfahrer auf den Anstieg zum Col de Romme?

9 Fabian behauptet: „Der Tangens eines Winkels kann nicht größer werden als 100.“ Diskutiert zu zweit über seine Aussage. Bestätigt oder widerlegt seine Aussage auf eine geeignete Weise.

Teste dich!

a

1 Berechne die fehlenden Seitenlängen in den folgenden rechtwinkligen Dreiecken. Runde deine Ergebnisse auf die erste Nachkommastelle.

a)
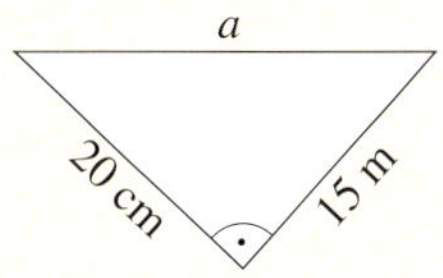

b)
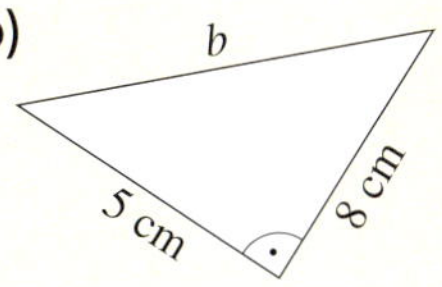

2 Berechne die Fläche der folgenden rechtwinkligen Dreiecke.

a)
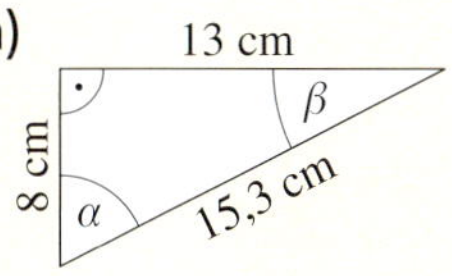

b)
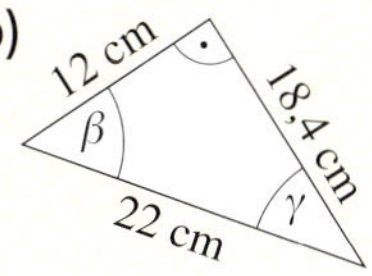

3 Zeichne eine Strecke mit 3 cm Höhenunterschied und 5 cm Horizontalunterschied.

a) Berechne die Steigung in Prozent.

b) Bestimme den Steigungswinkel durch Messung.

4 Gib für die Dreiecke Hypotenuse, Ankathete von α und Gegenkathete von α an.

a)
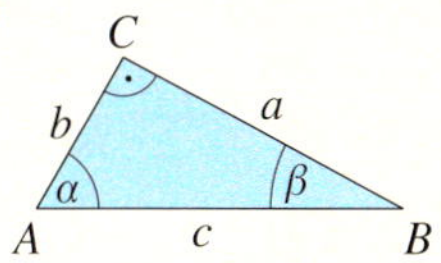

b)
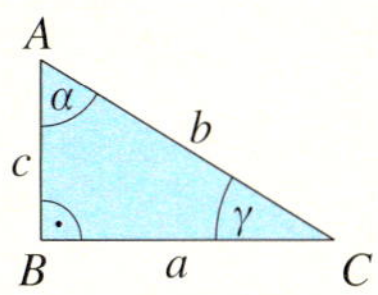

b

1 Berechne die fehlenden Seitenlängen in den folgenden rechtwinkligen Dreiecken. Runde deine Ergebnisse auf die erste Nachkommastelle.

a)
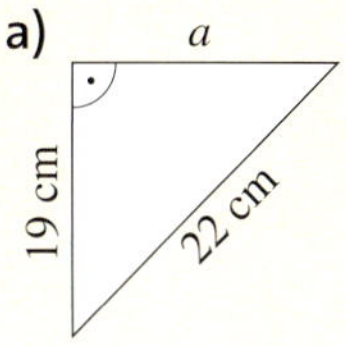

b)
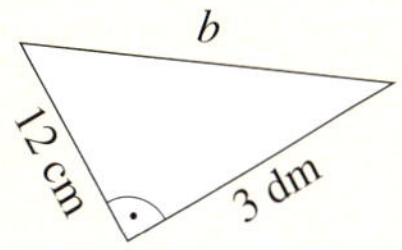

2 Berechne zunächst die Seitenlänge der fehlenden Kathete und dann den Flächeninhalt des Dreiecks.

a)
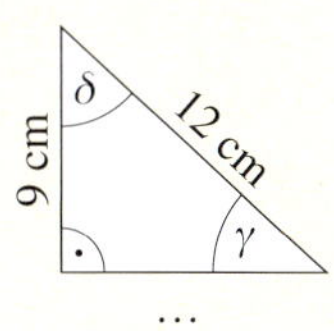

b)
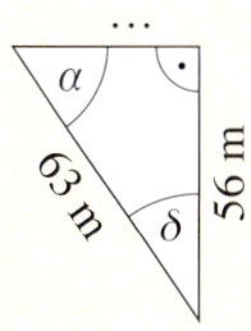

3 Zeichne ein Steigungsdreieck mit einem Horizontalunterschied von 8 cm und einer Steigung von 30 %. Bestimme die Größe des Steigungswinkels durch Messung.

4 Gib für die Dreiecke sin α, cos α und tan α als Seitenverhältnis an.

a)
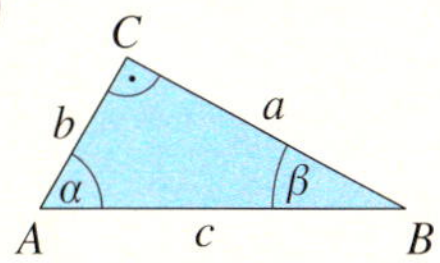

b)
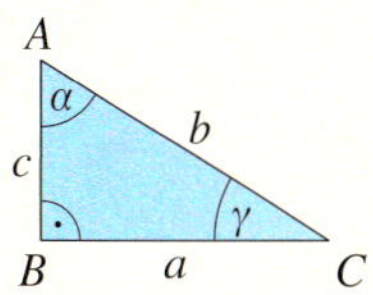

5 Güven behauptet: „Die Steigung eines Dreiecks kann maximal 100 % betragen." Nimm begründet Stellung zu Güvens Aussage.

HINWEIS

Brauchst du noch Hilfe, so findest du auf den angegebenen Seiten ein Beispiel oder eine Anregung zum Lösen der Aufgaben. Überprüfe deine Ergebnisse mit den Lösungen ab Seite 158.

Aufgabe	Seite
1	112
2	112
3	116
4	116
5	116

Zusammenfassung

→ Seite 112

Rechtwinklige Dreiecke berechnen

Der Flächeninhalt eines rechtwinkligen Dreiecks kann mit Hilfe der Länge der beiden Katheten bestimmt werden.
In einem rechtwinkligen Dreieck mit $\gamma = 90°$ gilt: $A = \frac{a \cdot b}{2}$

Berechnung der Fläche des Grundstücks mit $a = 20\,\text{m}$ und $b = 40\,\text{m}$

$A = \frac{20\,\text{m} \cdot 40\,\text{m}}{2} = 400\,\text{m}^2$

Das Grundstück hat eine Fläche von $400\,\text{m}^2$.

In rechtwinkligen Dreiecken gilt der **Satz des Pythagoras**:
Bei allen rechtwinkligen Dreiecken ist die Summe der Flächeninhalte der Kathetenquadrate gleich dem Flächeninhalt des Hypotenusenquadrats.

Ist das Dreieck wie im Bild mit $\gamma = 90°$ bezeichnet, gilt $a^2 + b^2 = c^2$.

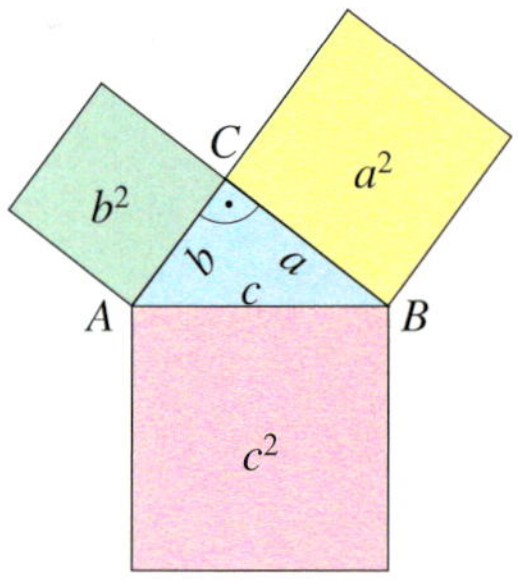

→ Seite 116

Seitenverhältnisse in rechtwinkligen Dreiecken

In jedem rechtwinkligen Dreieck wird die Steigung m aus dem Quotienten von Höhen- und Horizontalunterschied ermittelt.
Steigung $m = \frac{\text{Höhenunterschied}}{\text{Horizontalunterschied}}$

Dreieck mit Höhenunterschied 50 m und Horizontalunterschied 250 m
$m = \frac{50}{250} = 20\,\%$

Für die Seiten eines rechtwinkligen Dreiecks werden folgende Bezeichnungen verwendet:
Die Kathete, die dem Winkel α gegenüberliegt,nennt man **Gegenkathete von α**.
Die Kathete, die an dem Winkel α anliegt, nennt man **Ankathete von α**.

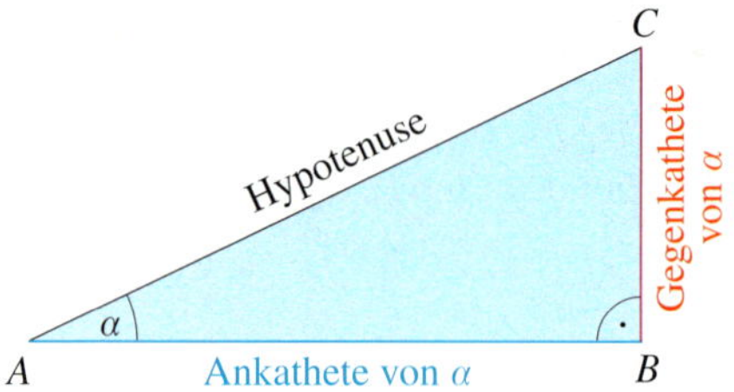

Zuerst muss der Betrachtungswinkel α oder β festgelegt werden, bevor An- und Gegenkathete benannt werden können.
Mit den Bezeichnungen Gegenkathete und Ankathete von α erhält man für den Quotienten der Steigung das Seitenverhältnis $\frac{\text{Gegenkathete von } \alpha}{\text{Ankathete von } \alpha}$.
Man nennt diesen Quotienten **Tangens von α**, kurz **tan α**.
Neben dem Tangens von α gibt es zwei weitere Seitenverhältnisse in rechtwinkligen Dreiecken: **Sinus von α** und **Kosinus von α**, kurz **sin α** und **cos α**.

Definition	$\frac{\text{Gegenkathete von } \alpha}{\text{Ankathete von } \alpha}$ = Tangens von α	$\frac{\text{Gegenkathete von } \alpha}{\text{Hypotenuse}}$ = Sinus von α	$\frac{\text{Ankathete von } \alpha}{\text{Hypotenuse}}$ = Kosinus von α
Bild	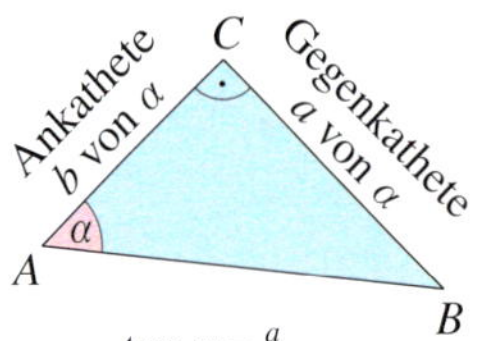 $\tan\alpha = \frac{a}{b}$	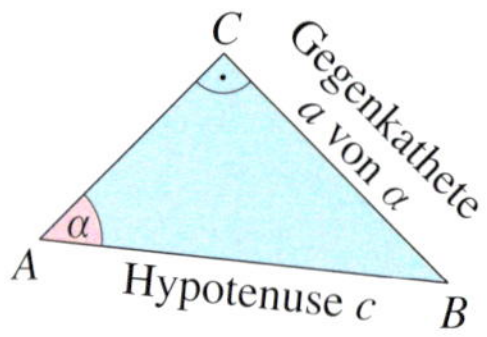 $\sin\alpha = \frac{a}{c}$	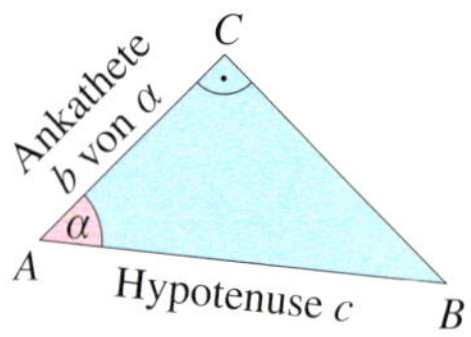 $\cos\alpha = \frac{b}{c}$

Auf dem Weg in die Berufswelt

Das Schuljahr nähert sich dem Ende und damit rückt der Eintritt in die Berufswelt immer näher. Einige haben ihr Ziel schon fest vor Augen, sie verfolgen ihren Weg geradlinig. Aber auch auf Umwegen kommt man voran und kann vielfältige Erfahrungen sammeln.

Auf dem Weg in die Berufswelt

Viele Schüler wechseln nach der zehnten Jahrgangsstufe in das Berufsleben. Dafür müssen sie sich zunächst erfolgreich um einen Ausbildungsplatz bewerben. Die folgenden Seiten sollen dir helfen, dem Ziel „Ausbildungsplatz“ näher zu kommen.

Was erwartet mich bei der Bewerbung um einen Ausbildungsplatz?
Meistens gibt es mehrere Bewerber für einen Ausbildungsplatz. Deshalb setzen viele größere Betriebe, Behörden oder Banken allgemeine Testverfahren ein, um bereits eine Vorauswahl für nachfolgende persönliche Bewerbungsgespräche zu treffen.
Diese sogenannten Berufseingangstests unterscheiden sich in ihrer Qualität, ihrer Form und ihrem Inhalt oft sehr voneinander. Häufig legt man den Bewerbern schriftliche Tests zur Überprüfung des Schulwissens vor. Abgefragt werden vor allem die Mathematik- und Deutschkenntnisse sowie das Allgemeinwissen.

Wie bereite ich mich am besten darauf vor?
Der folgende Berufseingangstest soll dir eine Vorstellung von dem geben, was im Bereich der mathematischen Kenntnisse abgefragt werden kann. Unterschieden werden Aufgaben zu Grundkenntnissen und Aufgaben zur Verarbeitungskapazität.
Beachte, dass es sich lediglich um eine nachgestellte Testsituation handelt. Reale Berufseingangstests können wesentlich komplexer sein.
Am Ende des Kapitels findest du eine kurze Formelsammlung, die du bei der Bearbeitung der Aufgaben verwenden kannst.

www 124-1
BEACHTE
Unter dem Webcode kannst du dich über verschiedene Ausbildungsberufe informieren.

Welcher Beruf passt zu mir?
Nach dem Berufseingangstest werden verschiedene Ausbildungsberufe vorgestellt. Der Schwerpunkt liegt dabei auf den mathematischen Inhalten, die zur Ausübung des Berufs beherrscht werden sollten. Diese Informationen können dir beim Bewerbungsgespräch und einem möglichen Berufseingangstest helfen. Denn abgefragt werden in der Regel Kenntnisse, die im jeweiligen Beruf eine Rolle spielen.

Solltest du Interesse an einem der Ausbildungsberufe haben, so findest du z. B. im Internet oder im Berufsinformationszentrum (BIZ) weitere Informationen zu dem Beruf.
Sinnvoll ist sicherlich auch ein Praktikum im angestrebten Beruf. Nur so kannst du feststellen, ob dich der Beruf tatsächlich interessiert und ob du für die Ausübung des Berufs die notwendigen Fähigkeiten und Fertigkeiten mitbringst. Außerdem kannst du mit Fleiß, Pünktlichkeit, Hilfs- und Lernbereitschaft punkten und erste Kontakte zu den Mitarbeitern in dem Ausbildungsbetrieb knüpfen.

Berufseingangstest

1 Berechne.

a) 24 857 + 3501
b) 28 601 – 9098
c) 18 024 + 2475 + 13 + 8790
d) 2347 · 24
e) 41 656 : 8
f) 30 516 : 12
g) 28 + 12 : 4

2 Leila möchte an ihrem Geburtstag in der Klasse Schokoriegel verteilen. Sie hat 28 Mitschüler, die jeweils zwei Riegel erhalten sollen und sechs Lehrer, die jeweils einen Riegel bekommen sollen. In einer Tüte befinden sich zwölf Schokoriegel.
Wie viele Tüten muss Leila kaufen?

3 Berechne.

a) 18,36 + 16,54
b) 3,92 + 0,8
c) 7,25 – 2,75
d) 2 – 0,19
e) 4,25 · 4
f) 2,6 · 0,5
g) 18,6 : 6
h) 17,22 : 3

4 Ergänze die fehlenden Zahlen in den Zahlenfolgen.

a) 4, 8, 12, 16, ___, ___
b) 2, 5, 8, 11, ___, ___, ___
c) 38, 33, 28, 23, 18, ___, ___
d) 1, 2, 4, 7, 11, 16, ___, ___
e) 3, 6, 8, 16, 18, ___, ___
f) 0, 1, 1, 2, 3, 5, 8, ___, ___

5 Rechne in die angegebene Einheit um.

a) 8 cm (mm)
b) 70 cm (dm)
c) 2,5 km (m)
d) 45 000 m (km)
e) 5000 kg (t)
f) 6000 g (kg)
g) 7 t 300 kg (kg)
h) 6 kg 500 g (kg)
i) 7 € 49 ct (€)
j) 5 € (ct)
k) 2 min (s)
l) 300 min (h)

6 Bestimme die fehlenden Werte.

	p %	*G*	*W*
a)	50 %	800 €	
b)	4 %	300 kg	
c)		50 m	20 m
d)		200 Schüler	8 Schüler
e)	10 %		8 ha
f)	2 %		5 Stück

7 Frau Clausen hat 5000 € mit einem Zinssatz von 2 % bei einer Bank angelegt.

a) Berechne die Zinsen für ein Jahr.
b) Wie hoch sind die Zinsen im Folgejahr? Berücksichtige den Zinseszinseffekt.

8 Eine Angestellte verdient brutto 2600 €.

a) Vom Bruttogehalt wird ein Arbeitnehmeranteil von 20,25 % für Sozialversicherungen abgezogen. Wie hoch ist der Betrag, der abgezogen wird?
b) Nach einer Gehaltserhöhung erhält die Angestellte 2652 €. Um wie viel Prozent ist ihr Gehalt erhöht worden?

9 Bei der Bürgermeisterwahl erhielt Herr Wal 60 % der Stimmen. Damit wurde er von 3480 Bürgern gewählt.

a) Wie viele Bürger haben bei der Wahl ihre Stimme abgegeben?
b) Gegenkandidat Hansen erhielt 1160 Stimmen. Berechne den Prozentsatz.

10 Simon rechnet sich aus, dass er für einen Urlaub von 14 Tagen jeden Tag 42,00 € Taschengeld zur Verfügung hat. Wie viel Euro kann er täglich ausgeben, wenn er mit dem gleichen Betrag genau drei Wochen Urlaub machen möchte?

11 Die Ausbesserungsarbeiten an einer Straße können von 18 Arbeitern in 25 Tagen erledigt werden.

Wie lange würden 15 Arbeiter für die gleiche Arbeit benötigen?

12 Ein Zug legt eine Strecke bei einer Durchschnittsgeschwindigkeit von $160\,\frac{\text{km}}{\text{h}}$ in vier Stunden zurück.

a) Welche Zeit benötigt ein Autofahrer bei einer Durchschnittsgeschwindigkeit von $80\,\frac{\text{km}}{\text{h}}$ für dieselbe Strecke?

b) Wie lange braucht der Zug, wenn er seine Geschwindigkeit um $20\,\frac{\text{km}}{\text{h}}$ erhöht?

13 Ein Laptop kostet 599 €. Bei Barzahlung bietet der Verkäufer einen Preisnachlass von drei Prozent.

a) Wie hoch ist der Preisnachlass in €?

b) Wie viel kostet der Laptop bei Barzahlung?

14 Ein Kreis hat einen Radius von 9 cm.

a) Berechne seinen Umfang.

b) Bestimme den Flächeninhalt des Kreises.

c) Besitzt ein Kreis mit doppeltem Radius auch den doppelten Umfang? Begründe.

15 Ein Dreieck hat die folgenden Seitenlängen: $a = 8$ cm, $b = 6$ cm und $c = 10$ cm. Ist das Dreieck rechtwinklig? Begründe deine Meinung.

16 Das Volumen einer quadratischen Pyramide wird nach der Formel $V = \frac{a^2 \cdot h}{3}$ berechnet.
Mit welchem der folgenden Terme ermittelt man die Länge der Höhe h?

① $\frac{V \cdot a^2}{3}$ ② $\frac{V \cdot 3}{a^2}$

③ $\frac{3 \cdot a^2}{V}$ ④ $\frac{3}{a^2 \cdot V}$

17 Ein Schwimmbecken hat eine Breite von 8 m und eine Länge von 15 m. Es ist 2 m tief.

a) Bestimme das Volumen des Schwimmbeckens.

b) Wie viel Liter Wasser enthält das Becken, wenn es bis 20 cm unterhalb des Randes mit Wasser gefüllt ist?

c) Wie hoch steht das Wasser, wenn sich $180\,\text{m}^3$ Wasser im Becken befinden?

18 Ein Landwirt besitzt ein rechteckiges Feld. Das Feld hat einen Flächeninhalt von $480\,000\,\text{m}^2$ und ist 600 m lang.

a) Wie breit ist das Feld?

b) Mit seiner Bewässerungsanlage erreicht der Landwirt 75 % des Feldes. Wie groß ist die Fläche, die nicht bewässert wird?

19 1 kg Lachs kostet 19,99 €. Frau Meier kauft 650 g Lachs. Wie viel bezahlt sie?

20 Bestimme das Volumen der folgenden Verpackungen.

a) 15 cm hohe Pyramide mit quadratischer Grundfläche und Seite $a = 8$ cm

b) 12 cm hoher Kegel mit $r = 5$ cm

c) 10 cm hoher Zylinder mit $r = 4$ cm

d) Kugel mit $d = 10$ cm

21 Löse die folgenden Gleichungen.

a) $5x - 4 = 26$

b) $7x + 11 = 3x + 35$

c) $3\,(4x - 5) = 10x + 9$

22 In zwei Kisten sind 87 kg Äpfel verpackt. In der einen Kiste sind 11 kg Äpfel mehr als in der anderen Kiste. Wie viel Kilo Äpfel sind in der kleineren Kiste?

23 Finde das Ergebnis durch Schätzen.

a) 3520 + 8274 + 9102 = ?
① 19 986 ② 20 896
③ 1986 ④ 2896

b) 8345 − 354 = ?
① 791 ② 891
③ 7991 ④ 8991

c) 5001 · 1990 = ?
① 9959 ② 99 590
③ 995 990 ④ 9 951 990

d) 55 : 0,22 = ?
① 200 ② 220
③ 250 ④ 275

24 Welcher der vier Körper kann aus der Faltvorlage gebildet werden?

a)
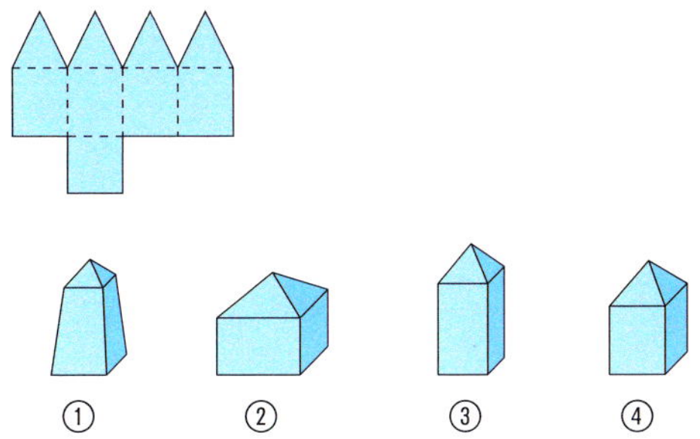

b)
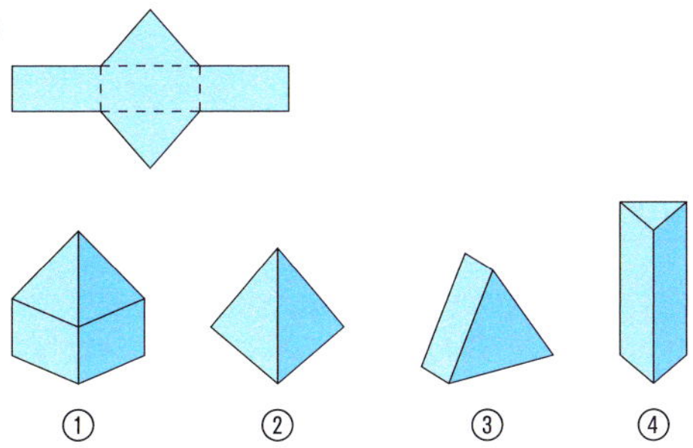

c)
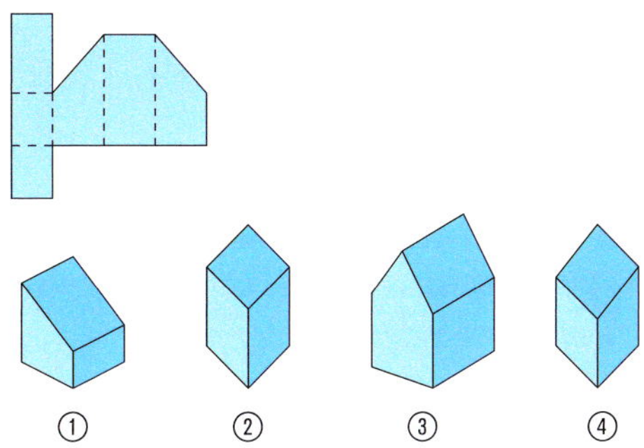

25 Betrachte das Schaubild.

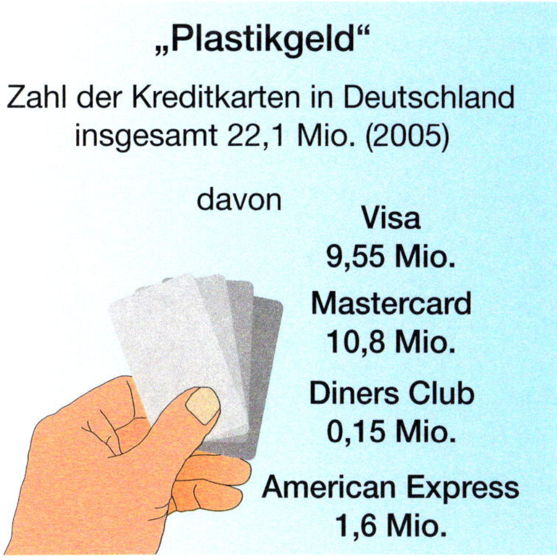

a) Wie hoch war der Marktanteil von Visa im Jahr 2005?
① ca. 9,5 % ② ca. 9,6 %
③ ca. 43,2 % ④ ca. 56,8 %

b) Im Jahr 2000 gab es ungefähr 17,8 Millionen Kreditkarteninhaber. Um wie viel Prozent ist die Anzahl bis zum Jahr 2005 gestiegen?
① um ca. 4,3 % ② um ca. 43 %
③ um ca. 24 % ④ um ca. 240 %

26 Betrachte die Angaben zum Paketversand.

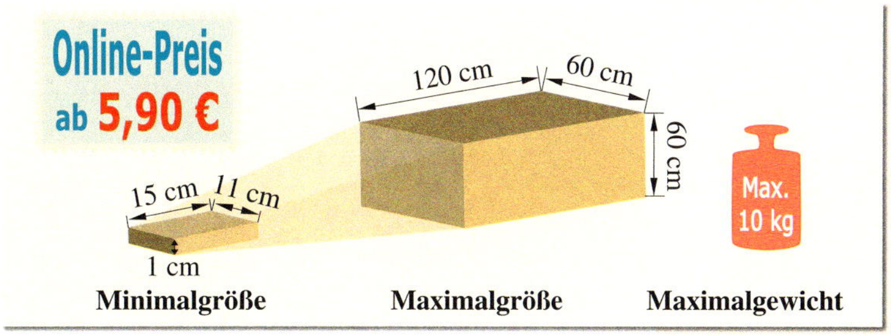

a) Berechne das Volumen eines Pakets in Minimalgröße.

b) Paul behauptet, dass ein Paket in Maximalgröße ein Volumen von einem halben Kubikmeter besitzt.
Ist Pauls Aussage richtig? Begründe.

c) Frau Makowka möchte ein Lexikon mit 24 Bänden an ihren Neffen verschicken. Jeder Band wiegt ca. 350 g. Erreicht das Paket das Maximalgewicht?

Flächenberechnung im Beruf

Sibylle hat sich für eine Ausbildung zur **Malerin und Lackiererin** entschieden. „Ich fahre oft mit den Gesellen und dem Meister in Wohnungen oder Büros und streiche dort nach den Vorstellungen der Kunden. Im Berufskolleg lerne ich, wie ich die Untergründe beurteile und richtig vorbereite, wie ich Farbtöne mischen kann, aber zum Beispiel auch wie man Räume dämmt."

1 Sibylle arbeitet in einer Wohnung.

a) Das Kinderzimmer wird gestrichen. Die Wände sind 2,80 m hoch. Die Tür ist 1,10 m breit und 2,00 m hoch, das Fenster 0,80 m breit und 1,50 m hoch. Wie viel Wandfläche muss sie streichen?

b) Für das Kinderzimmer wünscht die Familie ein Dekor (das ist ein Fachausdruck für „Bild, Verzierung"). Es soll etwa 2 m hoch und 1 m breit sein und direkt auf eine Wand gemalt werden. Entwirf ein Dekor, das dem 6-jährigen Kind der Kunden gefallen könnte. Zeichne es maßstabsgerecht.

Berufsbezeichnung	Maler/in und Lackierer/in
Mögliche Fachrichtungen	• Bauten- und Objektbeschichter/in (Tapezieren, Reparieren, Decken-, Wand- und Bodenbeläge verlegen, Dämmarbeiten) • Gestaltung und Instandhaltung • Kirchenmalerei und Denkmalpflege • Bauten- und Korrosionsschutz
Dauer der Ausbildung	2 Jahre für den Abschluss „Bauten- und Objektbeschichter/in", ein weiteres Jahr für die anderen Fachrichtungen
Voraussetzungen	• in der Regel Hauptschulabschluss • praktische Begabung • keine Farbfehlsichtigkeit • saubere Arbeitsweise

2 Eine Aufgabe aus Sibylles Berufskolleg:
Malermeister Schulte erhält den Auftrag, den Boden einer Maschinenhalle zwei Mal mit Fußbodenfarbe zu streichen. Der Boden hat eine Fläche von 1600 m^2. Die wöchentliche Arbeitszeit beträgt 40 Stunden. Zwei Maler brauchen zum einmaligen Streichen 120 Stunden.
Die Arbeit muss innerhalb einer Woche fertig sein. Wie viele Maler muss Malermeister Schulte einsetzen?

www 128-1

Könntest du dir vorstellen, Maler und Lackierer oder Malerin und Lackiererin zu werden? Unter dem Webcode kannst du dich über den Beruf informieren.

Meike und Mark sind Auszubildende in einer **Gärtnerei**.
Meike: „Wir machen unsere Ausbildung in einer Orchideengärtnerei. Wir kümmern uns darum, dass die Pflanzen ausreichend Licht und Nährstoffe erhalten."
Mark: „In der Berufsschule haben wir unter anderem gelernt, wie man Bodenproben entnimmt und daran die Qualität der Erde bestimmen kann."

Berufsbezeichnung	Gärtner/in
Mögliche Fachrichtungen	• Baumschule • Friedhofsgärtnerei • Garten- und Landschaftsbau • Gemüsebau • Obstbau • Staudengärtnerei • Zierpflanzenbau
Dauer der Ausbildung	1 Jahr Grundbildung, 2 Jahre Ausbildung in der gewählten Fachrichtung
Voraussetzungen	• in der Regel Hauptschulabschluss • Freude an der Natur • besser kein Heuschnupfen • freundlicher Umgang mit Kunden • körperliche Fitness (Arbeit oft in unbequemen Haltungen)

3 In Meikes und Marks Ausbildungsbetrieb werden kleine Schalen bepflanzt.

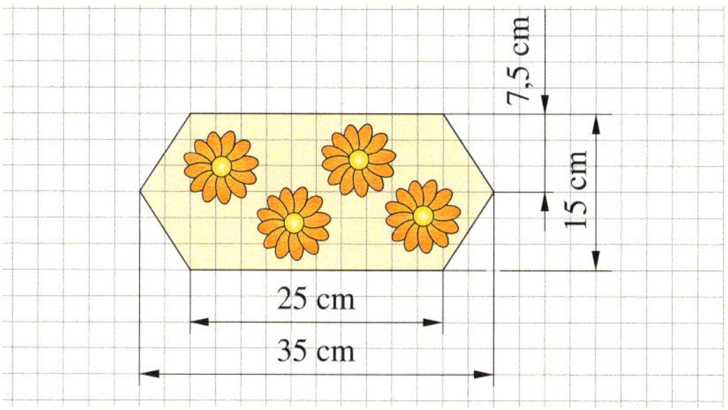

a) Welche Grundfläche hat diese Schale?
b) Die Schale wird bis zu einer Höhe von 5 cm gefüllt. Wie viel Liter Blumenerde werden benötigt? (*Erinnere dich:* $1\,\ell = 1\,dm^3$; $1\,dm^3 = 1000\,cm^3$).

4 Wie viele der oben abgebildeten Schalen passen maximal auf eine Transportpalette mit einer Breite von 50 cm und einer Länge von 150 cm? Skizziere die optimale Anordnung.

5 Frau Späth ist Landschaftsgärtnerin. Sie möchte auf einem dreieckigen Gelände drei Gärten anlegen, die alle die gleiche Fläche haben. Ist das möglich?

6 Ein quadratischer Stadtpark hat eine Seitenlänge von 12 m. Ringsum soll alle 2 m ein Baum gepflanzt werden. Wie viele Bäume werden benötigt?

7 Ein Kunde bestellt in einer Baumschule 80 Stück 3-jährige Buchen zum Stückpreis von 1,10 € und 50 Stauden zum Stückpreis von 1,90 €. Er erhält einen Rabatt von 5 %. Wie viel muss er bezahlen?

Könntest du dir vorstellen, Gärtner oder Gärtnerin zu werden? Unter dem Webcode kannst du dich über den Beruf informieren. www 129-1

Der Satz des Pythagoras im Beruf

Yvonne ist im zweiten Ausbildungsjahr zur **Tischlerin**. „Auf dem Foto sieht man, wie ich die Handhabung der Kreissäge kennen lerne. Mein Berufsschulunterricht findet in der Ausbildungsstätte der Kreishandwerkerschaft Bochum statt.
In meinem Ausbildungsbetrieb habe ich schon die Inneneinrichtung einer Arztpraxis mitgestaltet und vor Ort eingebaut. Mein Traum ist, nach der Ausbildung als Bühnentischlerin am Theater zu arbeiten."

Berufsbezeichnung	Tischler/in
Ähnliche Ausbildungen	• Holzmechaniker/in • Parkettleger/in • Zimmerer/Zimmerin • Holzbildhauer/in
Dauer der Ausbildung	3 Jahre
Voraussetzungen	• in der Regel Hauptschulabschluss • gutes räumliches Vorstellungsvermögen • praktisches Geschick

1 In ihrer Ausbildung lernt Yvonne verschiedene Eckverbindungen für Regale und Leisten kennen.

1. Genagelte Eckverbindung

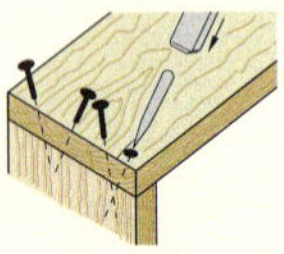

2. Geschraubte Eckverbindung

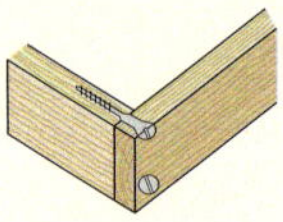

3. Eckverbindung mit Eckleisten

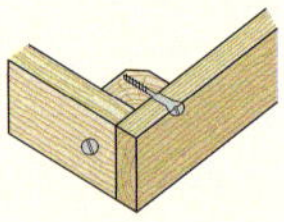

4. Eckverbindung mit Dübeln

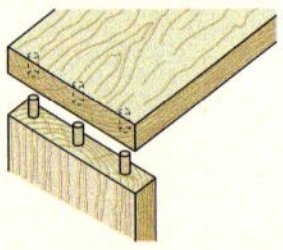

a) Welche Eckverbindung ist wohl die stabilste?
b) Welche Eckverbindung lässt sich am leichtesten wieder lösen?
c) Wie kann Yvonne sichergehen, dass die Eckverbindungen wirklich in einem Winkel von 90° aufeinander stehen?

Könntest du dir vorstellen, Tischlerin oder Tischler zu werden?
Unter dem Webcode kannst du dich über den Beruf informieren.

www 130-1

2 Berechne mit dem Satz des Pythagoras die Länge der Beine des Holzschemels.

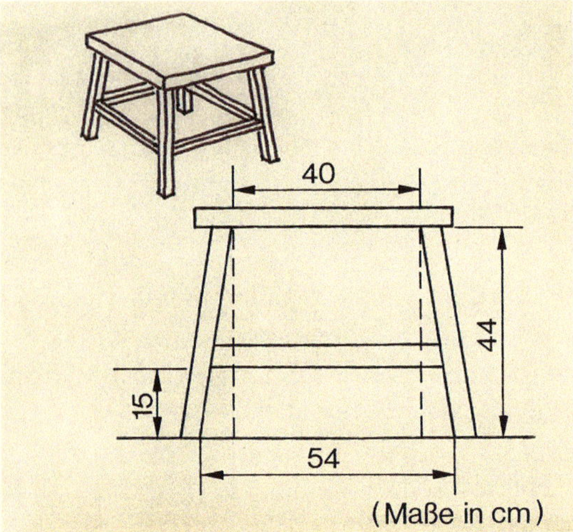

Deniz wird **Maurer**.
Er erzählt von seiner Ausbildung:
„Vorher hätte ich nicht gedacht, dass es so schwierig ist, eine gerade Mauer zu bauen. Mit der Wasserwaage messe ich nach, ob ich noch richtig arbeite.
Auf dem Bau benötige ich oft ein „Maurerdreieck", das ist eine Schnur mit Knoten. Damit kann man ganz einfach einen rechten Winkel prüfen."

Berufsbezeichnung	Maurer/in
Ähnliche Ausbildungen	• Betonbauer/in • Straßenbauer/in • Trockenbaumonteur/in
Dauer der Ausbildung	3 Jahre
Voraussetzungen	• in der Regel Hauptschulabschluss • Kenntnisse in Mathematik, Physik, Werken • praktisches Geschick

3 Stellt ein Maurerdreieck her, indem ihr in eine 24 cm lange Schnur alle 2 cm einen Knoten macht.
Der Abstand zwischen den Knoten entspricht einer Längeneinheit. Schließt die Schnur.
Sie hat jetzt 12 Knoten.

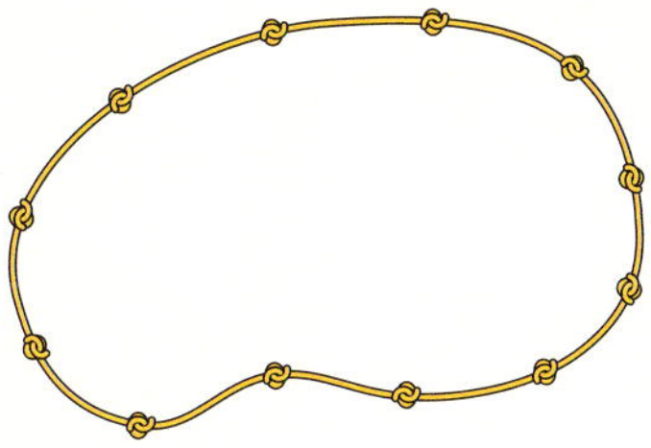

a) Legt daraus ein rechtwinkliges Dreieck. Notiert, wie viele Längeneinheiten auf jeder Seite liegen.
b) Erklärt, warum man mit dem Maurerdreieck einen rechten Winkel prüfen kann.

4 Der Satz des Pythagoras wird in der Berufsschule für Maurer häufig geübt. Diese und ähnliche Aufgaben löst Deniz in der Berufsschule.

Fachrechnen für Maurer

I Ein Einfamilienhaus hat ein Satteldach. Die Breite b beträgt 12 m, die Höhe h des Daches beträgt 5,5 m. Wie lang sind die Dachsparren s?

II Eine Leiter wird an eine senkrechte Wand in einer Höhe von 1,5 m angelehnt. Sie steht 0,8 m von der Wand entfernt.
Wie lang ist die Leiter?

III Berechne jeweils die Länge der Strecke x.

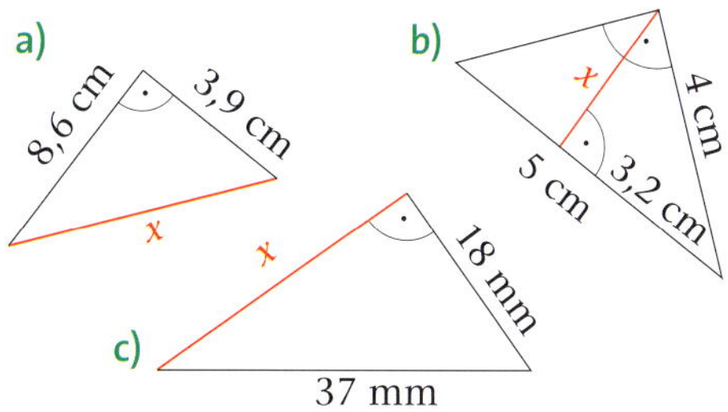

Könntest du dir vorstellen, Maurer oder Maurerin zu werden? Unter dem Webcode kannst du dich über den Beruf informieren. 131-1

Zuordnungen im Beruf

Sina macht eine Ausbildung zur **Verkäuferin**. „Ich mache meine Ausbildung bei einer großen Bekleidungskette. So kann ich viele Bereiche kennen lernen. Ich nehme Warenlieferungen an, räume die Ware in Regale ein und zeichne die Preise aus. An der Kasse prüfe ich, ob die Geldscheine echt sind, und achte auf die richtige Rückgabe des Wechselgeldes."

1 Um eine neue Lieferung in die Regale zu räumen, braucht Sina mit ihrem Kollegen zusammen 45 Minuten. Heute hilft noch eine Praktikantin. Wie lange brauchen sie zu dritt?

2 Ein echter 5-€-, 10-€- oder 20-€-Geldschein hat diese Merkmale:

Beim Bewegen sieht man auf dem silbrigen Folienstreifen mehrfach das Euro-Symbol und die Wertzahl (z. B. „10")
Beim Bewegen wird auf der Rückseite ein goldfarbener Streifen sichtbar, der mehrfach das Euro-Symbol und die Wertzahl zeigt.

a) Kennt ihr weitere Merkmale, um echte Geldscheine zu erkennen?
b) Sind eure Geldscheine echt?

3 Drei Paar Herrenschuhe des Modells „Budapest" kosten zusammen 136,50 €. Zeichne ein Diagramm, aus dem die Preise für 1, 2, … 10 Paare abgelesen werden können.

4 Sina soll folgende Bestellung aufgeben:
Damen-Jeans, Preis pro Stück 39,90 €
– Größen 36, 38 und 40 jeweils 8-mal
– Größen 42, 44 und 46 jeweils 5-mal

a) Wie viele Jeans soll sie insgesamt bestellen?
b) Wie teuer wird die Bestellung?
c) Ist die Zuordnung *Anzahl der Jeans → Preis in €* proportional oder antiproportional?

www 132-1

Berufsbezeichnung	Verkäufer/in
Ort der Tätigkeit	• Geschäfte des Einzelhandels, wie z. B. Supermärkte, Modehäuser, • Baumärkte, Bäckereien, …
Dauer der Ausbildung	2 Jahre
Voraussetzungen	• in der Regel Hauptschulabschluss • Zuverlässigkeit

5 In acht Stunden verkaufen die sechs Angestellten der Filiale durchschnittlich Waren im Wert von 8500 €.
Wie viel würden vermutlich acht Angestellte in acht Stunden verkaufen können?

Könntest du dir vorstellen, Verkäuferin oder Verkäufer zu werden?
Unter dem Webcode kannst du dich über den Beruf informieren.

Markus ist schon fertig mit seiner Ausbildung zum **Landwirt**.
„In der Ausbildung habe ich gelernt, wie man den Hof am Laufen hält, also Futter bestellt und verteilt, kleine Reparaturen durchführt und wie man Produkte zum Verkauf vorbereitet. Kühe melken kann ich natürlich auch. Mein Betrieb arbeitet ökologisch, die Tiere erhalten frisches Futter und haben viel Auslauf. Außerdem setzen wir auf den Feldern keine chemischen Dünger ein, sondern sorgen durch Fruchtwechsel für gute Bodenqualität."

Berufsbezeichnung	Landwirt/in
Häufige Tätigkeiten	• Stall ausmisten • Tiere versorgen • Melk-, Saat- und Erntemaschinen einsetzen
Dauer der Ausbildung	3 Jahre
Voraussetzungen	• in der Regel Hauptschulabschluss • Natur- und Tierliebe • körperliche Fitness • Neigung zum Leben auf dem Land

6 Auf einem Feld von 1 Hektar Größe wird Weizen angebaut. Daraus können etwa 600 kleine Strohballen gepresst werden. Wie groß sollte das Feld sein, um einen Ertrag von 3000 Strohballen zu erhalten?

7 Ein Sack Körnerfutter reicht für 20 Hühner 11 Tage lang. Wie lange kommt man mit dem Vorrat für 55 Hühner aus?

8 Samstag ist Markttag! Markus fährt mit Erzeugnissen des Hofes auf den Markt in die nächste Stadt.

a) Wähle eine Gemüsesorte und erstelle ein Diagramm, in dem man bei verschiedenen Mengen den Preis ablesen kann.
b) Tauscht eure Diagramme und ordnet zu, welches Diagramm zu welchem Gemüse gehört.

9 Wie hoch ist in den Orten die jährliche Pachtgebühr für 5 ha Land?

Ort	jährliche Pacht für 2 ha
Berge	578 €
Bodenwerder	682 €
Diepholz	778 €
Nortrup	644 €

10 Ein Landwirt baut auf drei Hektar Mais an. Er rechnet mit einem Ertrag von sieben Tonnen pro Hektar und einem Erlös von 135 € pro Tonne. Bewerte die Berechnung.
Kosten:
– Saatgut: $48 \frac{€}{ha}$
– Maschineneinsatz: $80 \frac{€}{ha}$
– Versicherung und Beiträge: $17 \frac{€}{ha}$
– Pacht: $480 \frac{€}{ha}$.

Könntest du dir vorstellen, Landwirtin oder Landwirt zu werden?
Unter dem Webcode kannst du dich über den Beruf informieren. www 133-1

Prozent- und Zinsrechnung im Beruf

Janine erzählt von ihrer Ausbildung zur **Friseurin**:
„Ich habe immer gern meinen Freundinnen beim Haarefärben geholfen. Jetzt bin ich im ersten Lehrjahr zur Friseurin im „Salon Locke“ und habe schon Modellen die Haare geschnitten und sogar eine Dauerwelle gelegt. Die meisten Kundinnen und Kunden sind freundlich und ich mag es, mit ihnen zu reden. Nur manchmal finde ich es anstrengend, fast den ganzen Tag zu stehen.“

1 Die Geschäftsführerin von „Salon Locke“ berechnet für das Schneiden von halblangem Haar einen Nettopreis von 28,00 € und für die Fertigstellung der Frisur mit dem Föhn 18,00 €. Janine soll die Preisliste schreiben und jeweils 19 % Mehrwertsteuer aufschlagen. Welchen Preis notiert sie für „Schneiden und Föhnen (halblange Haare)“?

2 Janine lernt im Berufskolleg, eine Haarspülung aus einfachen Zutaten herzustellen.

HAARSPÜLUNG
20 ml Bienenhonig
250 ml warmes Wasser
5 ml Obstessig
Den Honig im warmen Wasser auflösen.
Dann den Obstessig zugeben.
Sofort verbrauchen, nicht aufbewahren.

Drücke alle Zutaten in Prozent (bezogen auf die Gesamtmenge) aus.

3 In vielen Friseursalons erhalten die Angestellten Provision für verkaufte Produkte. Janine hat im letzten Monat Waren im Wert von 500 € umgesetzt. Sie bekam 75 € Provision.
Wie hoch ist ihre Provision in Prozent?

4 Für dringend benötigte neue Trockenhauben nimmt die Geschäftsführerin von „Salon Locke“ einen Kredit in Höhe von 4800 € für zwei Monate auf. Der Zinssatz liegt bei 9,4 % jährlich. Welchen Betrag muss sie zurückbezahlen?

Berufsbezeichnung	Friseur/in
Häufige Tätigkeiten	• Haare waschen und schneiden • Typ-Beratung • Frisuren mit Föhn und Schmuck gestalten • Haare färben • Dauerwellen machen
Dauer der Ausbildung	3 Jahre
Voraussetzungen	• in der Regel Hauptschulabschluss • gepflegtes Äußeres • Kontaktfreudigkeit

5 Janine hat 100 ml 18 %iges Wasserstoffperoxid, 20 ml Blondiercreme und Wasser. Wie viel ml 12%igen Färbebrei kann sie daraus herstellen?

Könntest du dir vorstellen, Friseurin oder Friseur zu werden?
Unter dem Webcode kannst du dich über den Beruf informieren.

134-1

Jonas ist im dritten Lehrjahr seiner Ausbildung zum **Bankkaufmann**.
„Mich haben Zahlen schon immer interessiert. Von wegen trocken – bei Beratungsgesprächen bekomme ich das volle Leben mit. Ich erstelle gemeinsam mit den Kunden Pläne zur Finanzierung des Hausbaus, berate sie bei der Altersvorsorge und helfe, ihr Vermögen gut anzulegen. Anstrengend finde ich den Zeitdruck und, dass ich die Produkte meiner Bank gut verkaufen muss."

Berufsbezeichnung	Bankkaufmann/Bankkauffrau
Häufige Tätigkeiten	• Über Anlagemöglichkeiten informieren • Versicherungen und Wertpapiere verkaufen • Kreditvorlagen erstellen
Dauer der Ausbildung	3 Jahre
Voraussetzungen	• in der Regel mittlerer Schulabschluss oder Abitur • Selbständigkeit • sicheres Auftreten

6 Welche der Aussagen zu diesem Kontoauszug sind richtig?

Auszug 14		Währung: EUR
Datum des Kontoauszugs: 04.05.		alter Kontostand: – 413,29
01.05.	Gehaltszahlung	+ 1024,48
01.05.	Miete	– 327,35
02.05.	Auszahlung Geldautomat	– 150,00
02.05.	Versicherung	– 34,00
03.05.	Fitnessstudio Beitrag	– 49,99

① Das Konto war vor dem Eingang der Gehaltszahlung überzogen.
② Am 04.05. ist das Konto nicht mehr überzogen.
③ Für das Konto wird am 04.05. der Dispokredit in Anspruch genommen.

7 Ein Kunde möchte ein neues Auto kaufen und benötigt einen Kredit über 14 000 € für mindestens acht Monate. Zu welchem Angebot sollte Jonas ihm raten?

	Zinssatz	Bearbeitungsgebühr	Rückzahlung nach
①	0,6 % monatlich	2 % der Kreditsumme	12 Monaten
②	8,1 % jährlich	0,5 % der Kreditsumme	9 Monaten

8 Jonas soll in seiner mündlichen Abschlussprüfung ein Kundengespräch führen. Für das Fachwissen und das Verkaufsgeschick werden jeweils höchstens 100 Punkte vergeben.
In der Gesamtwertung zählt die Punktzahl für das Fachwissen zu 40 %, die Punktzahl für das Verkaufsgeschick zu 60 %.

a) Im letzten Jahr hat Jonas' Kollegin Elke die Prüfung absolviert. Für ihr Fachwissen bekam sie 80 Punkte, für ihr Verkaufsgeschick 75 Punkte.
Gesamtwertung: $80 \cdot 0{,}4 + 75 \cdot 0{,}6 = 77$. Erkläre die Rechnung.

b) Jonas' Kollege Simon hat für sein Fachwissen nur 15 Punkte bekommen und für sein Verkaufsgeschick 100 Punkte. Wie ist seine Gesamtpunktzahl?

c) Bestanden hat man mit mehr als 50 Punkten in der Gesamtwertung. Hat Ron mit 100 Punkten im Fachwissen und 15 Punkten im Verkaufsgeschick bestanden?

Könntest du dir vorstellen, Bankkauffrau oder Bankkaufmann zu werden?
Unter dem Webcode kannst du dich über den Beruf informieren.

135-1

Formeln und Gleichungen im Beruf

Steffen macht eine Ausbildung zum **Elektroniker**. Er erzählt von seiner Ausbildung: „Gut, dass ich schon mit dem Computer vertraut bin, denn ich muss oft am Bildschirm Listen ausfüllen und Berechnungen durchführen. Bei der Arbeit mit elektrischem Strom bin ich hoch konzentriert, damit kein Unfall passiert. Ich habe schon gelernt, Kühlschränke, Waschmaschinen und Kochherde zu reparieren."

Berufsbezeichnung	Elektroniker/in
Mögliche Fachrichtungen	• Energie- und Gebäudetechnik • Automatisierungstechnik • Informations- und Telekommunikationstechnik
Dauer der Ausbildung	3,5 Jahre
Voraussetzungen	• in der Regel Hauptschulabschluss • Schulkenntnisse in Mathematik und Physik • Konzentrationsfähigkeit • Verantwortungsbewusstsein

1 Eine Aufgabe aus Steffens Berufskolleg:
Das Ohmsche Gesetz lautet $U = R \cdot I$.

Name	Bezeichnung	Einheit
Spannung	U	Volt
Widerstand	R	Ohm
Stromstärke	I	Ampere

a) $R = 604$ Ohm, $I = 1{,}7$ Ampere. Wie groß ist U?
b) $U = 730$ Volt, $I = 3{,}3$ Ampere. Wie groß ist R?
c) $R = 22$ Ohm, $U = 374$ Volt. Wie groß ist I?

2 Auch diese Aufgabe muss Steffen im Berufskolleg lösen:
Ein Auto steht auf einem Parkplatz. Es soll mit einer gleichmäßigen Beschleunigung von $a = 1{,}2\frac{m}{s^2}$ eine Strecke von $s = 400\,m$ zurücklegen. Welche Zeit benötigt es dazu?

a) Die Grundformel ist $a = \frac{s}{t^2}$ (t steht für time, also Zeit). Sie muss also zunächst umgeformt werden, sodass t alleine steht. Welche Umformung ist richtig?

① $a = \frac{s}{t^2} \quad | \cdot t^2$
$a \cdot t^2 = s \quad | : a$
$t^2 = \frac{s}{a} \quad | \sqrt{\ }$
$t = \sqrt{\frac{s}{a}}$

② $a = \frac{s}{t^2} \quad | \cdot s$
$a \cdot s = t^2 \quad | \sqrt{\ }$
$\sqrt{a \cdot s} = t$

b) Verwende die richtig umgestellte Formel und berechne mit Hilfe eines Taschenrechners die benötigte Zeit in Sekunden.

www 136-1

Könntest du dir vorstellen, Elektronikerin oder Elektroniker zu werden? Unter dem Webcode kannst du dich über den Beruf informieren.

Elisa ist im 2. Lehrjahr als **Konditorin**.
Elisa erzählt:
„Im 1. Ausbildungsjahr habe ich alles über verschiedene Teige gelernt. Es gibt so viele verschiedene Teige, aber jetzt kenne ich sie alle: Blätterteig, Mürbeteig, Hefe- und Plunderteig. Jetzt im 2. Jahr lerne ich auch Lebkuchen herzustellen.
Manchmal ist es anstrengend, weil ich früh aufstehen muss. Die Kunden erwarten schließlich, dass morgens alles frisch und fertig ist. In der Bäckerei und Konditorei, in der ich arbeite, gibt es auch ein kleines Café. Es macht mir Spaß, Kunden zu bedienen und zu sehen, wie gut ihnen meine Pralinen und Kuchen schmecken."

Berufsbezeichnung	Konditor/in
Häufige Tätigkeiten	• Herstellen von Teigen, Fruchtfüllungen, Pralinen und Pasteten • Lebensmittel verkaufen und servieren
Dauer der Ausbildung	3 Jahre
Voraussetzungen	• in der Regel Hauptschulabschluss • Schulkenntnisse in Mathematik, Chemie und Kunst • Sauberkeit • guter Geschmacks- und Geruchssinn

3 Die folgende Aufgabe wurde Elisa in der Berufsschule gestellt:
Ein Betrieb gibt in Ihrer Konditorei eine Bestellung für 15 kg Pralinenmischung auf. Es sollen dreimal so viele Trüffelpralinen wie Marzipanpralinen in der Mischung enthalten sein und doppelt so viele Nusspralinen wie Marzipanpralinen. Wie viel kg von jeder Pralinensorte sollten Sie in die Mischung geben?
Löse die Aufgabe, indem du die Tabelle ergänzt.

1. Variable festlegen	kg Marzipanpralinen: x
2. Terme bilden	kg Trüffelpralinen: $3x$
	kg Nusspralinen:
3. Gleichung aufstellen	
4. Gleichung lösen	
5. Lösung prüfen	(Probe rechnen)
6. Antwortsatz schreiben	Gib im Lösungssatz an, wie viel kg Marzipan-, Trüffel- und Nusspralinen benötigt werden.

4 Auch diese Aufgabe ist aus Elisas Berufschulunterricht:
Eine Bestellung umfasst 12 kg Spekulatius. Es wurden x Beutel mit je 0,2 kg Spekulatius und doppelt so viele Beutel mit 0,5 kg Spekulatius bestellt. Wie viele Beutel werden zu 0,2 kg befüllt?
Welche Gleichung passt zu der Aufgabe? Finde und löse sie. Denke an den Antwortsatz.
① $x \cdot 0{,}2 + 2x \cdot 0{,}5 = 12$ ② $12 + x + 0{,}2 + 0{,}5 = 0{,}2$ ③ $0{,}2 \cdot x + 0{,}5 \cdot x = 12$

Könntest du dir vorstellen, Konditorin oder Konditor zu werden? Unter dem Webcode kannst du dich über den Beruf informieren. www 137-1

Gleichungen und Funktionen im Beruf

Eryk möchte **Heizungs- und Sanitärinstallateur** werden. Er erzählt von seinem heutigen Arbeitstag:
„Heute Morgen war ich bei Frau Möller, da ihr Wasserhahn im Bad tropfte. Mein Chef und ich haben sie auch beraten, wie sie ihre alte Heizungsanlage modernisieren kann. Und heute Mittag fahren wir mit dem ganzen Team zu einer Großbaustelle. Da müssen wir Klimaanlagen in ein Bürogebäude einbauen."

Berufsbezeichnung	Anlagenmechaniker/in für Sanitär-, Heizung- und Klimatechnik
Mögliche Fachrichtungen	• Planung, Einbau und Reparatur von Heizungen, Sanitär- und Klimaanlagen • Kundenberatung, z. B. zur Solarenergie • Fertigung von Bauteilen in der Werkstatt
Dauer der Ausbildung	3,5 Jahre
Voraussetzungen	• in der Regel Hauptschulabschluss • Schulkenntnisse in Mathematik, Physik und Technik • handwerkliches Geschick

1 Die Preise für Reparaturen berechnen sich in Eryks Ausbildungsbetrieb durch eine Anfahrtspauschale von 35 € (brutto) und einen Stundenlohn von 40 € (brutto).

Zeit in h	1	2	3	…
Kosten in €				

a) Vervollständige die Wertetabelle.
b) Zeichne den Graphen der Funktion *Zeit* → *Kosten* (1 h ≙ 2 cm, 10 € ≙ 1 cm).
c) Gib die Funktionsgleichung an.
d) Für einen Reparaturauftrag werden 3,5 Stunden eingeplant. Wie hoch sind die voraussichtlichen Kosten?

2 Zwei Angebote verschiedener Zulieferfirmen für Kupferrohre (Stückpreis und Lieferpauschale) kannst du der Grafik entnehmen.
a) Welcher Graph rechts gehört zu welcher Funktionsgleichung?
$f(x) = 7{,}80x$ $\qquad$ $g(x) = 4{,}50x + 39{,}60$
b) Eryk soll 14 Kupferrohre bestellen. Für welches Angebot soll er sich entscheiden? Begründe.

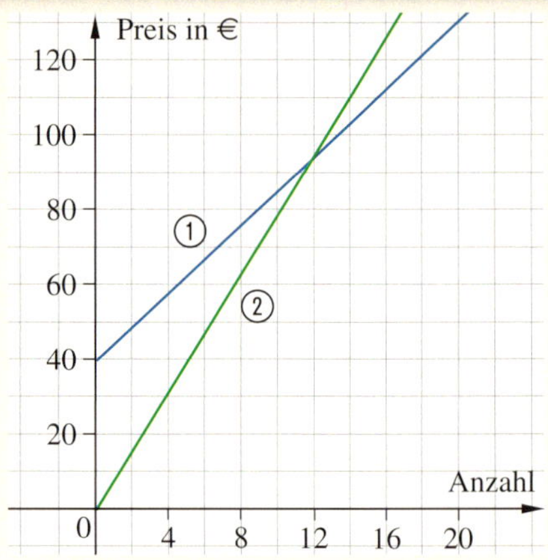

3 Der Einkaufspreis von Wasserhähnen kann mit der Gleichung $f(x) = 1{,}10x + 20{,}25$ berechnet werden. Wie viele Wasserhähne können für 100 € bestellt werden?

138-1 Könntest du dir vorstellen, Heizungs- und Sanitärinstallateur/in zu werden? Unter dem Webcode kannst du dich über den Beruf informieren.

Seit einem Jahr macht Kai eine Ausbildung zum **Modeschneider**. „Ein Gespür für Mode hatte ich schon vorher. Aber hier in meiner Ausbildung lerne ich, was alles dahinter steckt: Am Computer wird das Schnittmuster geplant. Sportkleidung muss mehr Bewegungsfreiheit als ein Abendkleid bieten. Verschiedene Stoffe wie Baumwolle und Seide werden unterschiedlich behandelt und nie darf man die Kosten aus dem Auge lassen.“

Berufsbezeichnung	Modeschneider/in
Häufige Tätigkeiten	• Modelle anfertigen • Arbeitsschritte und Kosten planen • Einstellung der großen Zuschneidemaschinen in der Produktion • Qualitätskontrolle
Dauer der Ausbildung	3 Jahre
Voraussetzungen	• in der Regel Hauptschulabschluss, mittlerer Bildungsabschluss gern gesehen • Schulkenntnisse in Kunst und Mathematik • gutes technisches Verständnis • Interesse an Mode und Trends

4 Das Diagramm zeigt die Kosten für den laufenden Meter eines Seidenstoffs.

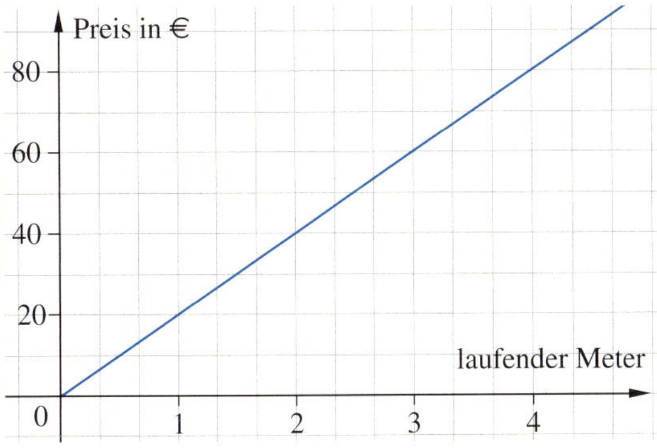

a) Lies im Diagramm ab, was der laufende Meter Seide kostet.
b) Stelle eine passende Gleichung auf.
c) Vervollständige die Tabelle.

laufender Meter	0,6	1,2	1,5	2,0	2,8
Preis in €					

5 Bei einem neuen Auftrag zur Herstellung von Röcken schätzt Kai die Nähzeit pro Rock auf acht Minuten und die gemeinsame anschließende Waschzeit auf 55 min.
a) Welche Funktionsgleichung beschreibt den Sachverhalt richtig? (x ist die Anzahl der Röcke und $f(x)$ die Zeit in Minuten.)
$f(x) = 8x - 55$ $\quad$ $f(x) = 55x + 8$ $\quad$ $f(x) = -8x + 55$ $\quad$ $f(x) = 8x + 55$
b) Wie lange dauert die Herstellung von 16 Röcken?

6 Berechnung der europäischen Kleidergrößen $f(x)$ mit Brustumfang x (in cm):
① für Damen: $f(x) = 0{,}5x - 6$ $\quad$ ② für Herren: $f(x) = 0{,}5x$
a) Zeichne die Graphen der Funktionen in ein Koordinatensystem und beschreibe sie.
b) Kai sagt: „Der Brustumfang bei Herren entspricht der doppelten Kleidergröße.“ Stimmt das?
c) Kais Schneiderpuppe hat einen Brustumfang von 92 cm. Welche Größe hat sie?
d) Kai trägt Größe 44. Welchen Brustumfang hat er?

Könntest du dir vorstellen, Modeschneider oder -schneiderin zu werden? Unter dem Webcode kannst du dich über den Beruf informieren. www 139-1

Formelsammlung

Maßeinheiten

Länge

1 km = 1000 m
1 m = 10 dm
1 dm = 10 cm
1 cm = 10 mm

Fläche

$1\,m^2 = 100\,dm^2$
$1\,dm^2 = 100\,cm^2$
$1\,cm^2 = 100\,mm^2$
$1\,ha = 100\,a = 10\,000\,m^2$
$1\,a = 100\,m^2$

Volumen

$1\,m^3 = 1000\,dm^3$
$1\,dm^3 = 1000\,cm^3$
$1\,cm^3 = 1000\,mm^3$
Liter (ℓ)
$1\,\ell = 100\,ml = 1\,dm^3$
$1\,ml = 1\,cm^3$

Masse

1 t = 1000 kg
1 kg = 1000 g
1 g = 1000 mg

Ebene Figuren und Prozentrechnung

Dreieck

$A = \frac{c \cdot h_c}{2}$

$u = a + b + c$

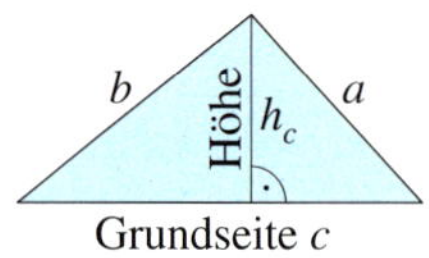

Satz des Pythagoras

Im rechtwinkligen Dreieck gilt:

$a^2 + b^2 = c^2$

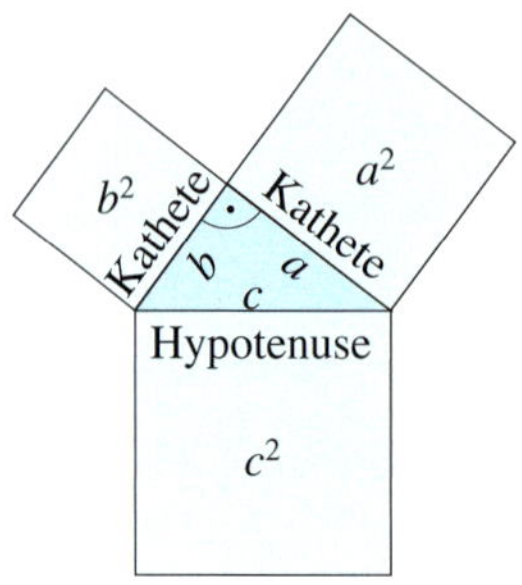

Kreis

$d = 2 \cdot r$

$A = \pi \cdot r^2 = \frac{\pi \cdot d^2}{4}$

$u = 2 \cdot \pi \cdot r = \pi \cdot d$

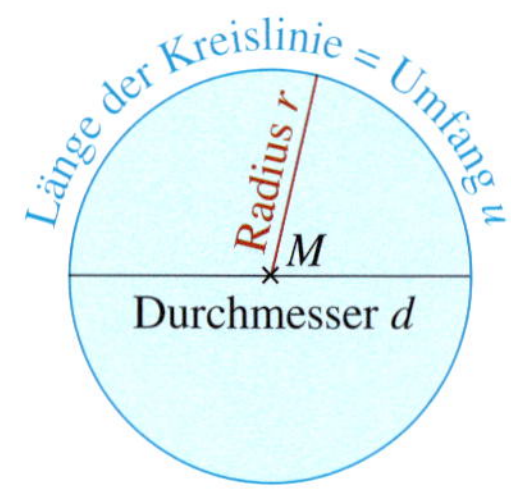

Prozentrechnung

G: Grundwert
W: Prozentwert
$p\,\%$: Prozentsatz

$W = G \cdot p\,\% = \frac{G \cdot p}{100}$

Körper

Zylinder

$V = A_G \cdot h = \pi \cdot r^2 \cdot h$

$A_M = u \cdot h = 2 \cdot \pi \cdot r \cdot h$

$A_O = 2 \cdot A_G + A_M$
$\quad = 2 \cdot r^2 \cdot \pi + 2 \cdot \pi \cdot r \cdot h$

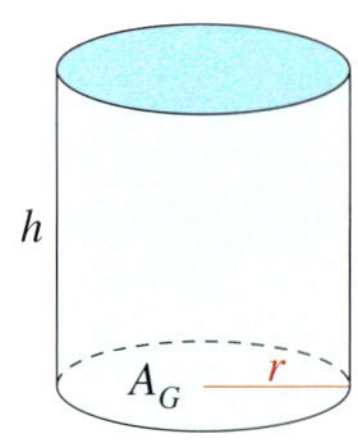

Kegel

$V = \frac{1}{3} \cdot A_G \cdot h = \frac{1}{3} \cdot \pi \cdot r^2 \cdot h$

$A_M = \pi \cdot r \cdot s$

$A_O = A_G + A_M$
$\quad = \pi \cdot r^2 + \pi \cdot r \cdot s$

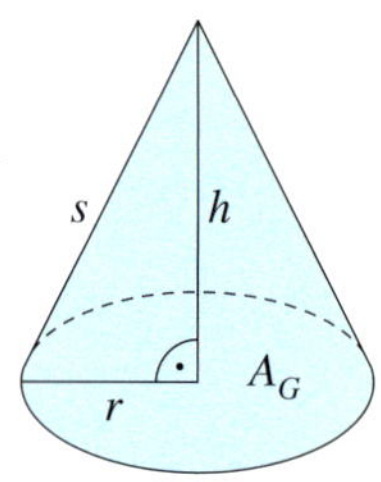

Quadratische Pyramide

$V = \frac{1}{3} \cdot A_G \cdot h = \frac{1}{3} \cdot a^2 \cdot h$

$A_M = 4 \cdot \frac{1}{2} \cdot a \cdot h_a = 2 \cdot a \cdot h_a$

$A_O = A_G + A_M$
$\quad = a^2 + 2 \cdot a \cdot h_a$

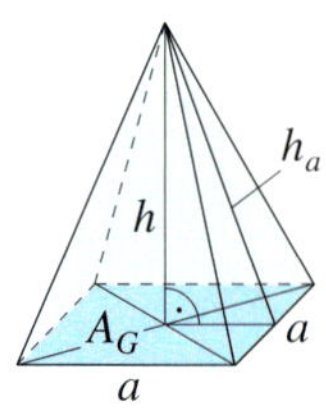

Kugel

$V = \frac{4}{3} \cdot \pi \cdot r^3$

$A_O = 4 \cdot \pi \cdot r^2$

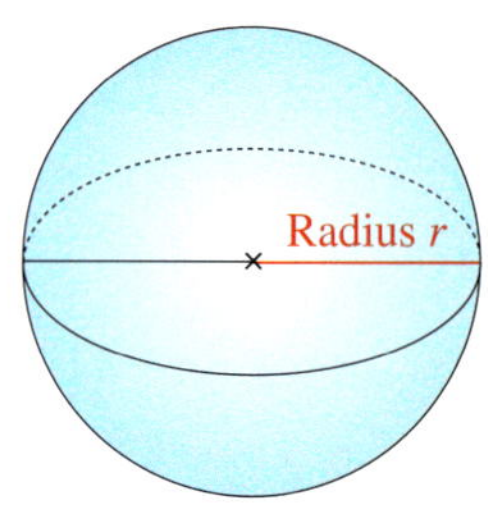

Anhang

Training
Vorbereitung auf die zentrale Prüfung
Lösungen zu Teste dich!
Lösungen zu „Auf dem Weg in die Berufswelt“
Lösungen zum Training
Lösungen zu „Vorbereitung auf die zentrale Prüfung“
Stichwortverzeichnis
Bildverzeichnis

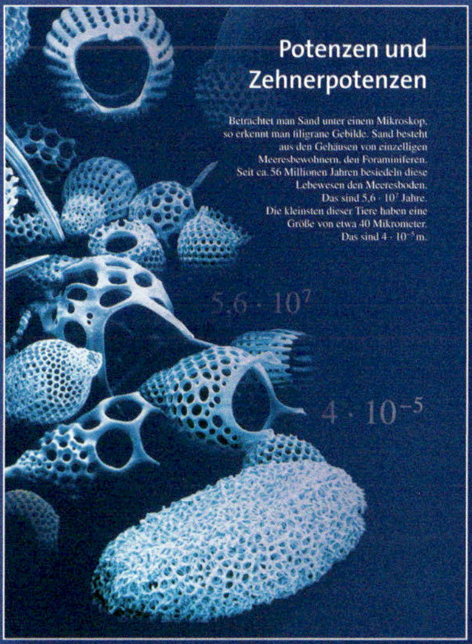

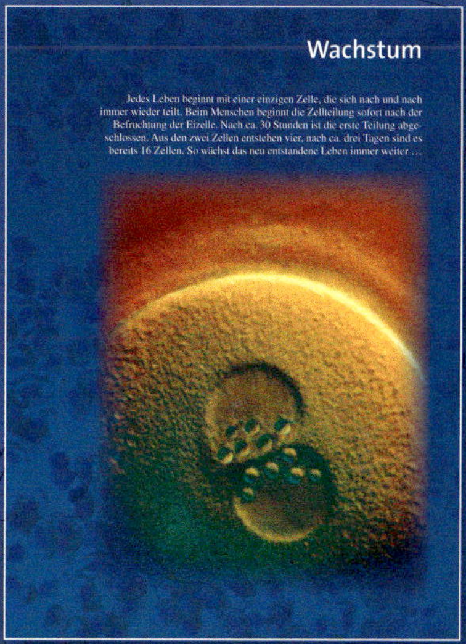

Training

Pyramide, Kegel, Kugel

1 Berechne die fehlenden Strecken. Runde die Ergebnisse auf Millimeter.

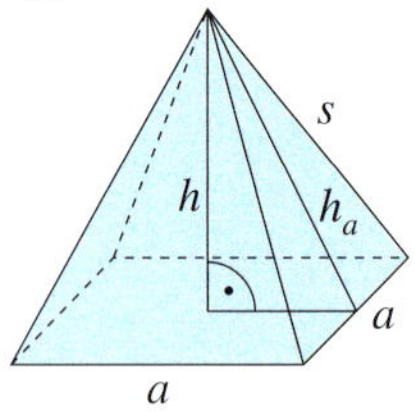

	a	s	h	h_a
a)	6 cm	12 cm		
b)			10,2 cm	12,9 cm
c)		11,4 cm		9,9 cm
d)	15 cm			28 cm

2 Berechne das Volumen der geraden Pyramide aus den Angaben zur Grundfläche und der gegebenen Körperhöhe.

a) Die Grundfläche ist ein Quadrat mit $a = 4\,\text{m}$. Die Körperhöhe ist $h = 2\,\text{m}$.

b) Die Grundfläche ist ein Rechteck mit $a = 19\,\text{cm}$ und $b = 18\,\text{cm}$. Die Körperhöhe ist $h = 22\,\text{cm}$.

c) Die Grundfläche ist ein rechtwinkliges Dreieck mit $\alpha = 90°$, $c = 10\,\text{cm}$, $b = 8\,\text{cm}$. Die Körperhöhe ist $h = 12\,\text{cm}$.

3 Berechne den Mantel- und den Oberflächeninhalt einer quadratischen Pyramide mit Grundkante a, Seitenkante s, Körperhöhe h und Seitenhöhe h_a.

a) $a = 8\,\text{cm}$; $h_a = 15\,\text{cm}$

b) $a = 60\,\text{cm}$; $s = 50\,\text{cm}$

c) $h = 12\,\text{cm}$; $h_a = 19\,\text{cm}$

d) $h_a = 8\,\text{cm}$; $s = 12{,}81\,\text{cm}$

4 Eine gerade Pyramide hat eine rechteckige Grundfläche. Berechne die fehlende Größe.

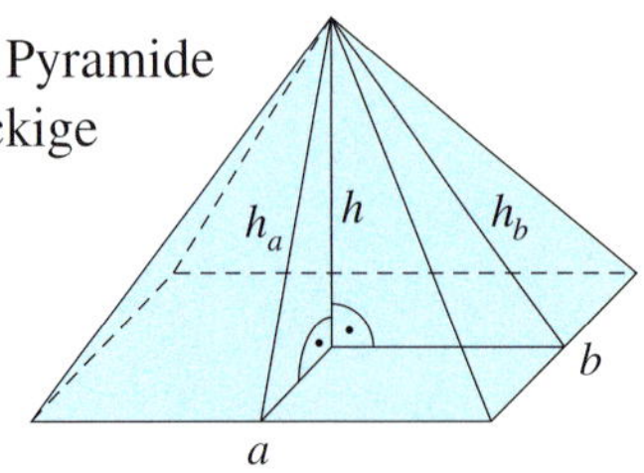

	a	b	h	V
a)	50 mm	90 mm	25 mm	
b)	125 cm	244 cm		1 006 500 cm³
c)		12 m	12 m	600 m³
d)	138 dm		167 dm	676 016 dm³

5 Berechne das Volumen des Kegels.

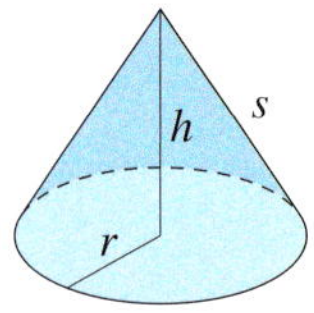

a) $r = 6\,\text{cm}$; $h = 13\,\text{cm}$

b) $d = 22\,\text{cm}$; $h = 15\,\text{cm}$

c) $s = 18\,\text{cm}$; $h = 12\,\text{cm}$

d) $d = 12\,\text{m}$; $s = 10\,\text{m}$

6 Berechne den Mantelflächeninhalt A_M, den Oberflächeninhalt A_O und das Volumen V des Kegels.

a) $h = 17\,\text{cm}$; $r = 5\,\text{cm}$

b) $h = 20\,\text{mm}$; $d = 30\,\text{mm}$

c) $h = 10\,\text{cm}$; $s = 15\,\text{cm}$

d) $s = 9\,\text{cm}$; $r = 40\,\text{mm}$

7 Berechne das Volumen und den Oberflächeninhalt der Kugel.

a) $r = 3\,\text{cm}$

b) $d = 12{,}8\,\text{dm}$

8 Berechne den Durchmesser der Kugel.

a) $A_O = 2875\,\text{cm}^2$
b) $A_O = 8{,}22\,\text{m}^2$
c) $V = 28{,}75\,\text{cm}^3$
d) $V = 822\,\text{m}^3$

9 Der Radius einer Kugel beträgt $r = 4\,\text{cm}$.

a) Berechne den Oberflächeninhalt der Kugel.

b) Welchen Radius hat eine Kugel, deren Oberflächeninhalt nur halb so groß ist?

c) Welchen Radius hat eine Kugel, deren Oberflächeninhalt doppelt so groß ist?

10 Ordne die folgenden Körper nach ihrem Volumen.

① quadratische Pyramide mit $a = 10\,\text{cm}$ und $h = 10\,\text{cm}$

② Kegel mit $d = 10\,\text{cm}$ und $h = 10\,\text{cm}$

③ Kugel mit $r = 10\,\text{cm}$

11 ➡ Ein Kegel aus Plexiglas hat einen Radius von $r = 5\,\text{cm}$ und ist 10 cm hoch. Der Kegel ist mit Metallkugeln gefüllt, die einen Durchmesser von 3 mm besitzen. Wie viele Metallkugeln können höchstens in dem Kegel sein? Schätze zunächst und berechne dann.

Quadratische Funktionen und Gleichungen

1 Fertige jeweils eine Wertetabelle von -4 bis 4 an und zeichne anschließend die Funktionen.

a) $f(x) = 0{,}1\,x^2$ b) $f(x) = -0{,}2\,x^2$
c) $f(x) = 1{,}2\,x^2$ d) $f(x) = -0{,}75\,x^2$

2 Durch die Wertetabellen sind Funktionen angegeben. Zeichne jeweils die Graphen der Funktionen und gib an, ob es sich um lineare oder quadratische Funktionen handelt.

a)

x	-3	-2	-1	0	1	2	3
$f(x)$	7,2	3,2	0,8	0	0,8	3,2	7,2

b)

x	-3	-2	-1	0	1	2	3
$g(x)$	-8	-6	-4	-2	0	2	4

c)

x	-6	-4	-2	0	2	4	6
$h(x)$	-9	-4	-1	0	-1	-4	-9

3 Gib jeweils eine quadratische Funktion mit den folgenden Eigenschaften an.

a) gestaucht und nach unten geöffnet
b) gestreckt und nach oben geöffnet
c) nach oben geöffnet, geht durch den Punkt $P(2|2)$

4 Der Bremsweg ist abhängig vom Untergrund. Bei Nässe kann er mit Hilfe der Gleichung $f(x) = 0{,}03\,x^2$ berechnet werden. Dabei ist x die Geschwindigkeit in $\frac{\text{km}}{\text{h}}$.

a) Berechne die Länge des Bremswegs für die Geschwindigkeiten von $80\,\frac{\text{km}}{\text{h}}$ und $160\,\frac{\text{km}}{\text{h}}$.
b) Begründe, warum sich bei doppelter Geschwindigkeit der Bremsweg nicht verdoppelt.
c) Ein Fahrzeug hat einen Bremsweg von 130 m. Welche Geschwindigkeit hatte das Fahrzeug?

5 Bauer Huber hat zwei Wiesen. Seine quadratische Wiese ist halb so groß wie die rechteckige Wiese, die 24 m breit und 27 m lang ist.
Welche Seitenlänge hat die quadratische Wiese?

6 Von der Spitze eines Turms lässt man einen Stein fallen. Er schlägt nach 4,5 Sekunden auf dem Boden auf. Verwende die Funktionsgleichung $f(t) = 5\,t^2$.

a) Wie viele Meter fällt der Stein in den ersten zwei Sekunden?
b) Wie hoch ist der Turm?
c) Nach welcher Zeit hat der Stein die Hälfte seines Fallwegs zurückgelegt?

7 Löse die quadratischen Gleichungen. Welche Gleichungen haben keine Lösung?

a) $x^2 = 9801$ b) $x^2 = 2025$
c) $3\,x^2 = 2028$ d) $x^2 + 27 = 9$
e) $x^2 - 157 = 932$ f) $16\,x^2 = 0$
g) $x^2 + 27 = 556$ h) $2\,x^2 + 16 = 0$

8 Multipliziert man eine natürliche Zahl mit ihrem Fünffachen, so erhält man 180. Bestimme die Zahl.

9 Multipliziert man die Hälfte einer Zahl mit dem Dreifachen der Zahl und addiert 15, so erhält man 231. Wie lautet die Zahl?

10 Berechnungen an quadratischen Tischen

a) Eine quadratische Tischplatte hat eine Seitenlänge von 80 cm. Wie lang ist die Diagonale des Tisches?
b) Die Diagonale einer quadratischen Tischplatte ist 80 cm lang. Welche Seitenlängen hat der Tisch?

11 Eine quadratische Säule ist 7 m hoch. Ihr Volumen beträgt 28 m³.

a) Berechne die Seitenlänge der Grundfläche.
b) Welche Oberfläche hat die Säule?

12 Die Hypotenuse eines gleichschenkligen, rechtwinkligen Dreiecks ist 20 cm lang.

a) Wie lang sind die Katheten?
b) Berechne den Flächeninhalt des Dreiecks.

Datenerhebungen hinterfragen

1 In der Wochenzeitung „DIE ZEIT“ findet sich in der Ausgabe vom 8. Oktober 2009 das folgende Diagramm.

a) Nimm dazu kritisch Stellung. Betrachte dabei die gesamte Darstellung inklusive der Überschrift.

b) Zeichne ein korrektes Diagramm. Dabei reicht es, den Verlauf der Kurve in etwa zu übertragen. Welche Überschrift würdest du wählen?

2 Die Tabelle enthält Angaben über die Zusammensetzung des jährlichen Hausmüllaufkommens in Deutschland.

Abfallart	Restabfall	Sperrmüll	Bioabfall	Sonstiges
Kilotonnen	16 466	2676	3753	13 364

Entscheide, welches der beiden Piktogramme die Daten aus der Tabelle richtig wiedergibt. Begründe.

Restabfall Sperrmüll Bioabfall Sonstiges

Restabfall Sperrmüll Bioabfall Sonstiges

3 Schülerinnen und Schüler eines 10. Jahrgangs haben einen manipulativen Fragebogen zur Qualität ihrer Schule entwickelt. Zwei Fragen daraus sind hier abgebildet.

> **Qualität der Lehrerinnen und Lehrer**
>
> Die Internetseite „schulradar.de“ weist die Qualität der Lehrerinnen und Lehrer an unserer Schule als überdurchschnittlich gut aus.
>
> Wie bewertest du deren Qualität?
>
> ❏ sehr gut ❏ gut ❏ eher gut
> ❏ sehr schlecht ❏ k. A.
>
> **Fächer- und AG-Angebot**
>
> Die Lehrerinnen und Lehrer unserer Schule bieten in Kooperation mit vielen Vereinen ein großes Angebot an AGs an. Die Anzahl der Fächer im Wahlpflichtbereich ist deutlich höher als an anderen Schulen.
>
> Bist du mit dem Angebot an AGs und dem Wahlpflichtbereich zufrieden?
>
> ❏ sehr zufrieden ❏ zufrieden
> ❏ absolut unzufrieden ❏ k. A.

a) Bewerte die Fragen und erläutere, worin die Manipulation besteht.

b) Verändere die beiden abgebildeten Fragen dahingehend, dass alle Manipulationen wegfallen und somit neutral gefragt wird.

4 Erstelle ein korrektes Kreisdiagramm zu den angegebenen Daten. Zeichne ein weiteres Kreisdiagramm, bei dem der Bereich „keine Angabe“ nicht mit abgetragen wird.

Das politische Geschehen …

… interessiert mich nicht	38 %
… interessiert mich bei bestimmten Themen	17 %
… verfolge ich regelmäßig	23 %
keine Angabe	22 %

a) Beschreibe die unterschiedliche Wirkung der beiden Diagramme.

b) Wer könnte Interesse an der manipulierten Darstellung haben?

Potenzen und Zehnerpotenzen

1 Wie schnell kommst du über 1 000 000? Starte bei 2 (3, 4; …; 10) und multipliziere mit Hilfe des Taschenrechners so oft mit der Ausgangszahl, bis das Ergebnis größer ist als 1 000 000. Schreibe anschließend als Potenz.

2 Berechne den Wert der Potenz a^n für

a) $a = 7, n = 4$ $\quad a = -7; n = 4$
$a = 7; n = -4$ $\quad a = -7; n = -4$

b) $a = 3; n = 5$ $\quad a = -3; n = 5$
$a = 3; n = -5$ $\quad a = -3; n = -5$

c) $a = 6; n = 3$ $\quad a = \frac{1}{6}; n = 3$
$a = 6; n = -3$ $\quad a = \frac{1}{6}; n = -3$

3 Wende die Potenzgesetze an und berechne anschließend.

a) $10^4 \cdot 10^5$ b) $10^5 : 10^2$ c) 10^{-2}
d) $\frac{10^3}{10^6}$ e) $10^4 \cdot 10^{-2}$ f) $10^1 \cdot 10^2 \cdot 10^3$
g) $10^9 : 10^2$ h) $10^{-2} \cdot 10^{-3}$ i) $10^0 \cdot 10^7$

4 Berechne und setze das richtige Zeichen (<; >; =) in die Lücke.

a) $4^4 \cdot 4^2$ __ 1000^3
b) $1{,}1^5$ __ $1{,}01^{10}$
c) 3^4 __ 4^3
d) 43^5 __ $1{,}47 \cdot 10^8$
e) $5^{-4} \cdot 5^4$ __ 2135^0

5 Lies den Text und gib alle Werte in wissenschaftlicher Schreibweise an. Ergänze die Werte für den Erddurchmesser sowie die Entfernung zwischen Erde und Alpha Centauri C in Lichtjahren.

> Die Sonne ist ca. 150 Mio. km von der Erde entfernt. Ihr Durchmesser beträgt 1,4 Mrd. m, das entspricht etwa dem 107,7-fachen des Erddurchmessers. Der zentrale Stern unseres nächsten Sonnensystems, Alpha Centauri C, ist ca. 40 Billionen km von der Erde entfernt. Für Entfernungen dieser Größenordnung wurde das Lichtjahr eingeführt, welches einen Wert von etwa 9,46 Billionen km hat. Somit ist Alpha Centauri C etwa _______ Lichtjahre von uns entfernt.

6 Rechne in mm um und gib die Werte in Dezimalschreibweise an.

a) Der Durchmesser eines Regentropfens beträgt 10^{-3} m.
b) Das Bakterium *Escherichia coli* hat einen Durchmesser von 0,6 µm.
c) Der Einzeller *Colpoda inflata* kommt in vielen Böden vor. Sein Durchmesser beträgt ca. 25 µm.

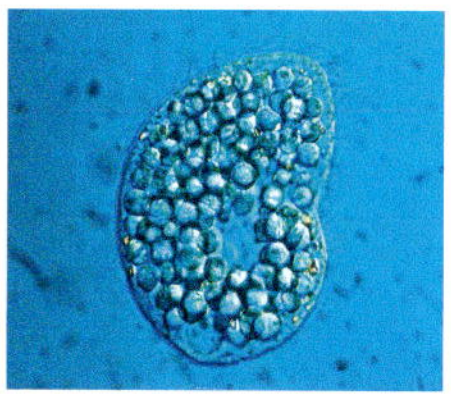

d) Die elektronenmikroskopische Aufnahme des Blauzungenvirus zeigt eine Markierung, die einer Länge von 50 nm entspricht.

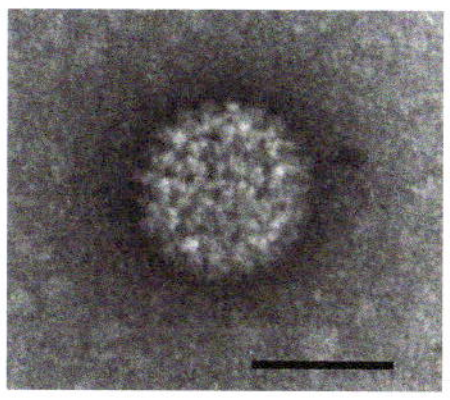

BEACHTE
$1\,\mu m = 10^{-3}\,mm$
$1\,nm = 10^{-6}\,mm$

7 Richtig oder falsch?

a) Ist der Exponent positiv, so ist der Wert der Potenz immer positiv.
b) Ist der Exponent negativ, so ist der Wert der Potenz immer kleiner als eins.
c) Ist die Basis ein Bruch der Form $\frac{1}{n}$ und der Exponent eine natürliche Zahl, so ist auch die Potenz ein Bruch der Form $\frac{1}{m}$.
d) Ist der Wert der Potenz positiv, kann die Basis dennoch negativ sein.

8 Berechne aus den Angaben aus Aufgabe 5 den Umfang der Sonne.
Gib das Ergebnis in km an.

9 Übersetz jeweils in einen Term. Berechne das Ergebnis mit Hilfe eines Taschenrechners.

a) Ziehe die dritte Wurzel aus der sechsten Potenz von fünf.
b) Multipliziere vier Milliarden mit dem Quadrat von acht.
c) Teile sechs hoch acht durch neun hoch drei.
d) Potenziere acht hoch ein Drittel mit fünf.
e) Berechne die Summe aus einem Fünftel hoch sieben und der dritten Wurzel aus acht.
f) Quadriere die vierte Wurzel aus zwei.
g) Teile acht hoch vier durch zwei hoch vier.

Wachstum

1 Verzinse 25 000 Euro mit 3,2 % pro Jahr.
a) für ein Jahr
b) für zwei Jahre

2 Nach einer guten Werbekampagne erhöhte ein Tennisverein im Jahr 2010 die Zahl seiner Mitglieder um 135. Der Verein zählte zuvor 784 Mitglieder.
a) Gib den Zuwachs in Prozent an.
b) Ermittle den Wachstumsfaktor für dieses eine Jahr.
c) Wie viele Mitglieder hätte der Verein im Jahr 2015, wenn die Wachstumsrate konstant bliebe?

3 Zwischen 1960 und 1990 ging die Zahl der Farmen in den USA in zehn Jahren um 19,1 % zurück. 1960 gab es etwa 4 Mio. Farmen. Wie viele gab es noch 1990?

4 Berechne für alle Länder jeweils den absoluten und prozentualen Bevölkerungszuwachs von 2007 bis 2008.

		Bevölkerungszahl in Mio.	
		2007	2008
a)	Großbritannien	60,9	61,2
b)	Frankreich	63,6	63,9
c)	Portugal	10,6	10,7
d)	Schweiz	7,51	7,54

5 An Pauls elftem Geburtstag zahlen seine Großeltern 1500 € auf ein Konto ein. Das Geld wird für sieben Jahre bei einem Zinssatz von 3 % p. a. angelegt. Kann Paul nach Ablauf der sieben Jahre die Führerscheinausbildung in Höhe von 1800 € von dem Geld bezahlen?

	Zinsen	Kapital
zu Beginn	0 €	1500 €
nach 1 Jahr		
nach 2 Jahren		
nach 3 Jahren		
nach 4 Jahren		
nach 5 Jahren		
nach 6 Jahren		
nach 7 Jahren		

6 Entscheide, ob die Werte in den Tabellen exponentielles Wachstum beschreiben.

a)

x	0	1	2	3
y	100	180	324	583,2

b)

x	0	1	2	4
y	24	28,8	34,56	41,472

c)

x	0	2	4	6
y	0	10	20	30

d)

x	0	5	10	20
y	2	6	18	54

7 Die Verdopplungszeit von Salmonellen beträgt ca. 20 Minuten. In einer Fleischprobe werden 80 Salmonellen gefunden.

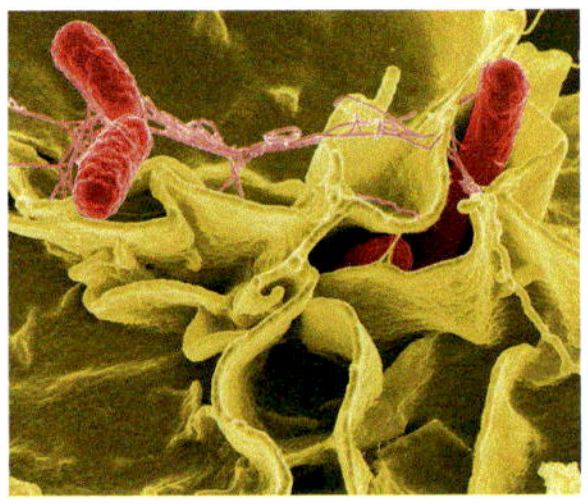

a) Stelle das Anwachsen der Salmonellenzahl bis fünf Verdopplungszeiten nach Untersuchungsbeginn in einer Tabelle dar.
b) Wie viele Salmonellen enthält die Probe zwei Stunden nach Untersuchungsbeginn?
c) Wie viele Erreger enthielt die Probe eine Verdopplungszeit vor Untersuchungsbeginn?

8 Im Jahr 2009 lebten in Nigeria 155,17 Mio. Menschen. In den letzten zehn Jahren betrug die durchschnittliche jährliche Wachstumsrate etwa 3,6 %.
a) Wie viele Menschen lebten demnach 2008 in Nigeria?
b) Wie viele werden es bei gleicher Wachstumsrate im Jahr 2012 sein?

9 Eine Flüssigkeit hat eine Temperatur von 100 °C. Die Temperatur kühlt sich in zehn Minuten um 5 % ab.
Stelle die Temperaturabnahme in einem Koordinatensystem dar.
Bestimme mit Hilfe des Graphen, wann die Flüssigkeit auf unter 50 °C abgekühlt ist.

Berechnungen an rechtwinkligen Dreiecken

1 Berechne den Flächeninhalt deines Geodreiecks.

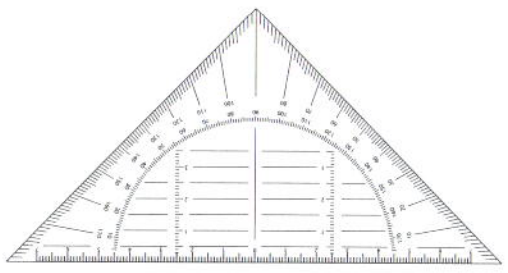

2 Die Hardenbergstraße, die Uhlandstraße und der Kurfürstendamm beschreiben annähernd ein dreieckiges Gebiet.

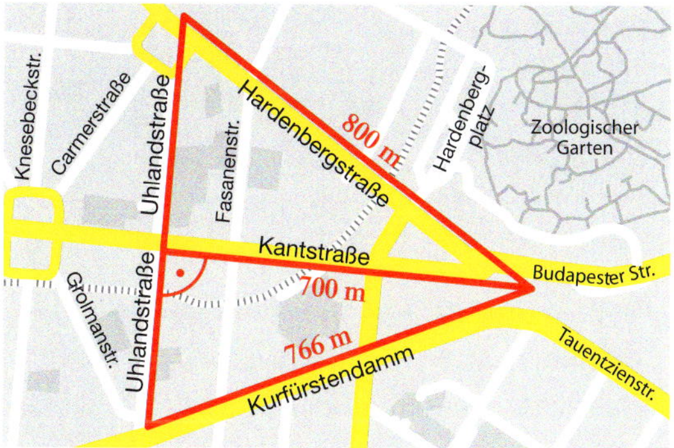

a) Wie lang ist die Uhlandstraße?

b) Berechne den Inhalt des eingezeichneten Gebietes.

3 Ein Makler bietet das folgende Grundstück zu einem Preis von 300 € pro m^2 an.

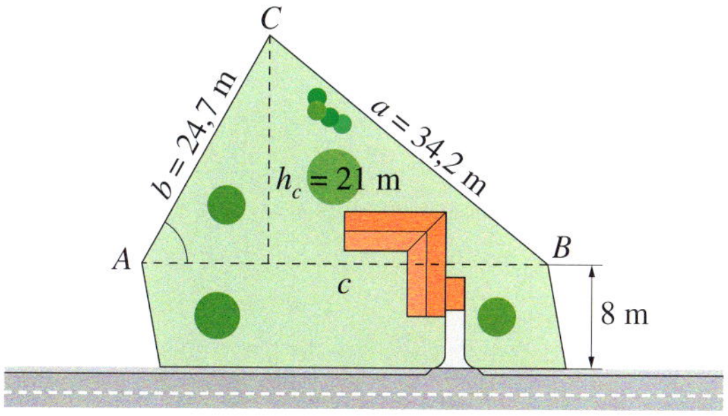

a) Berechne die Größe des Grundstücks.

b) Berechne den Verkaufspreis.

4 Eine Boeing 737-300 befindet sich im Landeanflug. Welche Strecke legt das Flugzeug dabei zurück?

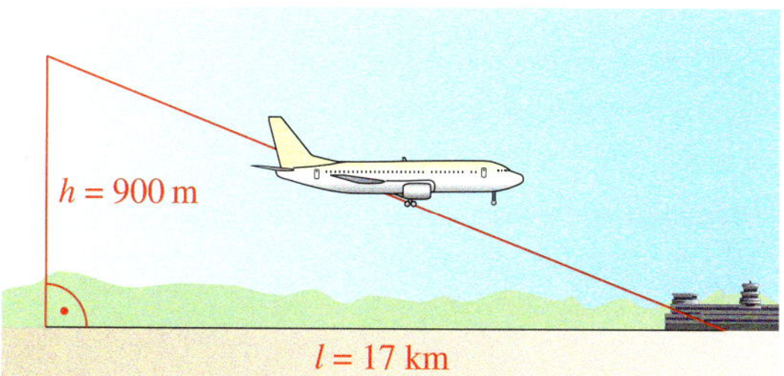

5 Die Seite c des gleichschenkligen Dreiecks hat eine Länge von 4,6 cm. Berechne jeweils die Höhe h_c und den Flächeninhalt des Dreiecks.

a) $a = 3\,\text{cm}$

b) $a = 8\,\text{cm}$

c) $a = 12{,}3\,\text{cm}$

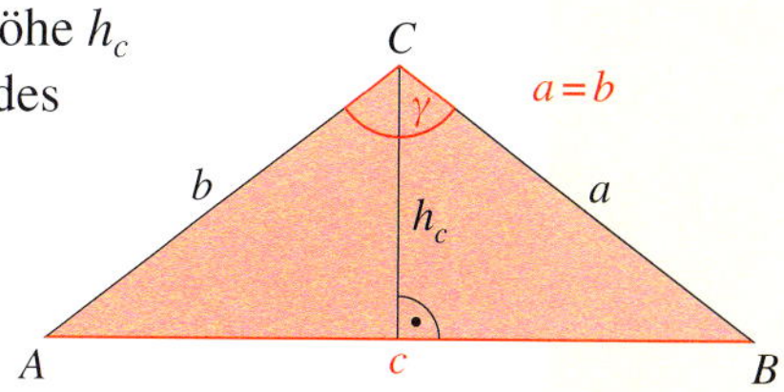

6 Gib die Steigung jeweils in Prozent an.

a) $a = 16\,\text{m};\ c = 100\,\text{m}$

b) $a = 8\,\text{m};\ c = 50\,\text{m}$

c) $a = 33\,\text{m};\ c = 266\,\text{m}$

d) $a = 508{,}6\,\text{m};\ c = 1789\,\text{m}$

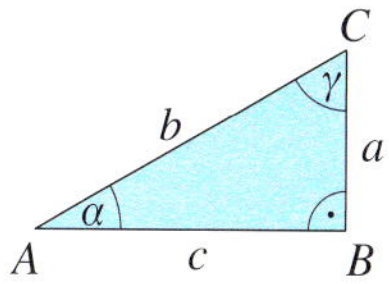

7 Einige Pistenraupen können auf Pisten mit 130 % Steigung eingesetzt werden.

Welchen Höhenunterschied legt die Pistenraupe bei einem Horizontalunterschied von 100 m (200 m, 350 m) zurück?

8 Gib den Tangens des markierten Winkels als Seitenverhältnis an.

a)

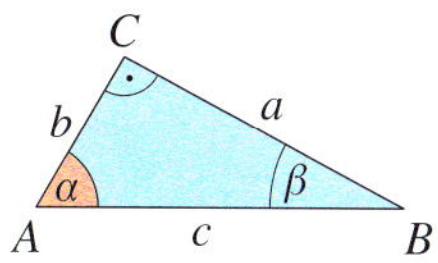

b)

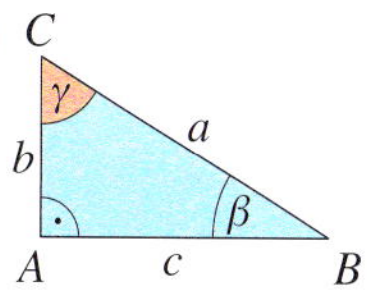

c)

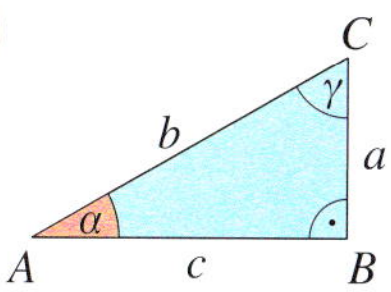

d)

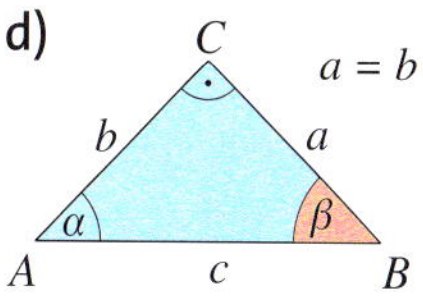

Vorbereitung auf die zentrale Prüfung

148-1
BEACHTE
Unter dem Webcode findest du weitere Informationen über den genauen Ablauf der zentralen Prüfung.

Was erwartet mich in der zentralen Prüfung?
Am Ende der Jahrgangsstufe 10 erfolgt in einigen Fächern eine zentrale Abschlussprüfung. Diese Prüfung kann mit einer Landesmeisterschaft im Sport verglichen werden, bei der sich die Sportler gezielt auf die einzelnen Disziplinen vorbereiten müssen. Damit jeder die gleichen Chancen hat, bearbeiten alle Schülerinnen und Schüler der zehnten Klassen dieselben Aufgaben. Auch ihre Leistungen werden an denselben Maßstäben gemessen, schließlich gilt für die zentrale Prüfung wie auch im Sport „Fair Play".

Eine gut geplante Vorbereitung ist sehr sinnvoll, da sich die zentrale Prüfung von einer normalen Klassenarbeit unterscheidet. Zum Beispiel werden mehr Aufgaben gestellt, für deren Bearbeitung aber auch mehr Zeit zur Verfügung steht als sonst. In der Mathematikprüfung sind es 90 Minuten. Außerdem beziehen sich die Aufgaben inhaltlich auf Themen aus verschiedenen Jahrgangsstufen.

Wie bereite ich mich am besten darauf vor?
Hilfreich ist ein kontinuierliches Training unter ähnlichen Bedingungen wie in der Prüfung selbst. Die folgenden Aufgaben können dir dabei helfen. Es ist nicht zwingend notwendig, sie der Reihe nach zu bearbeiten.
Bevor du die Ergebnisse einer Aufgabe mit den Lösungen am Ende des Buches vergleichst, solltest du die Aufgabe vollständig bearbeitet haben.

Wie in der zentralen Prüfung sind die Aufgaben in zwei Bereiche gegliedert:

- Beim Lösen der Aufgaben aus **Bereich A** zeigst du, dass du über grundlegende mathematische Fähigkeiten und Fertigkeiten verfügst.

- **Bereich B** enthält komplexere Aufgaben.
  Bei der Lösung der Aufgaben darfst du neben Zeichengeräten wie Zirkel und Geodreieck auch nicht programmierbare Taschenrechner und eine Formelsammlung benutzen.

Möchtest du weiter trainieren, so findest du zusätzliche Aufgabenbeispiele im Internet. Beachte den Webcode in der Randspalte.

148-2
HINWEIS
Unter dem Webcode findest du eine Linkliste zu zusätzlichen Übungsaufgaben.

A Grundlegende Aufgaben

Die folgenden Aufgaben solltest du ohne Taschenrechner oder Formelsammlung bearbeiten. Für jede Aufgabe gibt es genau eine richtige Lösung. Finde sie heraus und notiere den Lösungsbuchstaben in deinem Heft.
Die Auflösung des Tests findest du ab S. 178.

1 Subtrahiere: $-26 - 34$
a) -60 b) -8
c) 8 d) 60

2 Berechne: $7 + 3 \cdot 5$
a) 50 b) 22
c) 20 d) 2

3 Welcher der folgenden Brüche liegt zwischen $\frac{1}{3}$ und $\frac{1}{2}$?
a) $\frac{7}{12}$ b) $\frac{4}{7}$
c) $\frac{1}{4}$ d) $\frac{2}{5}$

4 Multipliziere: $\frac{3}{8} \cdot 2$
a) $\frac{6}{16}$ b) $\frac{3}{16}$
c) $\frac{3}{4}$ d) $\frac{3}{8}$

5 Addiere: $\frac{3}{4} + \frac{1}{2}$
a) $\frac{4}{6}$ b) $1\frac{1}{4}$
c) $\frac{1}{2}$ d) $1\frac{1}{2}$

6 Mulitpliziere: $0{,}05 \cdot 20$
a) 0,1 b) 1
c) 10 d) 100

7 Rechne 0,08 km um.
a) 8 m b) 80 m
c) 800 m d) 8000 m

8 Wie viel sind 3 kg und 50 g?
a) 35 g b) 350 g
c) 3500 g d) 3050 g

9 Rechne $1\frac{1}{4}$ h in Minuten um.
a) 125 min b) 115 min
c) 85 min d) 75 min

10 Welche Breite hat das geschlossene Mathematikbuch?
a) 2 mm b) 2 cm
c) 2 dm d) 2 m

11 Wie groß ist ungefähr die Fläche eines Fußballplatzes?
a) $70\,000\,dm^2$ b) $7000\,m^2$
c) 70 ha d) $7\,km^2$

12 Wie viel Prozent sind 2 von 5 CDs?
a) 2 % b) 20 %
c) 25 % d) 40 %

13 Wie viel € sind 8 % von 500 €?
a) 40 € b) 50 €
c) 800 € d) 4000 €

14 Max kauft eine Jeans im Angebot für 40 €. Gegenüber dem alten Preis spart er 10 €. Um wie viel Prozent wurde der Preis für die Jeans gesenkt?
a) 10 % b) 20 %
c) 25 % d) 40 %

15 Vereinfache den Term: $3x - 7 + 8x - 4$
a) $11x - 11$ b) $11x - 3$
c) $11x + 3$ d) $11x + 11$

16 Vereinfache den Term: $6x - (3x + 9)$
a) $3x + 9$ b) $3x - 9$
c) $9x + 9$ d) $9x - 9$

17 Löse die Klammer auf: $4\,(3x + 8)$
a) $44x$ b) $20x$
c) $12x + 8$ d) $12x + 32$

18 Drei Brötchen kosten 0,72 €. Wie viel kosten dann zwei Brötchen?
a) 0,36 € b) 0,48 €
c) 0,52 € d) 1,08 €

19 Ein Futtervorrat für drei Pferde reicht 8 Tage. Wie lange reicht er für vier Pferde?
a) 3 Tage b) 6 Tage
c) 16 Tage d) 24 Tage

BEACHTE
Löse die Aufgaben wirklich eigenständig und ohne in den Lösungen nachzuschauen. Schummeln hilft dir für die Prüfung nicht weiter, du würdest dich nur fälschlicherweise in Sicherheit wiegen.

20 Welche Größe hat der Winkel α?

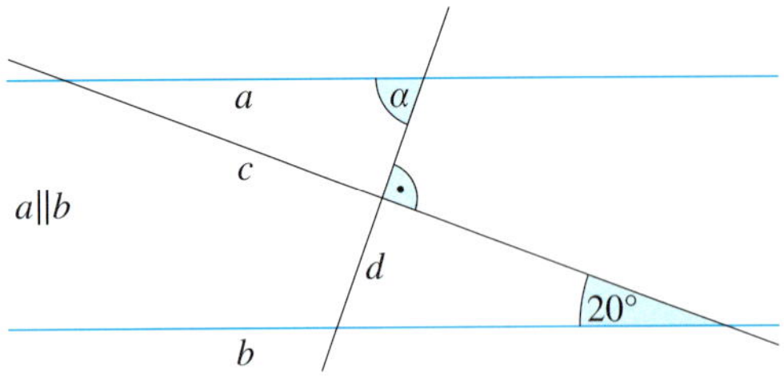

a) 20° b) 40°
c) 70° d) 90°

21 Eine Pyramide hat eine quadratische Grundfläche mit einer Seitenlänge von 10 cm. Die Pyramide ist 12 cm hoch. Wie groß ist ihr Volumen?

a) $40\,cm^3$ b) $120\,cm^3$
c) $400\,cm^3$ d) $1200\,cm^3$

22 Wie lang ist die Diagonale eines Rechtecks mit den Seitenlängen $a = 6\,cm$ und $b = 8\,cm$?

a) 7 cm b) 8 cm
c) 9 cm d) 10 cm

23 Wie groß ist der Flächeninhalt A eines Parallelogramms mit den Maßen $a = 5\,cm$, $b = 3\,cm$ und $h = 2\,cm$?

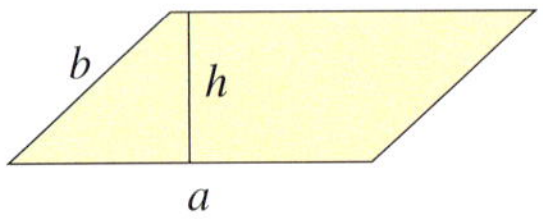

a) $A = 6\,cm^2$ b) $A = 10\,cm^2$
c) $A = 15\,cm^2$ d) $A = 30\,cm^2$

24 Wie lautet der Achsenabschnitt der Funktion $f(x) = 3x^2$?

a) 3 b) $\frac{1}{3}$
c) 0 d) 2

25 Durch welchen Punkt verläuft der Graph der Funktion $f(x) = 2x - 1$?

a) $A(-1\,|\,1)$ b) $B(2\,|\,2)$
c) $C(0\,|\,1)$ d) $D(1\,|\,1)$

26 Der Graph einer linearen Funktion verläuft durch die Punkte $P(1\,|\,3)$ und $Q(2\,|\,5)$. Wie groß ist die Steigung m der Geraden?

a) $m = -2$ b) $m = -\frac{1}{2}$
c) $m = \frac{1}{2}$ d) $m = 2$

27 Welcher der folgenden Funktionsgraphen hat die Funktionsvorschrift $f(x) = 3x$?

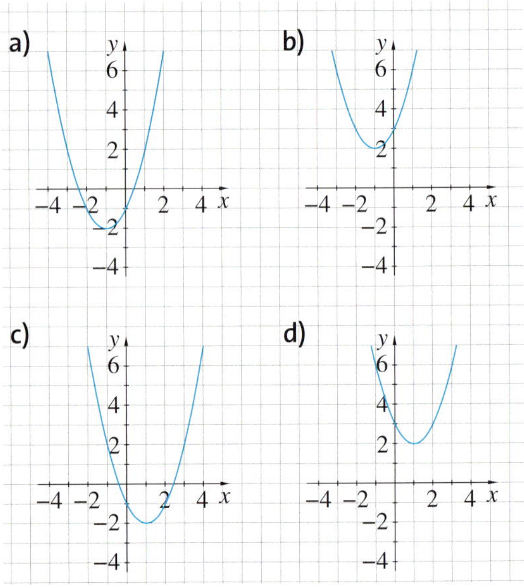

28 Schreibe in wissenschaftlicher Schreibweise: 0,000 041 2

a) $412 \cdot 10^{-4}$ b) $4{,}12 \cdot 10^{-5}$
c) $4 \cdot 10^{-5}$ d) $0{,}412 \cdot 10^{4}$

29 Berechne: $1{,}2 \cdot 10^{-3}$

a) 0,0012 b) 12
c) 120 d) 1200

30 Berechne: $3000 \cdot 40\,000$.

a) $12 \cdot 10^{8}$ b) $1{,}2 \cdot 10^{8}$
c) $12 \cdot 10^{6}$ d) $1{,}2 \cdot 10^{6}$

31 In einer Urne befinden sich vier rote und zwei schwarze Kugeln.
Wie groß ist die Wahrscheinlichkeit, eine rote Kugel zu ziehen?

a) 2 b) $\frac{1}{2}$ c) $\frac{2}{3}$ d) $\frac{2}{4}$

32 Wie groß ist die Wahrscheinlichkeit, bei diesem Glücksrad rot zu drehen?

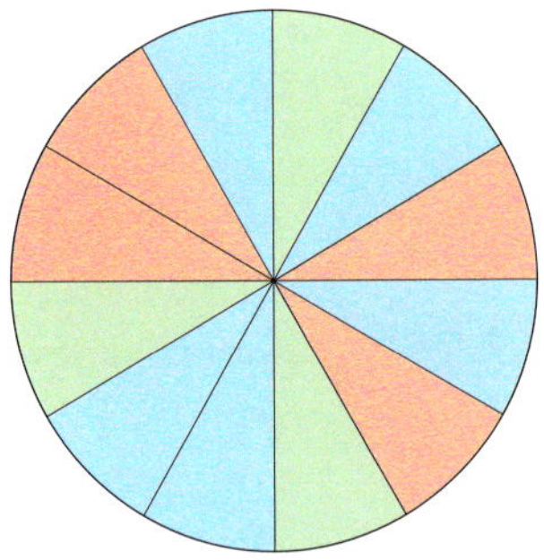

a) $\frac{1}{4}$ b) $\frac{1}{3}$
c) $\frac{1}{2}$ d) $\frac{3}{4}$

B Komplexere Aufgaben

1 Sitzplätze im Zirkus

In einem Zirkus sind die Sitze in Kreisen rund um die Manege angeordnet. Der erste Kreis, direkt an der Manege, hat 37 Sitze. Alle folgenden Sitzreihen haben jeweils vier Plätze mehr als die Reihe davor: Der zweite Kreis hat also 41 Sitze, der dritte 45 usw. Insgesamt gibt es 10 Reihen.

a) Begründe, warum es keine Sitzreihe mit einer geraden Anzahl an Sitzplätzen geben kann. Argumentiere, ob die Gesamtanzahl aller Sitzplätze auch ungerade sein muss.

b) Überprüfe dein Ergebnis aus Teil a), indem du die Anzahl aller Sitzplätze berechnest.

c) Die Anzahl der Sitze in der Reihe n ($n = 1, 2, \ldots, 10$) kann man als Term angeben. Welcher der folgenden Terme gibt die Anzahl der Sitzplätze in der n-ten Reihe an?
① $4 + 37n$ ② $4n + 37n$ ③ $37 + 4(n - 1)$ ④ $(37 + 4) \cdot (n - 1)$

d) Die Karten in den ersten fünf Reihen kosten 19 € pro Person, alle anderen 14,50 € pro Person. Berechne die Einnahmen einer ausverkauften Vorstellung.

e) Die Tageseinnahmen belaufen sich auf 5007 €. Insgesamt wurden 300 Eintrittskarten verkauft. Wie viele Personen saßen in den Reihen 1 bis 5, wie viele in den Reihen 6 bis 10?

2 Ausbildungsvergütung

Alexandra hat nach ihrem Schulabschluss eine Lehre als Hotelfachfrau begonnen. Im Diagramm ist ihre monatliche Ausbildungsvergütung in den drei Lehrjahren dargestellt.

a) Gib Alexandras monatliche Vergütung im ersten Lehrjahr an.

b) Alexandra ist begeistert: „Im zweiten Lehrjahr verdiene ich doppelt so viel wie im ersten Lehrjahr!“
Nimm Stellung zu Alexandras Aussage.

c) Berechne Alexandras durchschnittliche Vergütung pro Monat während der gesamten Ausbildungszeit.

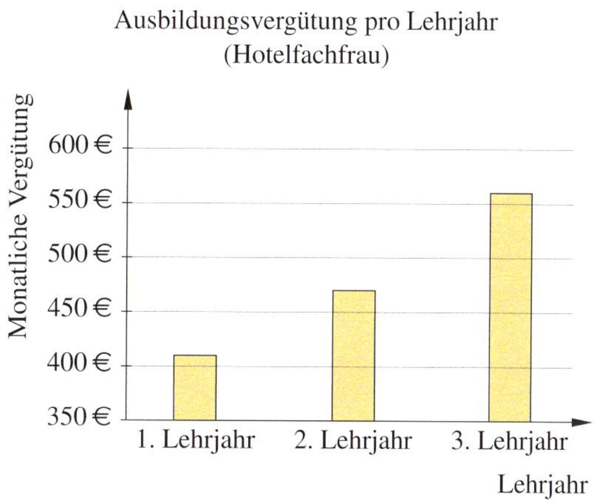

3 Abzüge vom Gesamtbrutto

Alexandra erhält von ihrem Ausbildungsbetrieb die erste Gehaltsabrechnung.

a) Wie viel € werden Alexandra insgesamt vom Bruttoverdienst abgezogen?

b) Wie viel Prozent des Bruttoverdienstes bekommt Alexandra ausgezahlt?

c) Die Abzüge für die Krankenversicherung betragen bei Alexandra 8,4 % vom Bruttogehalt. Wie hoch sind Alexandras monatliche Krankenversicherungsbeiträge, wenn sie im dritten Lehrjahr monatlich 560 € verdient?

Verdienstabrechnung

Gesamtbrutto:	410 €
abzgl.	
Krankenversicherung:	–34,44 €
Pflegeversicherung:	–3,49 €
Rentenversicherung:	–38,19 €
Arbeitslosenversicherung:	–11,83 €
Gesetzliches Netto:	322,05 €

4 Pizzeria Bella Italia

Die Pizzeria Bella Italia bietet Pizzas in drei Größen mit vielen verschiedenen Belägen an. Die preiswerteste Pizza ist eine kleine Pizza Margherita, belegt mit Tomaten und Mozzarella-Käse. Sie hat einen Durchmesser von 24 cm und kostet 5,40 €.

a) Wie groß ist die Fläche einer kleinen Pizza Margherita und welchen Umfang hat sie?

b) Die Fläche einer großen Pizza ist doppelt so groß wie die Fläche einer kleinen Pizza. Berechne den Durchmesser einer großen Pizza.

c) Wenn man zu einer kleinen Pizza Margherita zusätzlich Salami und Champignons bestellt, erhöht sich ihr Preis um 16 %. Berechne den Preis für die Pizza mit den extra Belägen. Runde dabei sinnvoll.

d) Jede Pizza hat einen etwa 1,5 cm breiten Rand, der nicht belegt ist. Berechne die belegte und unbelegte Fläche einer großen Pizza.

e) Für Familien gibt es eine extra große Pizza. Sie hat den doppelten Durchmesser, aber auch den dreifachen Preis einer großen Pizza. Bewerte das Preis-Leistungs-Verhältnis einer Familienpizza.

f) Die Steigerung der Lebensmittel- und Energiekosten soll an die Kunden weitergegeben werden. Deshalb wird der Preis für eine kleine Pizza Margherita um 10 % angehoben. Zu welchem Preis wird die Pizza nun verkauft?

5 Neuordnung einer Fläche

Eine Fläche von 200 m mal 400 m wird neu geordnet. Die Abbildung zeigt, welche Teilgebiete gleich bleiben und welche zukünftig anderweitig genutzt werden.

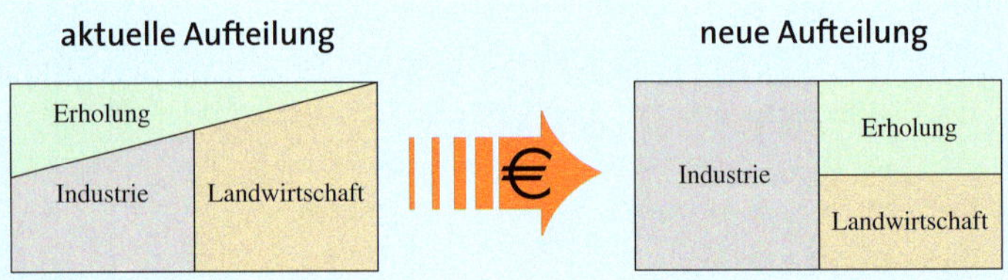

Eine solche Neuordnung ist mit Kosten verbunden. Die Höhe der Kosten richtet sich nach der Art der Fläche. Die Tabelle zeigt die durchschnittlich anfallenden Kosten der Neuordnung.

von \ zu	Erholung	Landwirtschaft	Industrie
Erholung	–	25 € pro m²	15 € pro m²
Landwirtschaft	20 € pro m²	–	20 € pro m²
Industrie	40 € pro m²	35 € pro m²	–

a) Hat sich die Größe der Erholungsfläche verändert? Begründe deine Meinung.

b) Wie groß ist die Fläche, die in der aktuellen Aufteilung Erholungsfläche ist und in der neuen Aufteilung zur Industriefläche werden soll?

c) Zeige, dass aus 15 000 m² landwirtschaftlich genutzter Fläche eine Erholungsfläche werden soll.

d) Bestimme die Kosten für die Umwandlung der landwirtschaftlich genutzten Fläche in eine Erholungsfläche. Benutze die Angaben in der Tabelle.

6 Handytarife

Ingo möchte sich ein neues Handy kaufen. Ihm werden Verträge mit drei unterschiedlichen Tarifen angeboten:

Tarif	monatlicher Grundpreis	Minutenpreis *
Smart	7,95 €	0,15 €
Vario	0,00 €	0,28 €
Flat	19,95 €	0,00 €

* minutengenaue Abrechnung

a) Die Diagramme skizzieren die Zuordnung *Gesprächszeit* → *Preis*.
Ordne jedem Tarif das passende Diagramm zu und begründe deine Entscheidung.

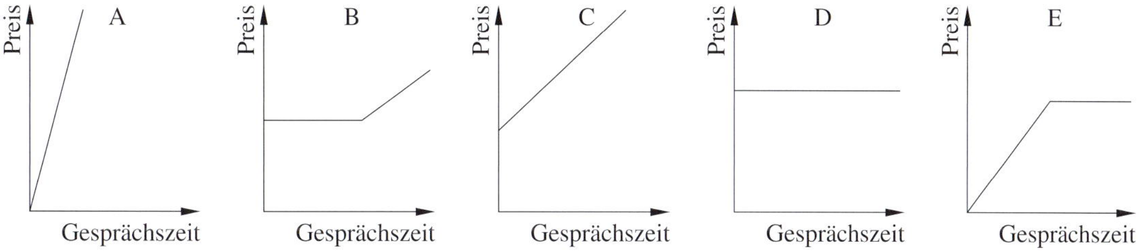

b) Stelle jeweils die Funktionsgleichung für die drei Tarife Smart, Vario und Flat auf und zeichne ihre Graphen in ein gemeinsames Koordinatensystem.
c) Welche Bedeutung haben die Schnittpunkte der drei Graphen?
d) Ingo telefoniert pro Monat durchschnittlich eine Stunde mit dem Handy. Für welchen Tarif sollte er sich entscheiden? Begründe deine Wahl.

7 Autovermietung

Herr Fedinger möchte einen Pkw mieten. In der Tabelle sind die Konditionen der beiden Tarife aufgelistet, die ihm zur Auswahl stehen.

Tarif City	Tarif Regio
Grundpreis: 25 €	Grundpreis: 40 €
zusätzlich 0,60 € pro gefahrenen km	zusätzlich 0,40 € pro gefahrenen km

a) Ergänze im Heft die Wertetabelle für den Tarif City und den Tarif Regio.

	km	0	10	25	30			80	100
Miet-kosten	Tarif City					46 €	55 €		
	Tarif Regio								

b) Stelle für beide Tarife jeweils einen Term auf, mit dem sich die Mietkosten in Abhängigkeit der gefahrenen km berechnen lassen.
c) Zeichne jeweils den Funktionsgraphen zu der Vorschrift *gefahrene Strecke* → *Mietkosten* für die Tarife City und Regio in ein gemeinsames Koordinatensystem.

d) Welchen Tarif kannst du Herrn Fedinger empfehlen, wenn er mit dem Mietwagen eine Strecke von 70 km zurücklegen möchte? Begründe deine Empfehlung.
e) Berechne den prozentualen Anteil des Grundpreises für beide Tarife, wenn Herr Fedinger 70 km fährt.

8 Kundenstatistik einer Autovermietung

Eine Autovermietung hat Daten von 240 Kunden gesammelt, um eine Statistik zu erstellen.

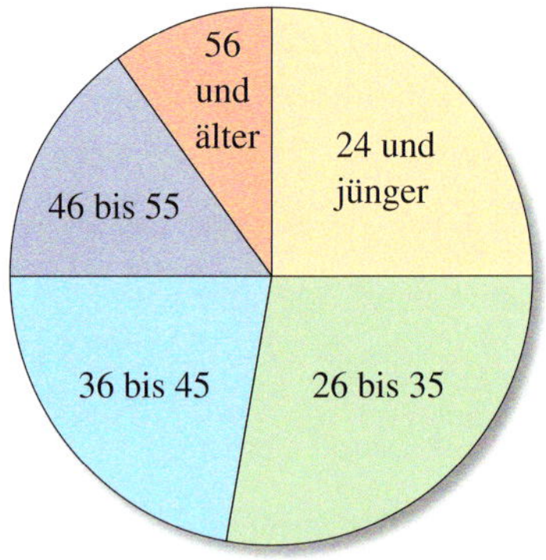

a) Entnimm dem Kreisdiagramm rechts, wie viel Prozent der Kunden 24 Jahre alt oder jünger waren.
b) Wie viele Kunden waren 56 Jahre alt oder älter?
c) 35 % der 240 Kunden mieteten einen Minibus, 90 Kunden mieteten ein Modell der Standard-Klasse, alle anderen ein Luxusmodell. Stelle die Angaben in einem Kreis- und in einem Säulendiagramm dar.

9 Getränkeverpackungen

In einer zylinderförmigen Getränkedose mit einem Durchmesser von 5,4 cm und einer Höhe von 15,5 cm soll Saft verkauft werden.
a) Mit welchem Volumen wird die Getränkefirma die Dose befüllen?
b) Die Dose wird aus Weißblech hergestellt. Bei der Produktion rechnet man mit einem Mehrverbrauch für Falzstellen und Verschnitt von 15 %. Berechne, wie viel cm^2 Weißblech für eine Dose benötigt werden.
c) Gib die Mindestlänge eines Trinkhalms an, der nicht in die Dose rutschen kann. Beschreibe, wie du dein Ergebnis ermittelst.
d) Als alternative Verpackung für den Saft ist ein quaderförmiger Tetrapak im Gespräch. Seine Grundfläche hat die Seitenlängen $a = 5$ cm und $b = 7$ cm. Berechne die Höhe des Tetrapaks, wenn er dasselbe Saftvolumen beinhalten soll wie die Dose.
e) Vergleiche den Materialverbrauch für eine Dose mit dem für einen Tetrapak. Bei beiden Verpackungsarten rechnet man mit einem Mehrverbrauch von 15 % für Falzstellen und Verschnitt.
Für welche Verpackungsart würdest du dich entscheiden?

10 Wasserbecher

In vielen Einzelhandelsgeschäften werden für Kunden Wasserspender aufgestellt. Um zu verhindern, dass volle Becher in den Regalen abgestellt werden, verwendet man kegelförmige Becher aus Papier. Ein Becher mit einem Durchmesser von 8 cm fasst maximal 0,15 ℓ Wasser.

a) Berechne die Höhe eines Bechers.
b) Ein großer Wasserbehälter hat ein Volumen von 18,9 ℓ. Berechne, wie viele Becher insgesamt mit dem Inhalt dieses Behälters zu jeweils 90 % gefüllt werden können.
c) Schätze, wie viel Papier zur Herstellung eines Bechers benötigt wird.
d) Überprüfe dein Ergebnis aus c) mit einer Rechnung. Plane zusätzlich 15 % für Überlappung und Verschnitt in deine Rechnung mit ein.
e) Welche der drei Abbildungen stellt die Füllhöhe h des Bechers im zeitlichen Verlauf bei konstantem Wasserzulauf dar? Begründe deine Entscheidung.

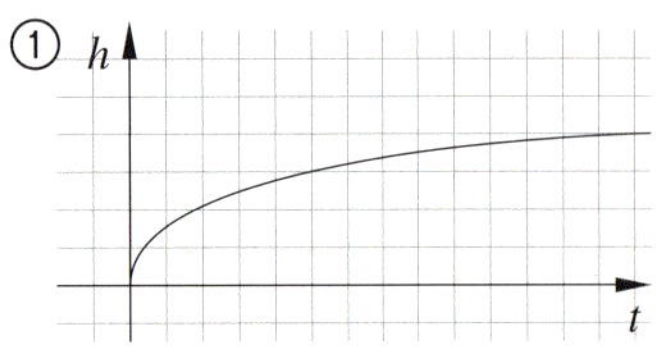

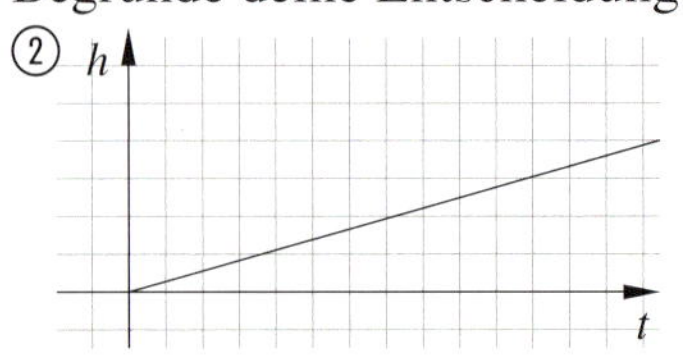

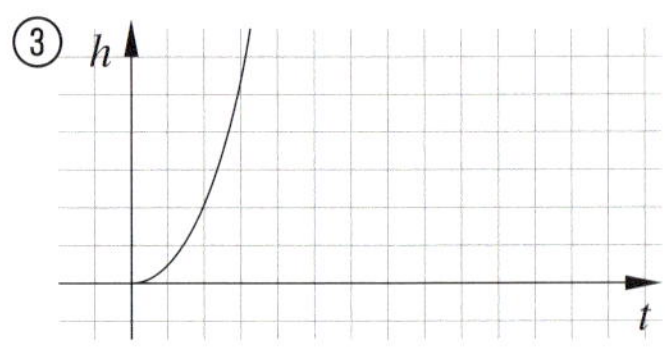

11 Hohe Brücken

Fynn möchte wissen, wie hoch die Steinerne Brücke in Regensburg über der Donau gebaut wurde. Daher lässt er einen Stein von der Fußgängerbrücke in den Fluss fallen und stoppt die Zeit bis zum Aufprall auf der Wasseroberfläche. Zur ungefähren Berechnung der Höhe der Brücke benutzt er folgende Faustregel: Quadriere die Fallzeit und multipliziere mit fünf.

a) Gib zu diesem Text eine passende Funktionsgleichung an.
b) Bestimme die Höhe der Steinernen Brücke, wenn die Zeit bis zum Aufprall 2 s beträgt.
c) In den Pyrenäen überquert das Viadukt von Millau in 270 m Höhe den kleinen Fluss Tarn. Es gilt damit als höchste Autobahnbrücke der Welt. Wie lange fällt ein Stein, der von der Brücke geworfen wird, bis er das Wasser erreicht?

12 Sparlampen für das Bayerkreuz

Das markante Bayerkreuz in Leverkusen erstrahlt seit 2009 in neuem Licht. Die 1712 Glühlampen wurden ausgemustert und durch Leuchtdioden (LED) ersetzt. Die energiesparenden LEDs verbrauchen statt bisher 68 Kilowattstunden pro Jahr nur noch ca. 12 Kilowattstunden.
Das Wahrzeichen hat eindrucksvolle Maße: Die Masten des Kreuzes sind 120 Meter hoch. Der äußere Kranz um das Buchstabenkreuz hat einen Durchmesser von 51 Metern. Allein den äußeren Kranz bringen 500 LEDs zum strahlen.

a) Überprüfe die folgenden Aussagen und korrigiere falsche Angaben.
① Durch die Energiesparlampen werden ca. 60 % des Stroms eingespart.
② Die neuen LEDs sorgen für ein zusätzliches Gewicht von ca. 1540 kg.
③ Die Buchstaben werden von mehr als 1200 LEDs zum Leuchten gebracht.
b) Eine Kilowattstunde kostet momentan ca. 20 Cent. Wie viel Geld spart Bayer pro Jahr durch den Austausch der Lampen ein?
c) In welchem Abstand sind die Glühlampen (bzw. LEDs) am Kranz um das Buchstabenkreuz angebracht?

13 Parktarife

Die Tabelle zeigt die Tarife eines Parkhauses am Flughafen Leipzig/Halle.

Parkdauer	Parktarif
bis 20 min	frei
bis 1 Stunde	1,50 €
bis 2 Stunden	3,00 €
jede weitere Stunde	+ 2,00 €
1 Tag	17 €

a) Herr Franke hat 4,50 € in Münzen bei sich. Wie lange kann er sein Auto für 4,50 € in dem Parkhaus abstellen?
b) Stell die Zuordnung *Parkdauer* → *Parktarif* in einem Diagramm dar.
c) Handelt es sich bei der Zuordnung *Parkdauer* → *Parktarif* um eine Funktion? Begründe, wie man das an dem Diagramm ablesen kann.
d) Ab wie viel Stunden muss der Tagestarif gezahlt werden?
e) Welchen Tarif könnten die Betreiber des Parkhauses für zwei Tage verlangen? Begründe.

14 Energie – teuer wie nie

Ein Verbraucherportal für Energie und Telekommunikation untersuchte die Entwicklung der Strompreise in Deutschland zwischen 2000 und 2006. Die Ergebnisse beziehen sich auf einen Jahresverbrauch von 3000 Kilowattstunden. Die Ergebnisse sind teilweise in der folgenden Tabelle dargestellt.
Übertrage die Tabelle in dein Heft und vervollständige sie.

Stadtwerke	Kosten 2000	Kosten 2006	absolute Steigerung	prozentuale Steigerung
Leipzig	499,72 €	642,79 €		
München	517,03 €			17,85 %
Duisburg		591,49 €	120,00 €	
Hannover		563,90 €		16,52 %

15 Strompreise in Europa

Die Abbildung rechts zeigt die Strompreise in Cent pro Kilowattstunde für einige Länder Europas.

a) Wie viel Cent pro Kilowattstunde Strom werden in den einzelnen Ländern an Steuern gezahlt?

b) Welchen prozentualen Anteil haben die Steuern am Strompreis?

c) Energieversorger nennen häufig die Steuerabgaben auf Strom als Ursache für die hohen Strompreise. Haben die Energieversorger mit ihrer Aussage recht? Begründe.

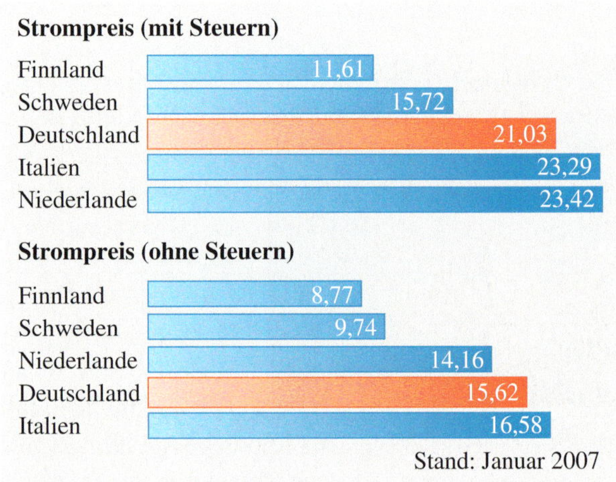

16 Stromverbrauch im Stand-by-Betrieb

Ab dem Jahr 2010 dürfen elektrische Geräte im Stand-by-Betrieb nur noch zwei Watt verbrauchen.

a) Ein herkömmlicher Fernseher verbraucht im Leerlauf ca. 10 Watt. Geht man von 20 Stunden Leerlauf pro Tag aus, so verbraucht der Fernseher im Stand-by-Betrieb $10\ \text{Watt} \cdot 20\ \text{h} \cdot \frac{365}{1000} = 73\ \text{kWh}$ pro Jahr. Welche Kosten entstehen durch den Stand-by-Betrieb eines Fernsehers, wenn man einen Strompreis von 21 Cent pro kWh zugrunde legt.

b) Ein PC mit Monitor hat eine Leerlaufleistung von 80 Watt. Bestimme den Stromverbrauch in Kilowattstunden pro Jahr und die dafür anfallenden Kosten.

c) In Deutschland werden schätzungsweise 17 Milliarden Kilowattstunden im Stand-by-Betrieb verbraucht. Welche Kosten entstehen dadurch?

17 Mit Quadern würfeln

Bei vielen Spielen werden regelmäßige Würfel benutzt. Es gibt aber auch Würfel mit unterschiedlich großen Seitenflächen. Die Abbildung zeigt ein solches Beispiel.

a) Handelt es sich beim Werfen eines quaderförmigen Würfels um ein Laplace-Experiment? Begründe deine Entscheidung.

b) Die Tabelle listet auf, wie oft eine Augenzahl mit dem quaderförmigen Würfel geworfen wurde. Berechne die relative Häufigkeit für jedes der sechs Ergebnisse.

Augenzahl	1	2	3	4	5	6
Anzahl der Würfe	192	78	207	214	90	219

c) Welche Würfelseite liegt vermutlich der „2“ gegenüber? Worauf stützt du deine Vermutung?

d) Hältst du es für sinnvoll, mit folgenden Wahrscheinlichkeiten zu rechnen? Begründe.

Augenzahl	1	2	3	4	5	6
Wahrscheinlichkeit	20 %	10 %	20 %	20 %	10 %	20 %

18 Kreuzworträtselspiel

In einem englischsprachigen Kreuzworträtselspiel wird versucht, aus einzelnen Buchstaben lange Wörter zu legen. Dabei sind die 26 Großbuchstaben des Alphabets auf Plättchen gedruckt, die jeder Spieler aus einem Säckchen zieht. Die Tabelle informiert darüber, wie oft die einzelnen Buchstabenplättchen im Spiel vorhanden sind.

Buchstabe	Joker	E	A, I	O	N, R, T	D, L, S, U	G	B, C, F, H, M, P, V, W, Y	J, K, Q, X, Z
Anzahl	2	12	9	8	6	4	3	2	1

a) Zeige, dass das Spiel insgesamt 100 Plättchen enthält.

b) Gib die Wahrscheinlichkeit an für das einmalige Ziehen eines Buchstabenplättchens mit:
① einem E ② einem N ③ einem Vokal ④ einem Konsonanten

19 Macht Wohlstand lang und dick?

Das Textilforschungszentrum Hohenstein Institute hat im April 2009 die Ergebnisse einer Reihenmessung von mehr als 13 000 Deutschen vorgelegt. Demnach wächst der deutsche Durchschnittsmann mit jedem Jahrzehnt um ca. einen Zentimeter.

Veränderung der Körpermaße 1980–2009 (alle Angaben in cm)				
	Männer		Frauen	
	1980	2009	1980	2009
Brustumfang	98,8	106,1	96,4	98,7
Taillenumfang	90,3	94,7	78,6	84,9
Hüftumfang	99,3	102,9	98,9	102,9
Körperhöhe	175,9	179,1	164,3	165,8

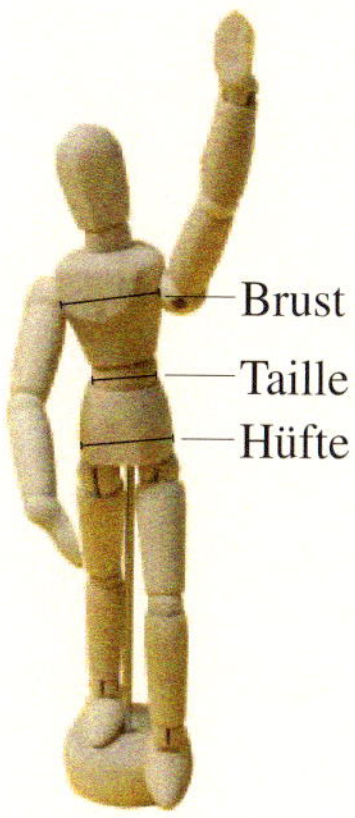

a) Gib die absolute Zunahme des Taillenumfangs (Hüftumfangs) jeweils für Männer und Frauen an.

b) Berechne die prozentuale Zunahme des Taillenumfangs bei Männern.

c) Wie groß wäre bei gleichbleibendem Größenzuwachs ein Durchschnittsmann im Jahr 2038?

d) Wissenschaftler erklären die veränderten Größen mit der Formel „Wohlstand macht lang“. Nimm Stellung zu dieser Aussage.

Pyramide, Kegel, Kugel

a

1
Der Oberflächeninhalt beträgt etwa 65 cm², die Höhe 3,1 cm und das Volumen beträgt etwa 26 cm³.

2
Der Oberflächeninhalt beträgt etwa 35,34 dm²; das Volumen beträgt etwa 13,69 dm³.

3
Der Oberflächeninhalt beträgt etwa 17 203,36 mm²; das Volumen beträgt etwa 212 174,8 mm³.

4
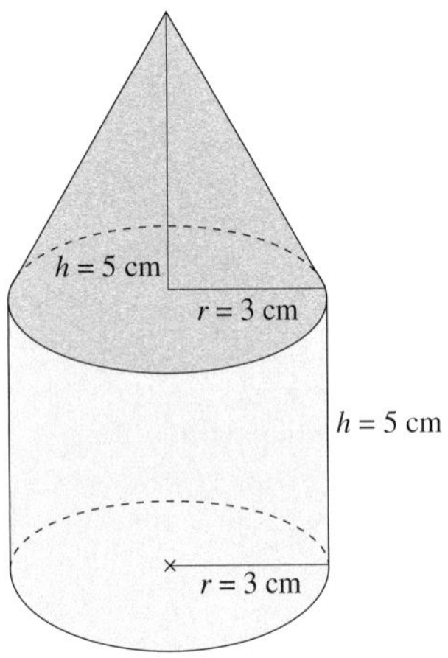

5
a) Das Volumen beträgt 276 cm³.
b) Die Mantelfläche beträgt etwa 69,97 cm².

b

1
Der Oberflächeninhalt beträgt etwa 52,66 cm², h_a ist etwa 4,58 cm lang, h_K etwa 4,1 cm und das Volumen beträgt etwa 22 cm³.

2
Der Oberflächeninhalt beträgt etwa 46,40 cm², das Volumen etwa 20,94 cm³.

3
Der Radius beträgt etwa 4,15 cm, der Oberflächeninhalt beträgt 216,72 cm².

4
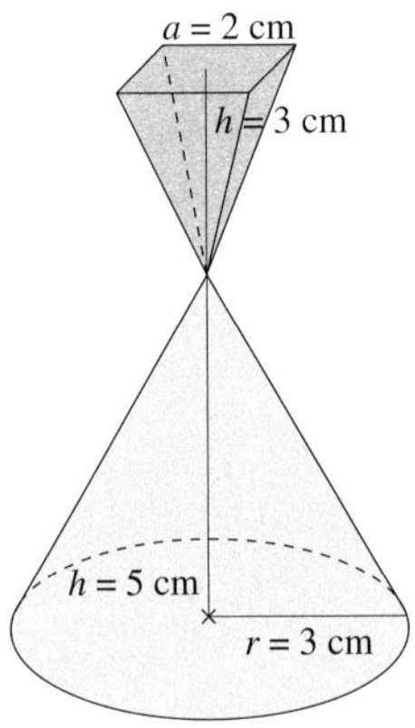

5
Der Körper besteht aus einem Kreiskegel und einem Prisma.
$V = 10{,}28\,\text{cm}^3$
$A_O = 39{,}05\,\text{cm}^2$

Quadratische Funktionen und Gleichungen

a

1

		−3	−2	−1	0	−1	−2	−3
a)	$f(x) = 1{,}2x^2$	10,8	4,8	1,2	0	1,2	4,8	10,8
b)	$g(x) = -0{,}5x^2$	−4,5	−2	−0,5	0	−0,5	−2	−4,5
c)	$h(x) = \frac{3}{4}x^2$	6,75	3	0,75	0	0,75	3	6,75

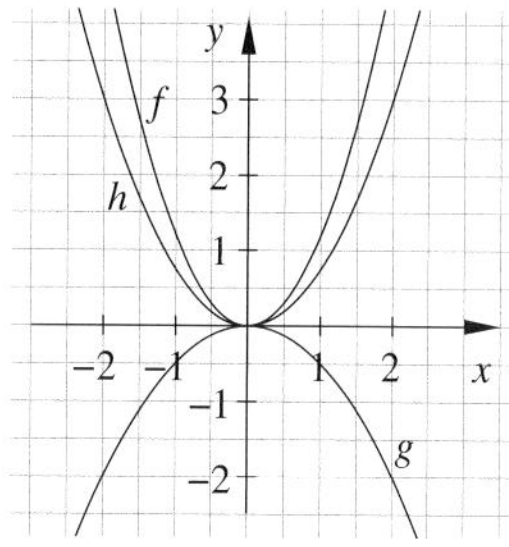

2

① $g(x)$ ② $i(x)$
③ $f(x)$ ④ $h(x)$

3

a)

x	y
−5	−5
−4	−3,2
−3	−1,8
−2	−0,8
−1	−0,2
0	0

x	y
1	−0,2
2	−0,8
3	−1,8
4	−3,2
5	−5

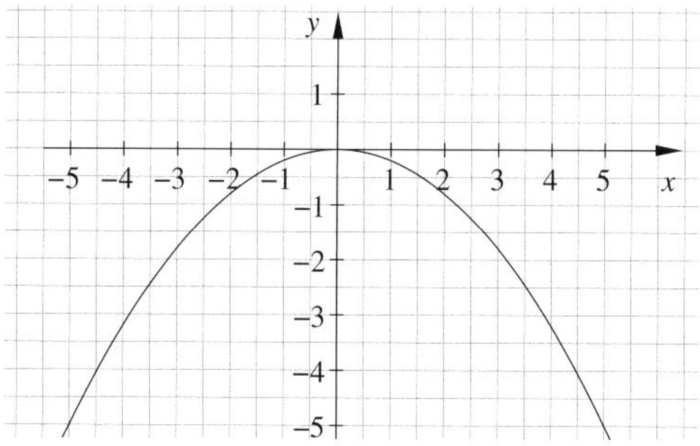

b) Die Brücke hat eine Höhe von 5 m.

4

a) $x_1 = 6;\ x_2 = -6$ b) $x_1 = 9;\ x_2 = -9$
c) $x_1 = 6;\ x_2 = -6$ d) $x_1 = \frac{7}{2};\ x_2 = -\frac{7}{2}$

5

a) Die Seitenlänge beträgt ca. 90,51 cm.
b) Die Kantenlänge beträgt 4,5 cm.

b

2

① $f(x) = 4x^2$ ② $g(x) = 1{,}5x^2$
③ $h(x) = 3$ ④ $i(x) = -2x^2$

3

a)

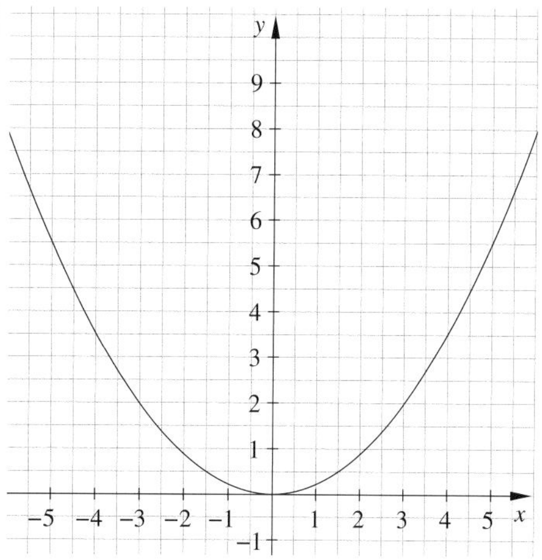

b) $f(x) = -\frac{11}{50} \cdot x^2$

4

a) $x_1 = \frac{3}{2};\ x_2 = -\frac{3}{2}$ b) $x_1 = 9;\ x_2 = -9$
c) $x_1 = 8;\ x_2 = -8$ d) $x_1 = 4;\ x_2 = -4$

5

a) Die Seitenlänge der Grundfläche beträgt ca. 10,3 cm.
b) Der Radius des Grundkreises hat eine Länge von ca. 5,8 cm.

Datenerhebungen hinterfragen

a | b

1

a) In dem abgebildeten Kreisdiagramm wurde der Anteil „keine Angabe“ nicht dargestellt.

b)

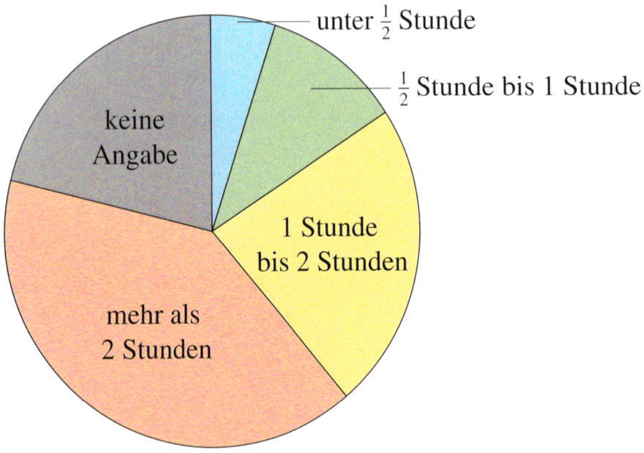

c) individuell

2

a) Die Grafik erweckt den Anschein, dass bis 2013 der Anteil vireninfizierter E-Mails sehr stark sinken wird.

b) Bei genauerem Hinsehen, wird deutlich, dass der Anteil vireninfizierter E-Mails von $\frac{1}{1400} \approx 0{,}07\ \%$ sehr stark auf $\frac{1}{2} = 50\ \%$ ansteigen wird. Ein Diagramm mit steigenden Säulen stellt den Sachverhalt sachlicher dar.

3

a) Die Münzstapel unterscheiden sich nur in der Höhe. Die Goldbarren unterscheiden sich in der Höhe, der Breite und der Tiefe. Deshalb wird der finanzielle Unterschied viel stärker dargestellt, als er in Wirklichkeit ist.

b) Die Darstellung mit den Münzstapeln gibt den Sachverhalt korrekt wieder.

c) Um seine Großeltern zu manipulieren, sollte Dirk die Darstellung mit den Goldbarren vorzeigen.

3

a) Die Münzsäulendarstellung gibt das Verhältnis richtig wieder, da das Volumen der einen Säule tatsächlich 1,5-mal größer ist als das der anderen.

b) Die Darstellung der Goldbarren ist am eindrucksvollsten, da sowohl Breite als auch Höhe und Tiefe um das 1,5-fache vergrößert wurden.

c) Die Geldscheindarstellung empfiehlt sich bei Darstellungen, bei denen der Unterschied sehr klein aussehen soll; die Goldbarrendarstellung im Gegenteil.

4

Bei einer Befragung kann man Einfluss auf das Ergebnis nehmen:

- durch einseitige Informationen
- durch eingeschränkte Auswahl von Antwortmöglichkeiten
- durch Suggestivfragen; das sind Fragen, die eine bestimmte Antwort nahelegen

Potenzen und Zehnerpotenzen

a

1
a) $3^5 = 243$ b) $4^4 = 256$
c) $10^7 = 10\,000\,000$

2
a) 32 b) 64 c) 0,001 d) 1 000 000
e) 21,952 f) −8 g) 4096 h) 0,0001

3
a) 8 b) 25 c) 11 d) 1000
e) 4 f) 12 g) 16 h) 27
i) ≈ 316,23 j) 13 k) 32 l) 88

b

1
a) $\left(\frac{1}{3}\right)^3 = \frac{1}{27}$ b) $2{,}5^3 = 15{,}625$
c) $(-1{,}8)^4 = 10{,}4976$

2
a) −81 b) 1024 c) 7,59375 d) −8
e) $\frac{1}{9} = 0{,}\overline{1}$ f) 0,000 000 000 1 g) 0,008
h) 1,0404

3
a) 2^6 b) 5^3 c) 2^{10}
d) 11^2 e) 10^6 f) $4^2 = 2^4$
g) 5^4 h) 2^8 i) 14^2

4
a) 400 000 000 000 b) 280 000 000 c) 12 860 000 d) 0,000 001 5 e) 0,000 027 4

5
a) $9 \cdot 10^9$ b) $7{,}051 \cdot 10^9$ c) $6{,}04 \cdot 10^6$

6
a) 219 000 000
b) 600 000

7
a) $10^{4+2} = 1\,000\,000$ b) $10^{8-3} = 100\,000$ c) $10^{3-3} = 10^0 = 1$ d) $10^{5-3} = 100$
e) $10^{4-7} = 10^{-3} = 0{,}001$ f) $10^{6-3} = 1000$ g) $10^{2-5} = 10^{-3} = \frac{1}{10^3} = 0{,}01$ h) $10^{4-(-2)} = 10^{4+2} = 1\,000\,000$

8
a) $\frac{1}{10^3} = 0{,}001$ b) $\frac{1}{2^4} = 0{,}0625$ c) $\frac{1}{5^7} = 0{,}000\,012\,8$
d) $\frac{1}{10^2} = 0{,}01$ e) $\frac{1}{2{,}5^4} = 0{,}0256$

9
$$12^{-1} < 3^4 < 10^2 < 2^7 < 6^3 < 3^5$$
$$0{,}08\overline{3} < 81 < 100 < 128 < 216 < 243$$

10
a) $3{,}99 \cdot 10^{-8}\,\text{km}^3 = 39{,}9\,\text{m}^3$
$3{,}8 \cdot 10^3\,\text{mm} = 3{,}8\,\text{m}$
$4{,}2 \cdot 10^1\,\text{dm} = 4{,}2\,\text{m}$
b) $h = 2{,}5\,\text{m}$

Wachstum

a

1

Beim Luftdruck liegt negatives exponentielles Wachstum vor, beim Wasserdruck positives lineares Wachstum.

2

a) $q = 1{,}04$
b) Umsatz 2010: 364 000 €

3

Anzahl Menschen 2010: 85 035 600

4

Die Wachstumsrate beträgt ca. 4,0 %.

b

2

a) $q = 1{,}04$
b) Umsatz 2010: 3 640 000 €
Umsatz 2011: 3 785 600 €
Umsatz 2012: 3 937 024 €

3

Anzahl Menschen 2010: 137 546 000

4

Die Wachstumsrate beträgt ca. 76,9 %.

5

a) Der absolute Zuwachs an Plätzen beträgt 26 552.
b) Der prozentuale Zuwachs an Plätzen beträgt ca. 49,2 %.
c) Die prozentuale Abnahme an Sitzplätzen bei einem internationalen Spiel beträgt ca. 18,4 %.

Berechnungen an rechtwinkligen Dreiecken

a

1

a) $a = 25\,\text{cm}$
b) $b \approx 9{,}4\,\text{cm}$

2

a) $A = 52\,\text{cm}^2$
b) $A = 110{,}4\,\text{cm}^2$

3

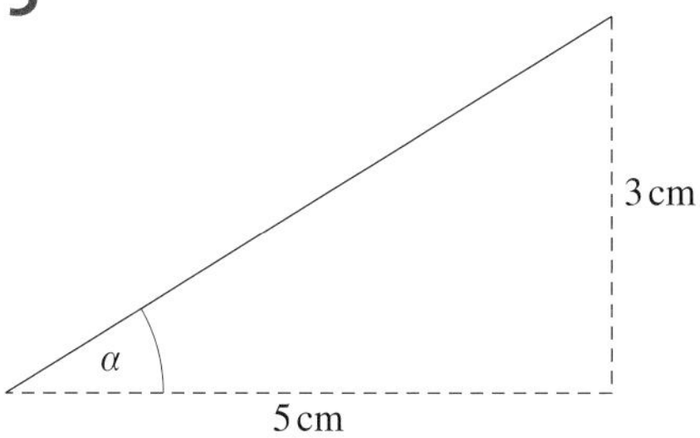

a) Die Steigung beträgt 60 %.
b) $\alpha \approx 31°$

4

a) Hypotenuse: c
Ankathete von α: b
Gegenkathete von α: a
b) Hypotenuse: b
Ankathete von α: c
Gegenkathete von α: a

b

1

a) $a \approx 11{,}1\,\text{cm}$
b) $b \approx 32{,}3\,\text{cm}$

2

a) $A \approx 35{,}7\,\text{cm}^2$
b) $A \approx 808{,}1\,\text{cm}^2$

3

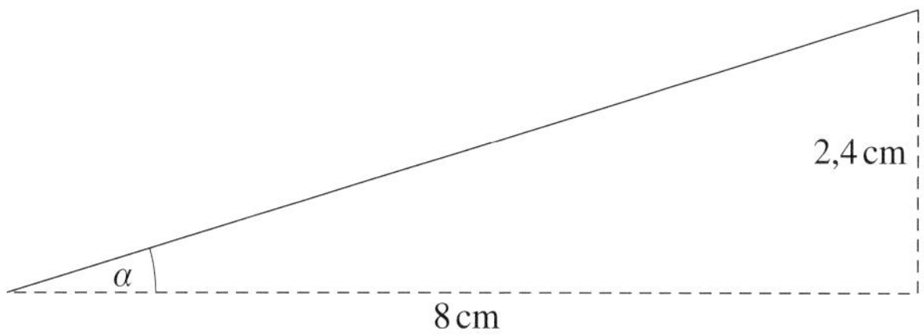

Der Steigungswinkel α hat eine Größe von ca. 16,7°.

4

a) $\sin \alpha = \frac{a}{c}$
$\cos \alpha = \frac{b}{c}$
$\tan \alpha = \frac{a}{b}$

b) $\sin \alpha = \frac{a}{b}$
$\cos \alpha = \frac{c}{b}$
$\tan \alpha = \frac{a}{c}$

5

Die Steigung eines Dreiecks wird über den Quotienten $\frac{\text{Gegenkathete}}{\text{Ankathete}}$ berechnet.

Wenn Gegen- und Ankathete gleich lang sind, dann hat das Dreieck eine Steigung von 100 %. Ist jedoch die Gegenkathete länger als die Ankathete, so ist die Steigung größer als 100 %. Die Aussage von Güven ist also falsch.

Lösungen zu „Auf dem Weg in die Berufswelt“

Seite 125 Berufseingangstest

1 a) 28358 b) 19503 c) 29302
d) 56328 e) 5207 f) 2543
g) 31

2 $28 \cdot 2 + 6 \cdot 1 = 62$
Leila benötigt 62 Schokoriegel. In jeder Packung sind zwölf Riegel enthalten.
$\frac{62}{12} = 5\frac{1}{6}$
Leila muss sechs Packungen Schokoriegel kaufen.

3 a) 34,9 b) 4,72 c) 4,5
d) 18,1 e) 17 f) 1,3
g) 3,1 h) 5,74

4 a) 4, 8, 12, 16, **20**, **24** (+ 4)
b) 2, 5, 8, 11, **14**, **17** (+ 3)
c) 38, 33, 28, 23, 18, **13**, **8** (– 5)
d) 1, 2, 4, 7, 11, 16, **22**, **29** (+ 1, + 2, + 3, + 4, …)
e) 3, 6, 8, 16, 18, **36**, **38**
(Multiplikation mit zwei und Addition von zwei, im Wechsel)
f) 0, 1, 1, 2, 3, 5, 8, **13**, **21**
(Addition der beiden Vorgänger)

5 a) 8 cm = 80 mm b) 70 cm = 7 dm
c) 2,5 km = 2500 m d) 45000 m = 4,5 km
e) 5000 kg = 5 t f) 6000 g = 6 kg
g) 7 t 300 kg = 7300 kg h) 6 kg 500 g = 6500 kg
i) 7 € 49 ct = 7,49 € j) 5 € = 500 ct
k) 2 min = 120 s l) 300 min = 5 h

6

	p	*G*	*W*
a)	50 %	800 €	**400 €**
b)	4 %	300 kg	**12 kg**
c)	**40 %**	50 m	20 m
d)	**4 %**	200 Schüler	8 Schüler
e)	10 %	**80 ha**	8 ha
f)	2 %	**250 Stück**	5 Stück

7 a) $5000\,€ \cdot 0{,}02 = 100\,€$
Nach einem Jahr erhält Frau Clausen 100 € Zinsen.
b) $(5000\,€ + 100\,€) \cdot 0{,}02 = 5100\,€ \cdot 0{,}02 = 102\,€$
Im Folgejahr erhält Frau Clausen 102 € Zinsen.

8 a) $2600\,€ \cdot 0{,}19 = 494\,€$
Es werden 494 € vom Bruttogehalt abgezogen.
b) $\frac{2652\,€}{2600\,€} = 1{,}02$
Das Gehalt wurde um zwei Prozent erhöht.

9 a)

Anteil	Anzahl
3480	60 %
580	10 %
5800	100 %

(links: : 6, · 10; rechts: : 6, · 10)

Insgesamt haben 5800 Bürger an der Wahl teilgenommen.
b) $\frac{1160}{5800} = 0{,}2$
Gegenkandidat Hansen erhielt 20 % der Stimmen.

10

Wochen	€ pro Tag
2	42
3	**28**

(links: · 1,5; rechts: : 1,5)

Simon hat 28 € pro Tag zur Verfügung, wenn er drei Wochen Urlaub macht.

11

Arbeiter	Tage
18	25
15	**30**

(links: : 1,2; rechts: · 1,2)

Arbeiter würden 30 Tage für die Ausbesserungsarbeiten benötigen.

12

Geschwindigkeit	Fahrtdauer
160 $\frac{km}{h}$	4 h
80 $\frac{km}{h}$	**8 h**
180 $\frac{km}{h}$	**≈ 3,6 h**

(links: : 2, · 2,25; rechts: · 2, : 2,25)

a) Der Autofahrer benötigt bei einer Durchschnittsgeschwindigkeit von 80 $\frac{km}{h}$ 8 Stunden.
b) Mit einer Geschwindigkeit von 180 $\frac{km}{h}$ benötigt der Zug ca. 3,6 Stunden.

13 a) $599\,€ \cdot 0{,}03 = 17{,}97\,€$
Der Preisnachlass beträgt 17,97 €.
b) $599\,€ - 1797\,€ = 581{,}03\,€$
Der Laptop kostet 581,03 € nach Abzug der drei Prozent.

14 a) $u = 2 \cdot \pi \cdot r = 2 \cdot \pi \cdot 9\,cm \approx 56{,}5\,cm$
b) $A = \pi \cdot r^2 = \pi \cdot (9\,cm)^2 \approx 254{,}5\,cm^2$
c) Ein Kreis mit einem doppelten Radius besitzt auch den doppelten Umfang.
Gibt man in der Formel zur Berechnung des Kreisumfangs den doppelten Radius ein, so erhält man die Gleichung $u = 2 \cdot \pi \cdot (2r) = 2 \cdot (2 \cdot \pi \cdot r)$.

15 Das Dreieck ist rechtwinklig, denn es gilt: $a^2 + b^2 = c^2$.
Die Seiten *a* und *b* sind die Katheten, *c* ist die Hypotenuse:
$(8\,cm)^2 + (6\,cm)^2 = 64\,cm^2 + 36\,cm^2 = 100\,cm^2$

16 ② ist richtig.
$V = \frac{a^2 \cdot h}{3}$ $\quad | \cdot 3$
$3 \cdot V = a^2 \cdot h$ $\quad | : a^2$
$3 \cdot \frac{V}{a^2} = h$

17 a) $V = 8\,m \cdot 15\,m \cdot 2\,m = 240\,m^3$
b) $V = 8\,m \cdot 15\,m \cdot (2\,m - 0{,}2\,m)$
$= 8\,m \cdot 15\,m \cdot 1{,}8\,m = 216\,m^3$
c) $180\,m^3 = 8\,m \cdot 15\,m \cdot h$ $\quad | : (8\,m \cdot 15\,m)$
$\frac{180\,m^3}{120\,m^2} = h$
$1{,}5\,m = h$
Das Schwimmbecken ist bis zu einer Höhe von 1,5 m mit Wasser gefüllt.

18 a) $A = a \cdot b$
$480\,000\,m^2 = 600\,m \cdot b$ $\quad | : 600\,m$
$\frac{480\,000\,m^2}{600\,m} = b$
$800\,m = b$
Das Feld hat eine Breite von 800 m.

b) Es werden 100 % – 75 % = 25 % des Feldes nicht mit der Bewässerungsanlage erreicht:
$480\,000\,m^2 \cdot 0{,}25 = 120\,000\,m^2$
$120\,000\,m^2$ werden nicht bewässert.

19

	Masse	Preis	
	1000 g	19,99 €	
: 1000	1 g	**0,019 99 €**	: 1000
· 650	650 g	**≈ 12,99 €**	· 650

20 a) $V = \frac{1}{3} \cdot (8\,cm)^2 \cdot 15\,cm = 40\,cm^3$
b) $V = \frac{1}{3} \cdot \pi \cdot (5\,cm)^2 \cdot 12\,cm \approx 314{,}2\,cm^3$
c) $V = \pi \cdot (4\,cm)^2 \cdot 10\,cm \approx 502{,}7\,cm^3$
d) $V = \frac{4}{3} \cdot \pi \cdot (5\,cm)^3 \approx 523{,}6\,cm^3$

21 a) $5x - 4 = 26$ | + 4
$5x = 30$ | : 5
$x = 6$
b) $7x + 11 = 3x + 35$ | – 3x – 11
$4x = 24$ | : 4
$x = 6$
c) $3(4x - 5) = 10x + 9$ | Klammer auflösen
$12x - 15 = 10x + 9$ | – 10x + 15
$2x = 24$ | : 2
$x = 12$

22 $87\,kg = x + (x + 11\,kg) = 2x + 11\,kg$ | – 11 kg
$76\,kg = 2x$ | : 2
$38\,kg = x$
Die kleine Kiste enthält 38 kg Äpfel, die große enthält 38 kg + 11 kg = 49 kg Äpfel.

23 a) ② b) ② c) ② d) ②

24 a) ② b) ② c) ②

25 a) ② b) ②

26 a) $V = 1\,cm \cdot 11\,cm \cdot 15\,cm = 165\,cm^3$
b) $V = 60\,cm \cdot 60\,cm \cdot 120\,cm = 432\,000\,cm^3$
$= 0{,}432\,m^3$
Sehr grob gerundet hat Paul mit seiner Aussage recht.
c) $m = 24 \cdot 350\,g = 8400\,g = 8{,}4\,kg$
Das Paket hat das Maximalgewicht nicht erreicht.

Seite 128 Flächenberechnung im Beruf

1 a) $A = u \cdot h - A_{Tür} - A_{Fenster}$
$u = 2 \cdot (6{,}80\,m + 4{,}20\,m) = 22\,m$
$A = 22\,m \cdot 2{,}80\,m - 1{,}10\,m \cdot 2\,m - 0{,}8\,m \cdot 1{,}50\,m$
$= 61{,}6\,m^2 - 2{,}2\,m^2 - 1{,}2\,m^2 = 58{,}2\,m^2$
b) individuell

2 Zwei Maler brauchen für das zweimalige Streichen 2 · 120 Stunden = 240 Stunden, also braucht ein Maler insgesamt 480 Stunden.
480 : 40 = 12; Es werden also zwölf Maler benötigt.

3 a) $A_G = A_{Rechteck} + 2 \cdot A_{Dreieck}$
$A_{Rechteck} = 25\,cm \cdot 15\,cm = 375\,cm^2$
$A_{Dreieck} = \frac{1}{2} \cdot 15\,cm \cdot (35\,cm - \frac{25\,cm}{2}) = 37{,}5\,cm^2$
$A_G = 375\,cm^2 + 2 \cdot 37{,}5\,cm^2 = 450\,cm^2$
Die Grundfläche hat eine Größe von $450\,cm^2$.
b) $V = A_G \cdot h = 450\,cm^2 \cdot 5\,cm = 2250\,cm^3 = 2{,}25\,dm^3$
Die Schale wird mit 2,25 ℓ Blumenerde gefüllt.

4 Es passen maximal 14 Schalen auf eine Transportpalette.

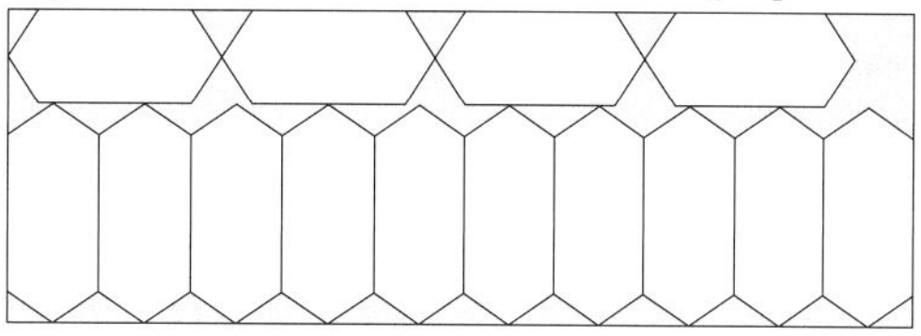

5 Individuelle Lösung, z. B.: Ja, das ist möglich, wenn die Grundseite in drei gleich lange Strecken geteilt wird und die Endpunkte der Strecken jeweils mit der Spitze des Dreiecks verbunden werden.

6 $u = 4 \cdot 12\,m = 48\,m$; $48\,m : 2\,m = 24$
Es werden 24 Bäume benötigt.

7 80 · 1,10 € + 50 · 1,90 € = 183 €
183 € · 0,05 = 9,15 €
183 € – 9,15 € = 173,85 €
Es sind 173,85 € zu bezahlen.

Seite 130 Der Satz des Pythagoras im Beruf

1 a) Eckverbindung mit Dübeln
b) geschraubte Eckverbindung
c) mit Hilfe eines Handwerkerwinkels

2 $x = (44\,cm)^2 + (\frac{54\,cm - 40\,cm}{2})^2 \approx 44{,}55\,cm$
Die Länge der Beine beträgt ca. 44,6 cm.

3 a) Einheiten: 3, 4 und 5
b) Ein Dreieck mit den Einheiten 3, 4 und 5 ist rechtwinklig.

4 I) $s^2 = h^2 + (\frac{b}{2})^2 = (5{,}5\,m)^2 + (\frac{12\,m}{2})^2 = 66{,}25\,m^2$
$s \approx 8{,}14\,m$; Die Dachsparren haben eine Länge von ca. 8,14 m.
II) $l^2 = (1{,}5\,m^2) + (0{,}8\,m)^2$
$l = 1{,}7\,m$; Die Leiter hat eine Länge von 1,7 m.
III) a) $x^2 = (8{,}6\,cm)^2 + (3{,}9\,cm)^2 = 89{,}17\,cm^2$
$x \approx 9{,}44\,cm$
b) $x^2 = (37\,mm)^2 - (18\,mm)^2 = 1045\,mm^2$
$x \approx 32{,}33\,mm$
c) $x^2 = (4\,cm)^2 - (3{,}2\,cm)^2 = 5{,}76\,cm^2$
$x = 2{,}4\,mm$

Seite 132 Zuordnungen im Beruf

1 Zwei Personen brauchen 45 min, gesucht ist die Zeit x, die drei Personen brauchen.

$2 \cdot 45\,\text{min} = 3 \cdot x \quad |:3$

$\frac{90\,\text{min}}{3} = x$

$30\,\text{min} = x$

Drei Personen brauchen 30 min.

2 individuell, z. B. Wasserzeichen und Sicherheitsfaden

3

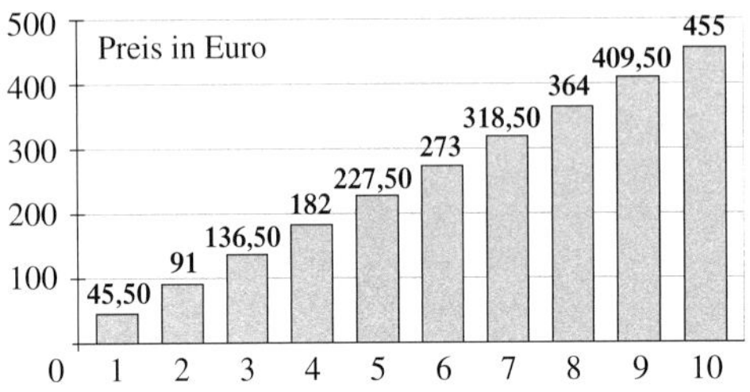

4 a) $3 \cdot 8 + 3 \cdot 5 = 3 \cdot 13 = 39$

Sie soll insgesamt 39 Jeans bestellen.

b) $39 \cdot 39{,}90\,€ = 1556{,}1\,€$

Die Bestellung kostet 1556,10 €.

c) Die Zuordnung ist proportional.

5 Das lässt sich nicht voraussagen, da es sich nicht um eine proportionale Zuordnung handelt. (Die Rechnung ergibt 11 333,33 €.)

6 3000 : 600 = 5; Das Feld sollte 5-mal so groß sein, also eine Fläche von 5 ha besitzen.

7 $20 \cdot 11 = x \cdot 55 \quad |:55$

$\frac{20 \cdot 11}{55} = x$

$4 = x$

Der Vorrat reicht bei 55 Hühnern vier Tage lang.

8 a) Erbsen: 9,90 € pro Kilo

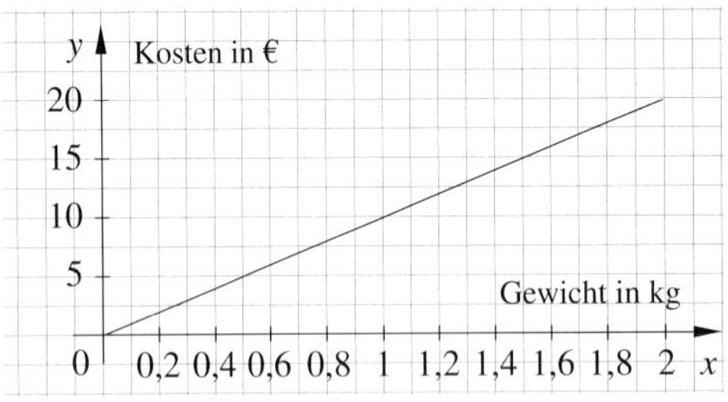

Karotten: 1,45 € pro Bund

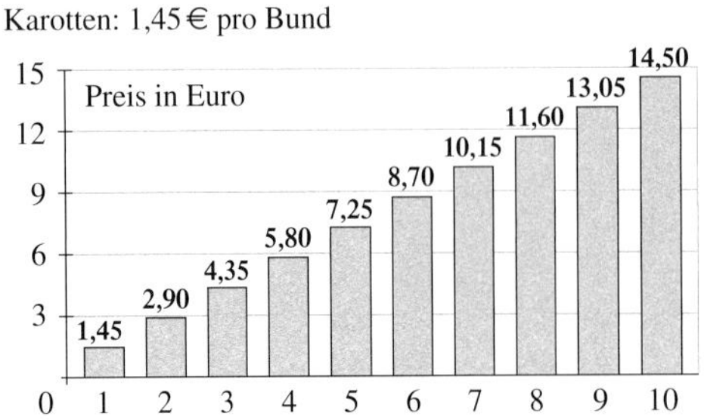

b) individuell

9 Berge: $\frac{1445\,€}{5\,\text{ha}}$

Bodenwerder: $\frac{1705\,€}{5\,\text{ha}}$

Diepholz: $\frac{1945\,€}{5\,\text{ha}}$

Nortrup: $\frac{1610\,€}{5\,\text{ha}}$

10 Erlös: $3\,\text{ha} \cdot \frac{7\,\text{t}}{\text{ha}} \cdot 135\frac{€}{\text{t}} = 2835\,€$

Saatgut: $48\frac{€}{\text{ha}} \cdot 3\,\text{ha} = 144\,€$

Maschineneinsatz: $80\frac{€}{\text{ha}} \cdot 3\,\text{ha} = 240\,€$

Versicherung und Beitrag: $17\frac{€}{\text{ha}} \cdot 3\,\text{ha} = 51\,€$

Pacht: $480\frac{€}{\text{ha}} \cdot 3\,\text{ha} = 1440\,€$

Kosten insgesamt: 1875 €

Gewinn: Erlös – Kosten = 2835 € – 1875 € = 960 €

Der Landwirt rechnet mit einem Gewinn von 960 €.

Seite 134 Prozent- und Zinsrechnung im Beruf

1 Bruttopreis: $(28\,€ + 18\,€) \cdot \frac{119}{100} = 54{,}74\,€$

2 Bienenhonig: $\frac{20\,\text{ml}}{275\,\text{ml}} \approx 7{,}3\,\%$

warmes Wasser: $\frac{250\,\text{ml}}{275\,\text{ml}} \approx 90{,}9\,\%$

Obstessig: $\frac{5\,\text{ml}}{275\,\text{ml}} \approx 1{,}8\,\%$

3 $\frac{75\,€}{500\,€} = 0{,}15 = 15\,\%$; Janines Provision betrug 15 %.

4 $4800\,€ \cdot \frac{9{,}4}{100} \cdot \frac{2}{12} = 75{,}20\,€$; Die Zinsen für den Kredit betragen 75,20 €.

5 $100\,\text{ml} \cdot 0{,}18 = 18\,\text{ml}$; 100 ml der 18%igen Lösung enthält 18 ml reines Wasserstoffperoxid.

$\frac{18\,\text{ml}}{x} = 0{,}12 \quad | \cdot x : 0{,}12$

$150\,\text{ml} = x$

Die Lösung muss auf 150 ml verdünnt werden. Es werden insgesamt 50 ml hinzugefügt, davon 20 ml Blondiercreme und 50 ml – 20 ml = 30 ml Wasser.

6 Die Aussagen ① und ② sind richtig.

7 ①: $14\,000\,€ \cdot \frac{0{,}6}{100} \cdot 12 = 1008\,€$

$14\,000\,€ \cdot \frac{2}{100} = 280\,€$

Bei Angebot ① entstehen nach einem Jahr Kosten in Höhe von 1008 € + 280 € = 1288 €.

②: $14\,000\,€ \cdot \frac{8{,}1}{100} \cdot \frac{9}{12} = 850{,}50\,€$

$14\,000\,€ \cdot \frac{0{,}5}{100} = 70\,€$

Bei Angebot ② entstehen nach neun Monaten Kosten in Höhe von 850,50 € + 70 € = 920,50 €.

Jonas sollte zum Angebot ② raten.

8 a) Die 80 Punkte für das Fachwissen wurden mit 40 % berücksichtigt, indem sie mit dem Faktor 0,4 multipliziert wurden. Die 75 Punkte für das Verkaufsgeschick gehen zu 60 % in die Gesamtwertung ein und wurden mit dem Faktor 0,6 multipliziert.

b) $15 \cdot 0{,}4 + 100 \cdot 0{,}6 = 66$; Simon erhielt 66 Punkte in der Prüfung.

c) $100 \cdot 0{,}4 + 15 \cdot 0{,}6 = 49$; Ron hat mit 49 Punkte die Prüfung nicht bestanden.

Seite 136 Formeln und Gleichungen im Beruf

1 a) $U = R \cdot I = 604\ \text{Ohm} \cdot 1{,}7\ \text{Ampere} = 1026{,}8\ \text{Volt}$
b) $R = U : I = 730\ \text{Volt} : 3{,}3\ \text{Ampere} \approx 221{,}2\ \text{Ohm}$
c) $I = U : R = 374\ \text{Volt} : 22\ \text{Ohm} = 17\ \text{Ampere}$

2 a) Umformung ① ist richtig.
b) $t = \sqrt{\frac{s}{a}} = \sqrt{\frac{400\,\text{m}}{1{,}2\,\frac{\text{m}}{\text{s}^2}}} = \sqrt{\frac{400}{1{,}2\,\text{s}^2}} \approx 18{,}3\,\text{s}$

3 $x + 3x + 2x = 15\,\text{kg}$
$6x = 15\,\text{kg} \quad | :6$
$x = \frac{15\,\text{kg}}{6}$
$x = 2{,}5\,\text{kg}$
Die Pralinenmischung enthält 2,5 kg Marzipanpralinen,
$3 \cdot 2{,}5\,\text{kg} = 7{,}5\,\text{kg}$ Trüffelpralinen und
$2 \cdot 2{,}5\,\text{kg} = 5\,\text{kg}$ Nusspralinen.
Probe: $2{,}5\,\text{kg} + 3 \cdot 2{,}5\,\text{kg} + 2 \cdot 2{,}5\,\text{kg}$
$= 2{,}5\,\text{kg} + 7{,}5\,\text{kg} + 5\,\text{kg} = 15\,\text{kg}$

4 Gleichung ① ist richtig.
$x \cdot 0{,}2 + 2x \cdot 0{,}5 = 12$
$1{,}2x = 12 \quad | :1{,}2$
$x = 10$

	Nüsse	Karamell	Kokos	Keks	Waffel	Marzipan
Männer	𝍸 I	–	–	II	I	III
Frauen	II	II	III	–	I	–

Es wurden 10 Beutel mit 0,2 kg und 20 Beutel mit 0,5 kg Spekulatius befüllt.
Probe: $10 \cdot 0{,}2\,\text{kg} + 20 \cdot 0{,}5\,\text{kg} = 2\,\text{kg} + 10\,\text{kg} = 12\,\text{kg}$

Seite 138 Gleichungen und Funktionen im Beruf

1 a)

Zeit in h	1	2	3	4	5	6
Kosten in €	**75**	**115**	**155**	**195**	**235**	**275**

b)
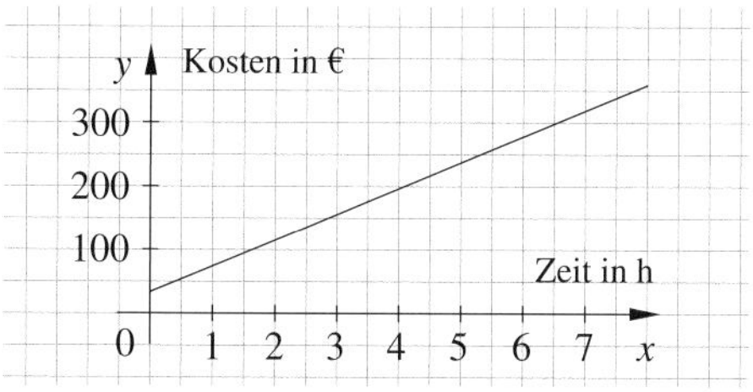

c) $f(x) = 40\,€ \cdot x + 35\,€$
d) $f(3{,}5) = 40\,€ \cdot 3{,}5 + 35\,€ = 175\,€$
Die voraussichtlichen Kosten betragen 175 €.

2 a) ① $f(x) = 4{,}50x + 39{,}60$
② $g(x) = 7{,}80x + 35\,€$
b) $f(14) = 4{,}50 \cdot 14 + 39{,}60 = 102{,}60$
$g(14) = 7{,}80 \cdot 14 = 109{,}20$
Eryk sollte sich für das Angebot entscheiden.

3 $100 \le 11{,}10x + 20{,}25 \quad | -20{,}25$
$79{,}75 \le 11{,}10x \quad | :11{,}10$
$7{,}2 \le x$
Für 100 € können 7 Wasserhähne gekauft werden.

4 a) Der laufende Meter Seide kostet 20 €.
b) $f(x) = 20\,€ \cdot x$
c)

laufender Meter	0,6	1,2	1,5	2	2,8
Preis in €	**12**	**24**	**30**	**40**	**56**

5 a) Gleichung ④ beschreibt den Sachverhalt.
b) $f(16) = 8 \cdot 16 + 55 = 183$; Für die Fertigstellung von 16 Röcken werden 183 Minuten eingeplant.

6 a)
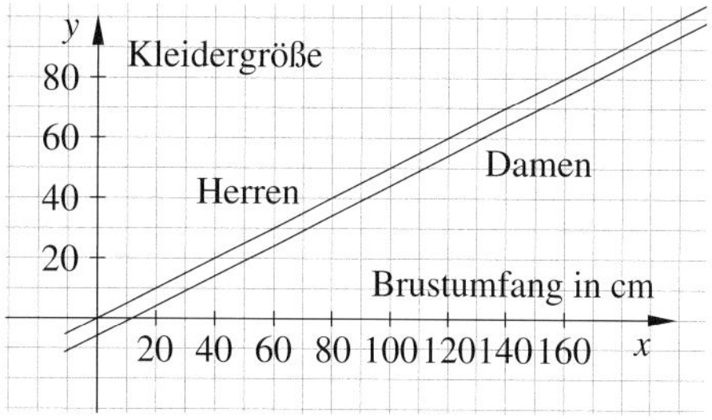

b) Die Aussage von Kai stimmt.
c) $y = 0{,}5 \cdot 92 - 6$
$y = 40$
Die Schneiderpuppe hat Kleidergröße 40.
d) $44 = 0{,}5x \quad | :0{,}5$
$\frac{44}{0{,}5} = 88 = x$
Kai hat einen Brustumfang von 88 cm.

Lösungen zum Training

Seite 142 Pyramide, Kegel, Kugel

1

	a	s	h	h_a
a)	6 cm	12 cm	**11,2 cm**	**11,6 cm**
b)	**15,8 cm**	**15,1 cm**	10,2 cm	12,9 cm
c)	**11,3 cm**	11,4 cm	**8,1 cm**	9,9 cm
d)	15 cm	**29,0 cm**	**27,0 cm**	28 cm

2 a) $V \approx 10{,}7\,\text{m}^3$
b) $V = 2508\,\text{cm}^3 = 2{,}508\,\text{dm}^3$
c) $V = 160\,\text{cm}^3$

3 a) $A_M = 240\,\text{cm}^2$, $A_O = 304\,\text{cm}^2$
b) $h_a \approx 40\,\text{cm}$, $A_M \approx 4800\,\text{cm}^2$, $A_O \approx 8400\,\text{cm}^2$
c) $a \approx 29{,}46\,\text{cm}$, $A_M \approx 1119{,}55\,\text{cm}^2$, $A_O \approx 1987{,}55\,\text{cm}^2$
d) $a \approx 20\,\text{cm}$, $A_M \approx 320{,}15\,\text{cm}^2$, $A_O \approx 720{,}54\,\text{cm}^2$

4

	a	b	h	V
a)	50 mm	90 mm	25 mm	**37 500 mm³**
b)	125 cm	244 cm	**99 cm**	1 006 500 cm³
c)	**12,5 m**	12 m	12 m	600 m³
d)	138 dm	**88 dm**	167 dm	676 016 dm³

5 a) $V \approx 490{,}1\,\text{cm}^3$
b) $V \approx 1900{,}7\,\text{cm}^3$
c) $r \approx 13{,}4\,\text{cm}$, $V \approx 2261{,}9\,\text{mm}^3$
d) $h = 8\,\text{m}$, $V \approx 301{,}6\,\text{m}^3$

6 a) $s \approx 17{,}7\,\text{cm}$, $A_M \approx 278{,}3\,\text{cm}^2$, $A_O \approx 356{,}9\,\text{cm}^2$, $V \approx 445{,}1\,\text{cm}^3$
b) $r = 15\,\text{mm}$, $s = 25\,\text{mm}$, $A_M \approx 1178{,}1\,\text{mm}^2$, $A_O \approx 1885{,}0\,\text{mm}^2$, $V \approx 4712{,}4\,\text{mm}^3$
c) $r \approx 11{,}2\,\text{cm}$, $A_M \approx 526{,}9\,\text{cm}^2$, $A_O \approx 919{,}6\,\text{cm}^2$, $V \approx 1309{,}0\,\text{cm}^3$
d) $r = 4\,\text{cm}$, $A_M \approx 113{,}1\,\text{cm}^2$, $A_O \approx 163{,}4\,\text{cm}^2$, $h \approx 8{,}1\,\text{cm}$, $V \approx 135{,}1\,\text{cm}^3$

7 a) $V \approx 113{,}1\,\text{cm}^3$, $A_O \approx 113{,}1\,\text{cm}^2$
b) $V \approx 1098{,}1\,\text{dm}^3$, $A_O \approx 514{,}7\,\text{dm}^2$

8 a) $d \approx 30{,}3\,\text{cm}$ b) $d \approx 1{,}6\,\text{m}$
c) $d \approx 3{,}8\,\text{cm}$ d) $d \approx 11{,}6\,\text{m}$

9 a) $A_O \approx 201{,}1\,\text{cm}^2$
b) $r \approx 2{,}8\,\text{cm}$
c) $r \approx 5{,}7\,\text{cm}$

10 $V_{\text{Kugel}} \approx 4189\,\text{cm}^3 > V_{\text{Pyramide}} \approx 333\,\text{cm}^3 > V_{\text{Kegel}} \approx 262\,\text{cm}^3$

11 $\frac{V_{\text{Kegel}}}{V_{\text{Kugel}}} = \frac{\frac{1}{3} \cdot \pi \cdot (50\,\text{mm})^2 \cdot 100\,\text{mm}}{\frac{4}{3} \cdot \pi\,(1{,}5\,\text{mm})^3} \approx 18\,518{,}5$
Vom reinen Volumen her würden maximal 18 518 Kugeln hineinpassen, durch Hohlräume sind es aber deutlich weniger Kugeln.

Seite 143 Quadratische Funktionen und Gleichungen

1

	−4	−3	−2	−1	0	1	2	3	4
$0{,}1x^2$	1,6	0,9	0,4	0,1	0	0,1	0,4	0,9	1,6
$-0{,}2x^2$	−3,2	−1,8	−0,8	−0,2	0	−0,2	−0,8	−1,8	−3,2
$1{,}2x^2$	19,2	10,8	4,8	1,2	0	1,2	4,8	10,8	19,2
$-0{,}75x^2$	−12	−6,75	−3	−0,75	0	−0,75	−3	−6,75	−12

2 a) $f(x) = 0{,}8x^2$
b) $g(x) = 2x - 2$
c) $h(x) = -0{,}25x^2$

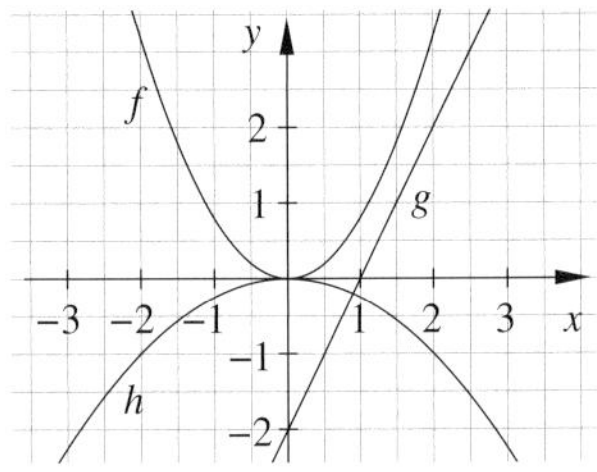

3 a) z. B. $f(x) = -0{,}7x^2$
b) z. B. $f(x) = 3x^2$
c) $f(x) = 0{,}5x^2$

4 a) Bei $80\,\frac{\text{km}}{\text{h}}$ beträgt der Bremsweg ca. 192 m, bei $160\,\frac{\text{km}}{\text{h}}$ beträgt er ca. 768 m.
b) Bei einer quadratichen Funktion vervierfacht sich der Funktionswert bei doppeltem x-Wert.
c) Das Auto fuhr ca. $66\,\frac{\text{km}}{\text{h}}$.

5 $a^2 = \frac{1}{2} \cdot 24\,\text{m} \cdot 27\,\text{m} = 324$, $a = \sqrt{324} = 18$
Die Wiese hat eine Seitenlänge von $a = 18\,\text{m}$.

6 a) Der Stein fällt 20 m.
b) Der Turm ist 101,25 m hoch.
c) $\frac{101{,}25}{2} = 5t^2$, nach ca. 3 Sekunden hat der Stein die Hälfte des Wegs zurück gelegt.

7 a) $x_1 = -99$; $x_2 = 99$ b) $x_1 = -45$; $x_2 = 45$
c) $x_1 = -26$; $x_2 = 26$ d) keine Lösung
e) $x_1 = -33$; $x_2 = 33$ f) $x = 0$
g) $x_1 = -23$; $x_2 = 23$ h) keine Lösung

8 $x \cdot 5x = 180$: Die Zahl ist 6.

9 $\frac{1}{2}x \cdot 3x + 15 = 231$: Die Zahl ist 12 oder −12.

10 a) Die Diagonale ist ca. 113,14 cm lang.
b) Die Seitenlänge beträgt ca. 56,57 cm.

11 a) Die Seitenlänge beträgt 2 m.
b) Der Oberflächeninhalt beträgt $64\,\text{m}^2$.

12 a) $2x^2 = 20^2$, die Katheten sind ca. 14,1 cm lang.
b) Der Flächeninhalt beträgt $100\,\text{cm}^2$.

Seite 144 Datenerhebungen hinterfragen

1 a) Die y-Achse beginnt nicht bei null, daher ergibt sich optisch ein stärkeres Wachstum, als es in Wirklichkeit vorhanden ist. Die Überschrift „Titelrausch" verstärkt diesen Eindruck noch einmal, ebenso der Bücherstapel.
b) Die Überschrift sollte neutral sein, z. B. „Jährliche Neuerscheinungen auf dem Buchmarkt".

2 Im ersten Piktogramm wurde das Abfallaufkommen in der Höhe der Müllwagen abgetragen. Passend zu der Höhe wurde der Müllwagen ergänzt, dabei wurde auch die Breite des Wagens verändert. Die erste Darstellung gibt also die Daten aus der Tabelle falsch wieder.
Im zweiten Piktogramm stellt die Fläche der Müllwagen die Daten aus der Tabelle richtig dar.

3 a) In der Fragestellung werden zunächst die Vorzüge der Schule vorgestellt. Desweiteren werden eingeschränkte Antwortmöglichkeiten gegeben: es gibt mehr Möglichkeiten, sich positiv zu äußern, außerdem sind die negativen Antwortmöglichkeiten sehr extrem formuliert.
b) Z. B.
Wie benotest du die Qualität der Lehrerinnen und Lehrer an unserer Schule?
Wie findest du das Fächer- und AG-Angebot an unserer Schule?
Als Antwortmöglichkeiten sind die Notenstufen von 1 bis 6 und k. A. angegeben.

4 richtige Darstellung:

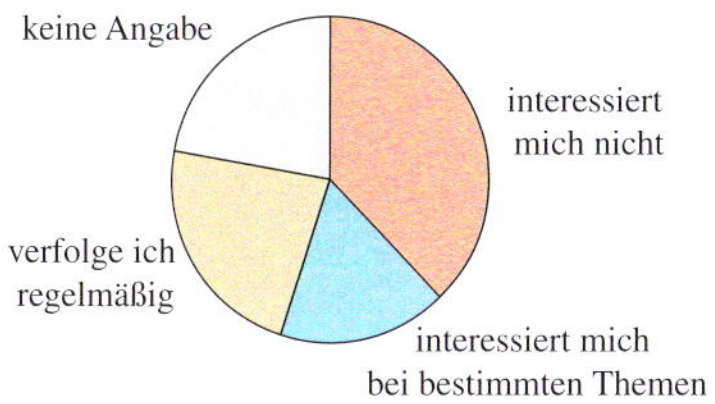

falsche Darstellung:

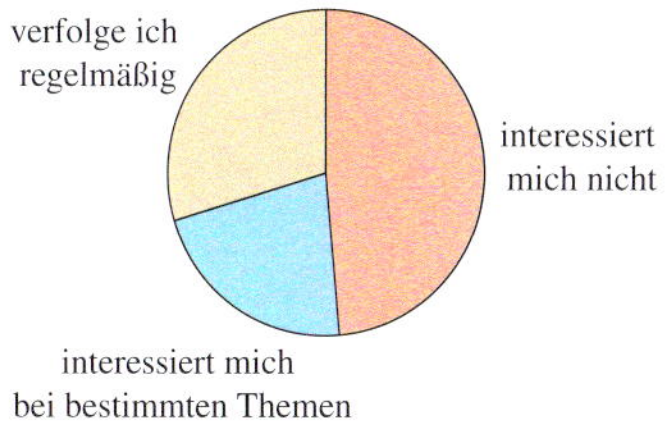

a) Das manipulierte Diagramm suggeriert, dass annähernd die Hälfte der Befragten kein Interesse am politischen Geschehen hat.
b) So ein Diagramm könnte im Zusammenhang mit der so genannten „Wahlmüdigkeit" ganz nützlich sein, bestärkt es doch diejenigen, die der Meinung sind, dass die Politiker zu wenig bürgernah sind oder die Bevölkerung zu uninteressiert ist.

Seite 145 Potenzen und Zehnerpotenzen

1 $2^{20} = 1\,048\,576$; $3^{13} = 1\,594\,323$; $4^{10} = 1\,048\,576$
$5^9 = 1\,953\,125$; $6^8 = 1\,679\,616$; $7^8 = 5\,764\,801$
$8^7 = 2\,097\,152$; $9^7 = 4\,782\,969$; $10^7 = 10\,000\,000$

2 a) $7^4 = (-7)^4 = 2401$;
$7^{-4} = (-7)^{-4} = \frac{1}{2401} \approx 0{,}000\,416\,493$
b) $3^5 = 243$; $(-3)^5 = -243$;
$3^{-5} = \frac{1}{243} \approx 0{,}004\,115\,226$;
$(-3)^{-5} = \frac{1}{-243} \approx -0{,}004\,115\,226$
c) $6^3 = 216$; $\left(\frac{1}{6}\right)^3 = \frac{1}{216} \approx 0{,}004\,629\,629$;
$6^{-3} = \frac{1}{6^3} = \frac{1}{216} \approx 0{,}004\,629\,629$;
$\left(\frac{1}{6}\right)^{-3} = \frac{1}{\left(\frac{1}{6}\right)^3} = 1 \cdot \left(\frac{6}{1}\right)^3 = 6^3 = 216$

3 a) $10^4 \cdot 10^5 = 10^{4+5} = 10^9 = 1\,000\,000\,000$
b) $10^5 : 10^2 = 10^{5-2} = 10^3 = 1000$
c) $10^{-2} = \frac{1}{10^2} = 0{,}01$
d) $\frac{10^3}{10^6} = 10^{3-6} = 10^{-3} = \frac{1}{10^3} = \frac{1}{1000}$
e) $10^4 \cdot 10^{-2} = 10^{4+(-2)} = 10^{4-2} = 10^2 = 100$
f) $10^1 \cdot 10^2 \cdot 10^3 = 10^{1+2+3} = 10^6 = 1\,000\,000$
g) $10^9 : 10^2 = 10^{9-2} = 10^7 = 10\,000\,000$
h) $10^{-2} \cdot 10^{-3} = 10^{-2+(-3)} = 10^{-5} = \frac{1}{10^5} = \frac{1}{100000}$
i) $10^0 \cdot 10^7 = 1 \cdot 10^7 = 10\,000\,000$

4 a) $4^4 \cdot 4^2 = 4096 < 1000^3$
b) $1{,}1^5 = 1{,}61051 > 1{,}01^{10} \approx 1{,}10462$
c) $3^4 = 81 > 4^3 = 64$
d) $43^5 = 1{,}470\,084\,43 \cdot 10^8 > 1{,}47 \cdot 10^8$
e) $5^{-4} \cdot 5^4 = 1 = 2135^0$

5 $1{,}5 \cdot 10^8$ km; $1{,}4 \cdot 10^9$ m; $4 \cdot 10^{13}$ km; $9{,}46 \cdot 10^{12}$ km
Erddurchmesser: ca. $1{,}3 \cdot 10^7$ m
Entfernung Erde – Alpha Centauri C: ca. 4,23 Lichtjahre

Die Sonne ist ca. ***1,5 · 10⁸ km*** *von der Erde entfernt. Ihr Durchmesser beträgt* ***1,4 · 10⁹ m****, das entspricht dem etwa 107,7-fachen des Erddurchmessers. Dieser beträgt also ca.* ***1,3 · 10⁷ m****.*
Der zentrale Stern unseres nächsten Sonnensystems Alpha Centauri C, ist ca. ***4 · 10¹³ km*** *von der Erde entfernt. Für Entfernungen dieser Größenordnung wurde das Lichtjahr eingeführt, welches einen Wert von etwa* ***9,46 · 10¹² km*** *hat. Somit ist Alpha Centauri C etwa* ***4,23 Lichtjahre*** *von uns entfernt.*

6 a) 1 mm b) 0,0006 mm
c) 0,025 mm d) 0,00005 mm

7 a) falsch, denn z. B. $(-3)^3 = -27$
b) falsch, denn z. B. $1^{-3} = \frac{1}{1^3} = 1$; eins ist nicht kleiner als eins
c) richtig; z. B. $\left(\frac{1}{3}\right)^3 = \frac{1}{27}$
d) richtig; z. B. $(-6)^2 = 36$

8 Der Umfang beträgt $4\,398\,229\,715\text{ m} \approx 4{,}4 \cdot 10^6$ km.

9 a) $\sqrt[3]{5^6} = 25$
b) $4 \cdot 10^9 \cdot 8^2 = 2{,}56 \cdot 10^{11}$
c) $\frac{6^8}{9^3} = 2304$
d) $\left(8^{\frac{1}{3}}\right)^5 = 32$
e) $\left(\frac{1}{5}\right)^7 + \sqrt[3]{8} = 0{,}000\,012\,8 + 2 = 2{,}000\,012\,8$
f) $\left(\sqrt[4]{2}\right)^2 = \sqrt{2}$
g) $\frac{8^4}{2^4} = \left(\frac{8}{2}\right)^4 = 4^4 = 256$

Seite 146 Wachstum

1 a) $25\,000\,€ \cdot 1{,}032 = 25\,800\,€$
b) $25\,000\,€ \cdot 1{,}032^2 \approx 26\,625{,}60\,€$

2 a) Die Zuwachsrate beträgt ca. 17,22 %.
b) $q = 1{,}1722$
c) $919 \cdot 1{,}1722^5 \approx 2034$

3 $4\text{ Mio.} \cdot (1 - 0{,}191)^3 \approx 2{,}118\text{ Mio.}$

4 a) Großbritannien: absolutes Wachstum: 300 000
prozentuales Wachstum: ca. 0,5 %
b) Frankreich: absolutes Wachstum: 300 000
prozentuales Wachstum: ca. 0,5 %
c) Portugal: absolutes Wachstum: 100 000
prozentuales Wachstum: ca. 0,9 %
d) Schweiz: absolutes Wachstum: 300 000
prozentuales Wachstum: ca. 0,4 %

5

	Zinsen	Kapital
zu Beginn	0,00 €	1500,00 €
nach 1 Jahr	45,00 €	1545,00 €
nach 2 Jahren	46,35 €	1591,35 €
nach 3 Jahren	47,74 €	1639,09 €
nach 4 Jahren	49,17 €	1688,26 €
nach 5 Jahren	50,65 €	1738,91 €
nach 6 Jahren	52,17 €	1791,08 €
nach 7 Jahren	53,73 €	1844,81 €

6 a) Es liegt exponentielles Wachstum vor ($q = 1{,}8$).
b) Es liegt kein exponentielles Wachstum vor, da bei einem konstanten Wachstumsfaktor an der Stelle $x = 4$ der Wert 49,7664 hätte stehen müssen.
c) Es liegt kein exponentielles, sondern lineares Wachstum vor.
d) Es liegt exponentielles Wachstum vor ($q = 3$).

7 a)

Zeit in min	0	20	40	60	80	100
Anzahl der Verdopplungszeiten	0	1	2	3	4	5
Anzahl der Salmonellen	80	160	320	640	1280	2560

b) Zwei Stunden nach Untersuchungsbeginn befinden sich $80 \cdot 2^6 = 5120$ Salmonellen in der Probe.
c) 20 Minuten vor Untersuchungsbeginn befinden sich $80 \cdot 2^{-1} = 80 \cdot \frac{1}{2} = 40$ Erreger in der Probe.

8 a) $x \cdot 1{,}036 = 155{,}17\text{ Mio.} \quad |:1{,}036$
$x \approx 149{,}78\text{ Mio.}$
2008 lebten ca. 149,78 Mio. Menschen in Nigeria.

b)

Jahr	Einwohnerzahl
2009	155,17 Mio.
2010	160,76 Mio.
2011	166,55 Mio.
2012	172,55 Mio.

Voraussichtlich werden im Jahr 2012 172,55 Mio. Menschen in Nigeria leben.

9 Nach ca. 140 Minuten ist die Temperatur der Flüssigkeit auf unter 50 °C abgekühlt.

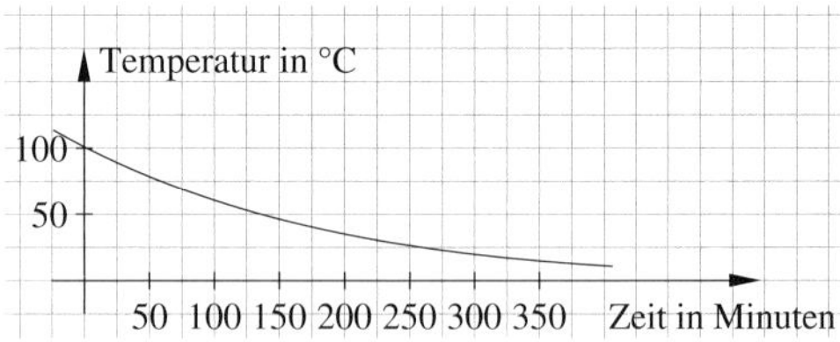

Seite 147 Berechnungen an rechtwinkligen Dreiecken

1 Individuell, z. B.:
$A = \frac{1}{2} \cdot g \cdot h = \frac{1}{2} \cdot 15{,}9\,\text{cm} \cdot 7{,}9\,\text{cm} \approx 62{,}8\,\text{cm}^2$

2 a) $u_1^2 = (766\,\text{m})^2 - (700\,\text{m})^2 = 96\,756\,\text{m}^2$;
Wurzel ziehen ergibt $u_1 \approx 311\,\text{m}$.
$u_2^2 = (800\,\text{m})^2 - (700\,\text{m})^2 = 150\,000\,\text{m}^2$; Wurzel ziehen ergibt $u_2 \approx 387\,\text{m}$.
Die Uhlandstraße hat eine Länge von $u = u_1 + u_2 \approx 311\,\text{m} + 387\,\text{m} \approx 698\,\text{m}$.
b) $A = \frac{1}{2} \cdot u \cdot k \approx \frac{1}{2} \cdot 698\,\text{m} \cdot 700\,\text{m} = 244\,300\,\text{m}^2$
Das eingezeichnete Gebiet hat eine Größe von ca. $244\,300\,\text{m}^2$.

3 a) $A = A_{\text{Dreieck}} + A_{\text{Parallelogramm}}$
$A_{\text{Dreieck}} = \frac{1}{2} \cdot c \cdot h_c$
$c = c_1 + c_2$
$c_1^2 = b^2 - h_c^2 = (24{,}7\,\text{m})^2 - (21\,\text{m})^2 = 169{,}09\,\text{m}^2$;
Wurzel ziehen ergibt $c_1 \approx 13\,\text{m}$.
$c_2^2 = a^2 - h_c^2 = (34{,}2\,\text{m})^2 - (21\,\text{m})^2 = 728{,}64\,\text{m}^2$;
Wurzel ziehen ergibt $c_2 \approx 27\,\text{m}$.
Mit $c = c_1 + c_2 \approx 13\,\text{m} + 27\,\text{m} = 40\,\text{m}$ ergibt sich
$A_{\text{Dreieck}} = \frac{1}{2} \cdot c \cdot h_c \approx \frac{1}{2} \cdot 40\,\text{m} \cdot 21\,\text{m} = 420\,\text{m}^2$.
$A_{\text{Parallelogramm}} = c \cdot 8\,\text{m} \approx 320\,\text{m}^2$
Insgesamt hat das Grundstück eine Fläche von
$A = A_{\text{Dreieck}} + A_{\text{Parallelogramm}} \approx 420\,\text{m}^2 + 320\,\text{m}^2 = 740\,\text{m}^2$.
b) $P = A \cdot 300\,\frac{€}{\text{m}^2} = 740\,\text{m}^2 \cdot 300\,\frac{€}{\text{m}^2} = 222\,000\,€$
Das Grundstück hat einen Preis von 222 000 €.

4 $s^2 = h^2 + l^2 = (0{,}9\,\text{km})^2 + (17\,\text{km})^2 = 289{,}81\,\text{km}^2$;
Wurzel ziehen ergibt $s \approx 17{,}024\,\text{km}$.
Das Flugzeug legt eine Strecke von ca. 17,024 km zurück.

5 a) $h_c \approx 1{,}9\,\text{cm}$; $A \approx 4{,}43\,\text{cm}^2$
b) $h_c \approx 7{,}7\,\text{cm}$; $A \approx 17{,}62\,\text{cm}^2$
c) $h_c \approx 12{,}1\,\text{cm}$; $A \approx 27{,}79\,\text{cm}^2$

6 a) $m = 16\,\%$ b) $m = 16\,\%$
c) $m \approx 12{,}4\,\%$ d) $m = 28{,}4\,\%$

7 Die Pistenraupe legt einen Höhenunterschied von 130 m (260 m; 455 m) zurück.

8 a) $\tan\alpha = \frac{a}{b}$ b) $\tan\gamma = \frac{c}{b}$
c) $\tan\alpha = \frac{a}{c}$ d) $\tan\beta = \frac{b}{a}$

Lösungen zu „Vorbereitung auf die zentrale Prüfung“

Seite 149 A Grundlegende Aufgaben

1 a

2 b

3 d

4 c

5 b

6 b

7 c

8 b

9 d

10 c

11 b

12 d

13 a

14 b

15 b

16 d

17 c

18 b

19 b

20 c

21 c

22 d

23 c

24 c

25 b

26 c

27 c

28 b

29 a

30 a

31 c

32 b

Seite 151 B Komplexere Aufgaben

1 a) Für die Addition von Zahlen gilt:
1) gerade + ungerade = ungerade
2) ungerade + ungerade = gerade
3) gerade + gerade = gerade
In jeder Reihe kommt zu einer ungeraden Anzahl an Sitzen eine gerade Anzahl hinzu. Also hat jede Reihe eine ungerade Anzahl an Sitzen. Die Gesamtanzahl der Sitze ist gerade. Bei zehn Reihen werden fünfmal zwei ungerade Zahlen addiert. Das ergibt fünf gerade Zahlen. Diese addiert ergeben eine gerade Zahl.

b) Gesamtzahl der Sitze:
$37 + 41 + 45 + 49 + 53 + 57 + 61 + 65 + 69 + 73 = 550$

c) ③ gibt die Zahl der Sitze in Reihe n an.

d) $19€ \cdot (37 + 41 + 45 + 49 + 53) +$
$14{,}50€ \cdot (57 + 61 + 65 + 69 + 73) = 8987{,}50€$

e) x: Anzahl der Personen in den Reihen 1–5
y: Anzahl der Personen in den Reihen 6–10
I $x + y = 300$, II $19 \cdot x + 14{,}5 \cdot y = 5007$
I nach y auflösen und in II einsetzen:
$x \cdot 19€ + (300 - x) \cdot 14{,}50€ = 5007€$; $x = 146$
$y = 300 - 146 = 154$
146 Personen saßen in den Reihen 1–5 (2774€) und 154 Personen saßen in den Reihen 6–10 (2233€).

2 a) Im 1. Lehrjahr bekommt sie monatlich 410€.

b) Das stimmt nicht, sie verdient nur 60€ mehr. Das Diagramm täuscht, da es bei 350€ statt bei 0€ beginnt.

c) $\frac{410€ + 470€ + 560€}{3} = 480€$
Sie verdient durchschnittlich 480€ pro Monat.

3 a) $-34{,}44€ - 3{,}49€ - 38{,}19€ - 11{,}83€ = -87{,}95€$
Ihr werden 87,95€ vom Bruttoverdienst abgezogen.

b) $\frac{322{,}05€}{410€} \approx 0{,}78549 \approx 78{,}549\,\%$
Sie bekommt etwa 78,5 % des Bruttoverdienstes ausgezahlt.

c) Dreisatz: 100 % entsprechen 560€, dann entspricht 1 % 5,60€ und 8,4 % entsprechen 47,04€.
Der monatliche Krankenversicherungsbeitrag im dritten Lehrjahr liegt bei 47,04€.

4 a) $A = \pi \cdot (12\,\text{cm})^2 \approx 452{,}4\,\text{cm}^2$, $u = 2\pi \cdot 12\,\text{cm} \approx 75{,}4\,\text{cm}$

b) $r^2 = 2 \cdot (452{,}4\,\text{cm}^2) : \pi$; $d \approx 34\,\text{cm}$

c) 5,40€ entsprechen 100 %, der erhöhte Preis entspricht 116 %, also $5{,}40€ \cdot 1{,}16 = 6{,}264€$.
Die Pizza mit extra Belägen kostet gerundet 6,30€.

d) $A_{\text{gesamt}} = \pi \cdot (17\,\text{cm})^2$
$A_{\text{belegt}} = \pi \cdot (17\,\text{cm} - 1{,}5\,\text{cm})^2 \approx 754{,}77\,\text{cm}^2$
$A_{\text{unbelegt}} = A_{\text{gesamt}} - A_{\text{belegt}} \approx 153{,}15\,\text{cm}^2$

e) $A_{\text{Familie}} = \pi \cdot (34\,\text{cm})^2 \approx 3631{,}68\,\text{cm}^2$
Die Fläche der Familienpizza ist etwa viermal so groß wie die der großen. Der dreifache Preis ist also fair.

f) 5,40€ entsprechen 100 %, der erhöhte Preis entspricht 110 %, also $5{,}40€ \cdot 1{,}10 = 5{,}94€$.
Der Pizzapreis sollte bei 5,95€ oder 6,00€ liegen.

5 a) E aktuell: $\frac{100\,\text{m} \cdot 400\,\text{m}}{2} = 20\,000\,\text{m}^2$
E neu: $100\,\text{m} \cdot 200\,\text{m} = 20\,000\,\text{m}^2$
I aktuell: $\frac{100\,\text{m} + 150\,\text{m}}{2} \cdot 200\,\text{m} = 25\,000\,\text{m}^2$
I neu: $200\,\text{m} \cdot 200\,\text{m} = 40\,000\,\text{m}^2$
L aktuell: $\frac{200\,\text{m} + 150\,\text{m}}{2} \cdot 200\,\text{m} = 35\,000\,\text{m}^2$
L neu: $100\,\text{m} \cdot 200\,\text{m} = 20\,000\,\text{m}^2$

b)

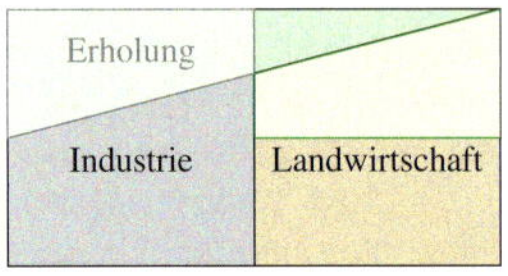

E → I: $\frac{100\,\text{m} + 50\,\text{m}}{2} \cdot 200\,\text{m} = 15\,000\,\text{m}^2$
L → E: $\frac{100\,\text{m} + 50\,\text{m}}{2} \cdot 200\,\text{m} = 15\,000\,\text{m}^2$

c) E → I: $15\,000\,\text{m}^2 \cdot 15\,\frac{€}{\text{m}^2} = 225\,000\,€$
L → E: $15\,000\,\text{m}^2 \cdot 20\,\frac{€}{\text{m}^2} = 300\,000\,€$
Die Kosten für die Neuordnung betragen 525 000 €.

d) aktuell:
E: $\frac{20\,000\,\text{m}^2}{80\,000\,\text{m}^2} = 0{,}25 = 25\,\%$
I: $\frac{25\,000\,\text{m}^2}{80\,000\,\text{m}^2} = 0{,}3125 = 31{,}25\,\%$
L: $\frac{35\,000\,\text{m}^2}{80\,000\,\text{m}^2} = 0{,}4375 = 43{,}75\,\%$

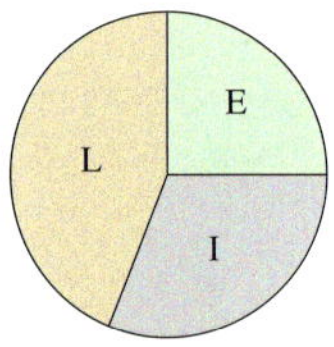

neu:
E: $\frac{20\,000\,\text{m}^2}{80\,000\,\text{m}^2} = 0{,}25 = 25\,\%$
I: $\frac{40\,000\,\text{m}^2}{80\,000\,\text{m}^2} = 0{,}50 = 50\,\%$
L: $\frac{20\,000\,\text{m}^2}{80\,000\,\text{m}^2} = 0{,}25 = 25\,\%$

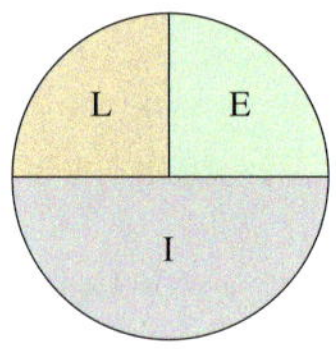

6 a) Smart: C (Der Graph beginnt beim Grundpreis und steigt in Abhängigkeit der Gesprächszeit an.)
Vario: A (Der Graph beginnt bei null, da es keinen monatlichen Grundpreis gibt, und steigt dann an.)
Flat: D (Der Graph beginnt beim Grundpreis und bleibt konstant, unabhängig von der Gesprächszeit.)

b) x: Anzahl der Gesprächsminuten
Smart: $f(x) = 7{,}95\,€ + 0{,}15\,€ \cdot x$
Vario: $f(x) = 0{,}28\,€ \cdot x$
Flat: $f(x) = 19{,}95\,€$

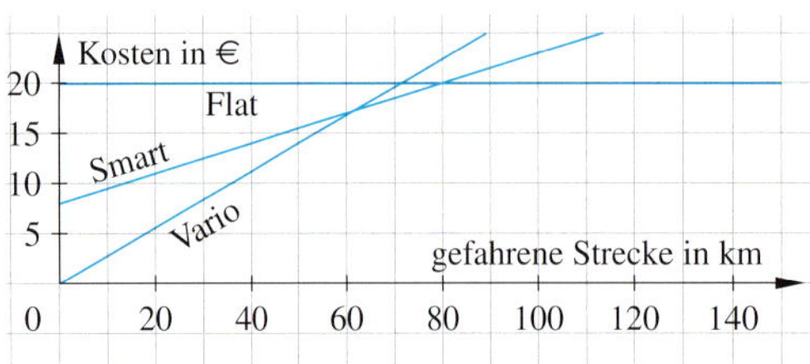

c) Ein Schnittpunkt zeigt an, bei welcher Gesprächszeit zwei Tarife zum selben Rechnungsbetrag führen.

d) Bei 60 Gesprächsminuten zahlt er beim Smart-Tarif 16,80 €, beim Vario-Tarif 16,95 € und beim Tarif Flat 19,95 €. Somit ist der Smart-Tarif für ihn am günstigsten.

7 a)

km	0	10	25	30	35	50	80	100
City (€)	25	31	40	43	46	55	73	85
Regio (€)	40	44	50	52	54	60	72	80

b) x: Anzahl der gefahrenen Kilometer
City: $f(x) = 25\,€ + 0{,}6\,\frac{€}{\text{km}} \cdot x$
Regio: $f(x) = 40\,€ + 0{,}4\,\frac{€}{\text{km}} \cdot x$

c)

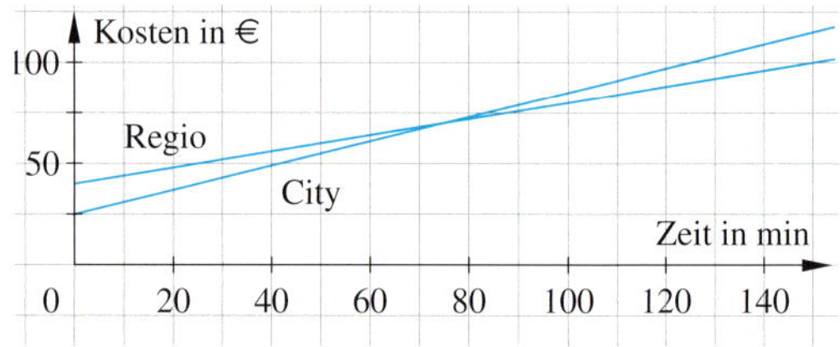

d) Herr Fedinger sollte den City-Tarif nehmen, da dieser 67 €, der Regio-Tarif aber 68 € kostet.

e) City-Tarif: $p = \frac{25\,€ \cdot 100}{67\,€} \approx 37{,}3\,\%$
Regio-Tarif: $p = \frac{40\,€ \cdot 100}{68\,€} \approx 58{,}8\,\%$

8 a) 25 % sind 24 Jahre oder jünger.

b) 10 %, also 24 Kunden, sind 56 Jahre und älter.

c)

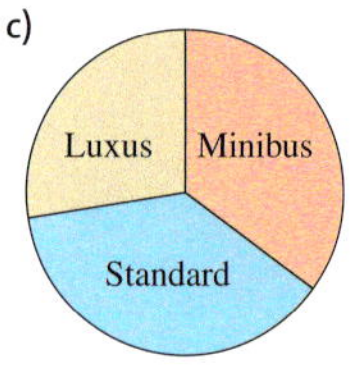

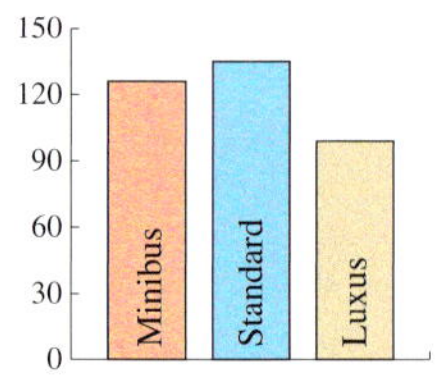

9 a) Die Dose hat ein Volumen von ca. 355 cm³. Die Getränkefirma wird die Dose mit 350 ml befüllen.

b) $A_O = 2 \cdot A_G + A_M = 2 \cdot \pi \cdot r^2 + u \cdot h$
$= 2 \cdot (\pi \cdot (2{,}7\,\text{cm})^2) + 2 \cdot \pi \cdot 2{,}7\,\text{cm} \cdot 15{,}5\,\text{cm}$
$\approx 308{,}8\,\text{cm}^2$
A_O inklusive 15 % Mehrverbrauch:
$308{,}8\,\text{cm}^2 \cdot 1{,}15 \approx 355{,}12\,\text{cm}^2$
Es werden ca. 355,12 cm² Weißblech benötigt.

c) d: Diagonale im Inneren der Dose
$d = \sqrt{(5{,}4\,\text{cm})^2 + (15{,}5\,\text{cm})^2} \approx 16{,}41\,\text{cm}$
Der Trinkhalm muss länger sein als 16,41 cm.

d) $V = 350\,\text{cm}^3 = a \cdot b \cdot h = 35\,\text{cm}^2 \cdot h$
$h = \frac{350\,\text{cm}^3}{35\,\text{cm}^2} = 10\,\text{cm}$
Das Tetrapack muss mindestens 10 cm hoch sein.

e) $A_O = 2 \cdot A_G + A_M$
$= 2 \cdot 70\,\text{cm}^2 + (24\,\text{cm}) \cdot 10\,\text{cm} = 310\,\text{cm}^2$
A_O inklusive 15 % Mehrverbrauch:
$310\,\text{cm}^2 \cdot 1{,}15 = 356{,}5\,\text{cm}^2$
Es werden 356,5 cm² Karton benötigt.
Der Materialverbrauch ist fast gleich, daher sollte man sich aus anderen Gründen für eine der beiden Verpackungsarten entscheiden.

10 a) $V = \frac{1}{3} \cdot G \cdot h \Leftrightarrow h = \frac{3 \cdot V}{G}$
$h = \frac{3 \cdot 150\,cm^3}{G} = \frac{450\,cm^3}{\pi \cdot (4\,cm)^2} \approx 9\,cm$
Die Höhe des Bechers beträgt ca. 9 cm.

b) $150\,ml \cdot 0{,}9 = 135\,ml$
Ein zu 90 % gefüllter Becher beinhaltet 135 ml.
$\frac{18\,900\,ml}{135\,ml} = 140$
Es können 140 Becher zu 90 % gefüllt werden.

c) individuelle Schätzung

d) $A_M = \pi \cdot r \cdot s$ mit $s = \sqrt{h^2 + r^2} = \sqrt{97}$ also
$A_M = \pi \cdot 4\,cm \cdot \sqrt{97} \approx 123{,}8\,cm^2$
A_M inklusive 15 % Mehrverbrauch
$A_M \cdot 1{,}15 \approx 142{,}3\,cm^2$
Pro Becher werden ca. $142{,}3\,cm^2$ Papier benötigt.

e) Abb. ①: Anfangs füllt sich der Becher sehr schnell, mit zunehmender Höhe vergrößert sich der Querschnitt des Bechers und er wird immer langsamer gefüllt.

11 a) t : Fallzeit (in Sekunden)
$h(t) = t^2 \cdot 5$ (eigentlich: $h(t) = t^2 \cdot 5\frac{m}{s^2}$)

b) $h(t) = (2\,s)^2 \cdot 5\frac{m}{s^2} = 4\,s^2 \cdot 5\frac{m}{s^2} = 20\,m$
Die Brücke hat eine Höhe von ca. 20 m.

c) $h(t) = 270\,m = t^2 \cdot 5\frac{m}{s^2}$ umstellen nach t ergibt
$t = \sqrt{\frac{270\,m}{5\frac{m}{s^2}}} \approx 7{,}3\,s$
Der Stein fällt ca. 7,3 s lang.

12 a) ① Es werden ca. 82 % des Stroms gespart.
② Über das Gewicht werden im Text keine Angaben gemacht.
③ Falls jede einzelne Glühbirne durch eine einzige LED ersetzt wurde, ist die Aussage korrekt:
$1712 - 500 \geq 1200$.

b) $1712 \cdot 68\,kWh \cdot 0{,}2\frac{€}{kWh} = 23\,283{,}2\,€$
$1712 \cdot 12\,kWh \cdot 0{,}2\frac{€}{kWh} = 4108{,}8\,€$
Bayer spart $23\,283{,}2\,€ - 4108{,}8\,€ = 19\,174{,}4\,€$ pro Jahr.

c) $u = \frac{2 \cdot \pi \cdot 51\,m}{2} \approx 160{,}22\,m$
$\frac{u}{500} = \frac{160{,}22}{500} \approx 0{,}32\,m$
Die Birnen haben einen Abstand von ca. 32 cm.

13 a) Herr Franke kann das Auto für 4,50 € bis zu zwei Stunden abstellen.

b)
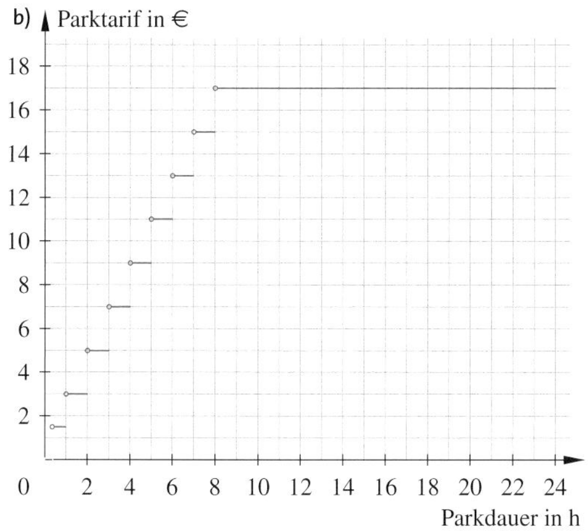

c) Es handelt sich um eine Funktion, da jedem x-Wert genau ein y-Wert zugeordnet wird.

d) Ab einer Parkdauer von acht Stunden muss der Tagestarif gezahlt werden.

e) individuell

14

Stadtwerke	Kosten 2000	Kosten 2006	absolute Steigerung	prozentuale Steigerung
Leipzig	499,72 €	642,79 €	**143,07 €**	**28,63 %**
München	517,03 €	**609,32 €**	**92,29 €**	17,85 %
Duisburg	**471,49 €**	591,49 €	120,00 €	**25,45 %**
Hannover	**483,95 €**	563,90 €	**79,95 €**	16,52 %

15 a) Finnland: 2,84 ct; Schweden: 5,98 ct
Deutschland: 5,41 ct; Italien: 6,71 ct
Niederlande: 9,26 ct

b) Finnland: 24,46 %; Schweden: 38,04 %
Deutschland: 25,73 %; Italien: 28,81 %
Niederlande: 39,54 %

c) individuell

16 a) $73\,kWh \cdot 21\frac{ct}{kWh} = 1533\,ct = 15{,}33\,€$
Pro Jahr entstehen Kosten in Höhe von 15,33 €.

b) $\frac{80\,Watt \cdot 20\,h \cdot 365}{1000} = 584\,kWh$
$584\,kWh \cdot 21\frac{ct}{kWh} = 12\,264\,ct = 122{,}64\,€$
Pro Jahr entstehen Kosten in Höhe von 122,64 €.

c) Es entstehen Kosten in Höhe von ca. 3,57 Milliarden €.

17 a) Es ist kein Laplace-Experiment. Aufgrund der Form des Würfels sind nicht alle Ergebnisse gleich wahrscheinlich.

b) Anzahl n aller Würfe: $n = 1000$

Augenzahl	1	2	3	4	5	6
rel. Häuf.	0,192	0,078	0,207	0,214	0,090	0,219

c) 2 und 5 liegen sich wohl gegenüber, da sie am wenigsten häufig gewürfelt wurden.

d) **Pro:** Die Summe der Wahrscheinlichkeiten ergibt 100 %. Außerdem haben kongruente Flächen dieselbe Wahrscheinlichkeit, gewürfelt zu werden.
Contra: Die Werte wurden großzügig gerundet.

18 a) $2 + 12 + 2 \cdot 9 + 8 + 3 \cdot 6 + 4 \cdot 4 + 3 + 9 \cdot 2 + 5 = 100$

b) $P(E) = \frac{12}{100} = 0{,}12$, $P(N) = \frac{6}{100} = 0{,}06$
$P(Vok) = P(A) + P(E) + P(I) + P(O) + P(U)$
$= 0{,}09 + 0{,}12 + 0{,}09 + 0{,}08 + 0{,}04 = 0{,}42$
$P(Kon) = 1 - (P(Vokal) + P(Joker))$
$= 1 - (0{,}42 + 0{,}02) = 1 - 0{,}44 = 0{,}56$

19 a) Männer: 4,4 cm (3,6 cm)
Frauen: 6,3 cm (4 cm)

b) Der Zuwachs beträgt ca. 4,0 %.

c) Der Durchschnittsmann im Jahr 2038 wäre 182,3 cm groß.

d) individuell

Stichwortverzeichnis

O

P

Q

R

S

T

V

W

Z

Bildverzeichnis

Titelbild: arturimages
5 arturimages
7/1,2 Fotolia.com
7/3 Cornelsen Verlagsarchiv
7/4 www.offenes-presseportal.de
7/5 Fotolia.com
8 Axel Seedorf/Creative Commons
9/1 picture-alliance/dpa
9/2 Hans Börner GmbH. Nauheim
9/3 Axel Seedorf/Creative Commons
9/4 www.buetrido.de
9/5 www.uhr-uhren.de
10/1 Burg Ludwigstein, Witzenhausen
12 arturimages/Dirk Robbers
14/1 Cornelsen Verlagsarchiv
14/2 www.vanglas.nl
14/3 Stiers GmbH
15 Cornelsen Verlagsarchiv
17 RMB Dieter Hauck
18 www.dawanda.de
19/1–2 Matthias Hamel, Berlin
19/3–6 Udo Wennekers, Goch
20 Axel Seedorf/Creative Commons
20/2–5 Matthias Hamel, Berlin
22/1 www.diealternative.ch (Ottenbach)
22/2 Matthias Felsch, Berlin
23 Räthgloben 1917 Verlags GmbH, Markranstädt
24/1 NASA.JPL.Gov.
24/2 Fotolia.com/Carola Schubber
24/3 Fotolia.com/Andreas Safreider
24/4 Fotolia.com/Swetlana Wall
24/5 Fotolia.com/Ingrid Walter
25 Cornelsen Verlagsarchiv
26 mauritius/Rossenbach
27/1 mauritius Images/Vidler – c/o Key Photos
27/2 mauritius Images/Vidler
27/3 mauritius Images/Phototake
28/1 Cornelsen Verlagsarchiv
28/2 Corel Library
29 Cornelsen Verlagsarchiv
30/1 Herbert Strohmeyer, Aachen
30/2 Patrick Merz, Mühlhausen/ Kraichgau
31 NASA/Alexander Chernov
32/1 Tropical Islands/Pressebild
32/2 Helga Lade Fotoagentur, Frankfurt am Main
35 Corbis/Roger Ressmeyer
37 Cornelsen Verlag/Peter Hartmann
38/1 Cornelsen Verlags/Kerstin Nolte
38/2 Cornelsen Verlags/Kerstin Nolte
41/1 Köln Touristik Office, Günther Ventur
41/2 Cornelsen Verlagsarchiv
41/3 Wikipedia/GNU/Chriusha
41/4 Cornelsen Verlagsarchiv
43 arturimages/Görner
45/1 www.pozun.de
45/2 Wikipedia/GNU/Henry Mühlpferdt, Königstein Ts.
47 Wikipedia/GNU/Imre Solt
48 Ingram Publishing, Master Series (Food Menu Library, Ultimate Food Photography
49 Blickwinkekl/M. Haddenhorst
50 Daimler Mediaservice, Stuttgart
51 ullstein bild/imagebroker.net
53/1 T. Feltes, Berlin
54/1 www.salden.ch/Gemeinde Salden
54/2 Fotolia.com/Thaut images
55 wikipedia, Tone Rosbach Jensen
56/1 Cornelsen Verlagsarchiv
56/2 Studio Lipov/StockFood
58 Redaktionsbüro Jahr der Mathematik
59 Cornelsen Verlagsarchiv
59 Getty Images/Andrew Hatherington
62/1 BRT Architekten/Alexander von Heyer, Hamburg
62/2–3 Matthias Hamel, Berlin
64/1 Goldmedia GmbH/Agentur Typisch 2007
64/2 www.boerse-frankfurt.de
65 Bildagentur-online/Gerard Vanystadt
68/1 Felix Scheinberger/Büchergilde Gutenberg 2007
68/2 Martina Verhoeven, Uedem
69/1 Martina Verhoeven, Uedem
69/2 Cornelsen Verlagsarchiv
73 Der Spiegel, Hamburg
75 OKAPIA, Frankfurt a.M./Kage
76 www.holzschuppen.de
78 Bauverlag BV GmbH
79/1 Kindernothilfe e. V., Duisburg/ Multimedia
79/2 Cornelsen Verlagsarchiv
79/3 Christoph Berens/Martina Verhoeven
81 IMS Stuttgart
82 OKAPIA
84 Cornelsen Verlag/Kerstin Nolte
86 © Ken Crosswell, Berkeley, CA (USA)
87/1 Astrofoto/ESA
87/2 mauritius images, Mittenwald/ Photothek
87/3 mauritius images/Photothek
87/4 OKAPIA/Murti/CNRI
88 Wikipedia/GNU/Hugo Keikenwaelde
89 Rohdich
90 wikipedia.org/w/index
91 Fotolia.com/MAXFX
93 Cornelsen Verlagsarchiv/ Red. Biologie
95/1 (Bitkom)
95/2 www.nestle.ch/Pressebild
97 Cornelsen Verlag/Kerstin Nolte
101 Fotolia.com/godfer
102/1 Reinhard-Tierfoto, Heiligenkreuzsteinach
102/2 Agentur LMP, Henrik Pohl
105/1 picture-alliance/dpa/imageinchina
105/2 Gebr. Kemmerich GmbH, Attendorn
106/1 mauritius images/Hicker
106/2 wikimedia/CC/Haiku
106/3 DAPD
107 picture-alliance/DEFODI
109 Wikipedia/GNU/Geevee/S
115 Audi AG, Ingolstadt
116 © Tourismus-Information Willlingen. Alle Rechte vorbehalten
118/1 L'Aeroclub, Rennes (Frankreich)
118/2 Blickwinkel, Schmidtbauer
118/3 WILDLIFE, Usher
118/4 LOOK: Wothe
119/1 Philip Preindl
119/2 Infochart Diehl, München
120 picture-alliance/Bildagentur Huber
123 Volker Döring, Hohen Neuendorf
128 ullstein bild/Intro/Schmiegelsk
129 ullstein bild/CARO/Teich
130 photopool/Frank Rogner
131/1 ullstein bild/P/F/H
131/2 Jens Schacht/Düsseldorf
132 Olaf Döring, Oberhausen
133/1 ullstein bild/superclic
133/2 Fotolia.com/jet
133/3 Cornelsen Verlag/Sabine Storm
133/4 Cornelsen Verlag/Sabine Storm
134 ullstein bild/CARO/Oberhäuser
134/1 picture-alliance/dpa/imageinchina
135 P. Widmann
136 ullstein bild/Intro/Schmiegelsk
137/1 ullstein bild/Wodicka
137/2 ullstein bild/Imagebroker.net/ Thomas
138 Werner Bachmeier, Ebersberg
139 VISUM/Hamburg/Panos Pictures
143 IKEA/Pressebild
144 Die Zeit, Hamburg
145/1 Wikipedia/GNU/Dr. Eugen Lehle
145/2 wikipedia
146 wikipedia
147 Kässbohrer Gländefahrzeuge AG/ Pressebild
153/1 Fotolia.com/Roman Minarov
153/2 Cornelsen Verlagsarchiv
154/1 Fotolia.com/Bertold Werkman
154/2 AQUATREND2200, Bramsche
155/1 Wikipedia/GNU/DL/Hytrion
155/2 Wikipedia/CC/Fabien1309
155/3 Bayer AG Leverkusen/Pressefoto
156 EU, Europäische Kommission, Brüssel
157/1 Cornelsen Verlag/Kerstin Nolte
157/2 Hasbro/Mattel Inc.
157/3 Cornelsen Verlagsarchiv

Trotz intensiver Bemühungen konnten möglicherweise nicht alle Rechteinhaber ausfindig gemacht werden.
Bei begründeten Ansprüchen wenden sich Rechteinhaber bitte an den Verlag.